"十四五"普通高等教育本科部委级规划教材

轻工类专业基础化学实验

黄　鑫　主　编

黄伟韩　李　玥　杜海娟　刘玉霞　**副主编**

中国纺织出版社有限公司

内 容 提 要

本书针对高等院校轻工类、纺织类专业学生，以"融思政、强特色、重应用、显过程"为原则，全面整合轻工类、纺织类专业所需的无机化学实验、分析化学实验、有机化学实验、物理化学实验、仪器分析实验、纺织化学实验、大学化学实验等，选择或设计与专业相关的实验内容，融入新形态教学资源，强调基础化学技能的训练，侧重学生科学思维和创新意识的培养，为后续专业实验、实习、实践等环节打下坚实基础。

本书适合作为轻工类、纺织类、材料类、化工与制药类、环境科学与工程类等专业学生的教材，也可作为相关专业教师及科研人员的参考书。

图书在版编目（CIP）数据

轻工类专业基础化学实验 / 黄鑫主编；黄伟韩等副主编 . --北京：中国纺织出版社有限公司，2024.12.
（"十四五"普通高等教育本科部委级规划教材）.
ISBN 978-7-5229-1931-7

Ⅰ．06-3

中国国家版本馆 CIP 数据核字第 2024XY0196 号

责任编辑：朱利锋　责任校对：高　涵　责任印制：王艳丽

中国纺织出版社有限公司出版发行
地址：北京市朝阳区百子湾东里 A407 号楼　邮政编码：100124
销售电话：010—67004422　传真：010—87155801
http://www.c-textilep.com
中国纺织出版社天猫旗舰店
官方微博 http://weibo.com/2119887771
三河市宏盛印务有限公司印刷　各地新华书店经销
2024 年 12 月第 1 版第 1 次印刷
开本：787×1092　1/16　印张：24.75
字数：450 千字　定价：68.00 元

凡购本书，如有缺页、倒页、脱页，由本社图书营销中心调换

前　言

　　《轻工类专业基础化学实验》是面向高等院校轻工类、纺织类专业知识体系中无机化学、分析化学、无机分析化学、有机化学、物理化学、仪器分析、大学化学、纺织化学等基础理论课程对应的实验课程，以及化工与制药类、材料类、环境科学与工程类等专业基础化学实验课程而使用的综合性实验教材。本教材编写坚持以能力培养为主线，素质教育为指导思想，与理论课教学紧密配合，旨在加深学生对化学理论知识的理解和掌握，提高学生的化学实验操作技能，为后续专业课程学习和科研能力培养奠定基础。

　　教材内容包括化学实验基础知识（8个实验）、无机及分析化学实验（15个实验）、有机化学实验（22个实验）、物理化学实验（12个实验）、仪器分析实验（13个实验）和附录。针对实验类课程"重过程"的教学改革思路，创新性地设置实验方案设计页、实验现象记录页、实验数据记录页等，可单独撕下，作为学生实验课程过程性考核的评分依据。另外，每个实验列出若干个思考题，考查学生对于实验过程中遇到问题的分析和解决能力。本教材实验部分遵从理论和实践相结合的理念，注重思政元素和轻工类、纺织类专业特色的有效融合，以及实验教学内容的与时俱进，提高设计性、综合性实验比例，增加凸显轻工领域特色的化学实验，如己二酸的合成（合成纤维原料），己内酰胺制备（合成纤维原料），肥皂的制备（洗涤剂），酸性蓝黑的合成（染化料），甲基橙的制备及染色实验（染化料），双酚A的制备（高分子单体），甲基叔丁基醚的制备（汽车抗震剂），乙基香兰素的合成（实用香料），对羟基苯甲酸乙酯的合成（防腐剂），含铬（Ⅵ）废液的处理与比色测定（轻工业废水处理），有机染料的光催化降解实验（轻工业废水处理），Datacolor测色仪的应用（颜色评价）等。因此，本教材能满足轻工类、纺织类，以及化工与制药类、材料类、环境科学与工程类等各专业的实践教学需求，激发学生学习兴趣，全面提高学生的专业思维和创新能力。

　　为丰富学习体验，本教材特别配套了涵盖多个知识点的视频与动画资源。学习者可借助扫描二维码的方式轻松获取多形态、立体化教学资源，显著提升知识学习的趣味性和主动性，使知识点内容可感可知、入脑入心。

　　本教材部分内容已在中原工学院、河南工程学院试用多年，并几经修改。本教材的编写参阅了国内外大量的期刊、专著和教材，在每章最后列出了主要参考文献，在此对各文献的作者表示诚挚的感谢，如因疏漏未列出，请谅解。

　　参与本教材的编写人员如下（以下排名不分先后顺序）：第一章化学实验基础知识由中原工学院黄鑫、黄伟韩、杜海娟和河南工程学院高玉梅编写。第二章无机及分析化学实验由中原工学院黄伟韩、杜海娟、王明环、李霞、岳献阳和河南工程学院高玉梅、王非编写。第三章有机化学实验由中原工学院黄伟韩、李霞、岳献阳、刘宏臣和河南工程学院刘玉霞、吕名秀编写。第四章物理化学实验由河南工程学院李玥和中原工学院王少博、李莹编写。

第五章仪器分析实验由中原工学院黄鑫、黄伟韩、李莹、胡翠翠、杨志晖、李霞、王明环、王少博编写。附录由中原工学院岳献阳和河南工程学院刘玉霞编写。统稿由中原工学院黄鑫、黄伟韩和河南工程学院李玥完成。

本教材的建设受到河南省新工科新形态教材建设项目、中原工学院校级教材建设项目计划的资助；编写过程中，得到中原工学院田孟超、杨红英、强荣、张晓莉、郝克倩、张琦等教师，李旭、屈亚忠、黄春月、李世晓等研究生，以及河南工程学院赵龙涛、刘建、杨柳、迟长龙、曹毅等教师的帮助和支持，在此一并表示感谢。

由于编者水平有限，纰漏之处在所难免，诚恳希望同行和读者给予指正，以便再版时臻于完善。

编者

2024 年 7 月

目　　录

第一章　化学实验基础知识

第一节　化学实验规则及安全知识

一、化学实验规则和安全守则

（一）教学目的、任务

（1）识记实验室规则，危险品的使用规则，意外事故的预防和处理，常规仪器、试剂的使用和操作方法等知识。

（2）能小规模、正确地进行制备实验和性质实验，具备分离和鉴定制备产物的能力。

（3）培养良好的实验方法和数据处理习惯、实事求是的作风和严谨的科学态度，具备书写合格的预习报告和实验报告的能力。

1-1　化学实验室安全守则：
学生守则篇

（4）通过实验操作、废弃物处理和数据分析等，培养学生诚实守信的科学研究观点和职业精神。

（二）化学实验室学生守则

为了保证化学实验正常进行，实验室的干净整洁，实验废弃物处理得当，培养良好的实验素养，学生必须严格遵守化学实验室学生守则。

（1）切实做好实验前的准备工作，做好预习，明确实验的目的、原理、方法及注意事项，写好预习报告，经指导教师检查合格后，才能进入实验室。

（2）进入实验室前，应熟悉实验室灭火器材、急救药箱的放置地点和使用方法。

（3）实验时应遵守纪律，穿好实验服，保持实验室整洁安静。

（4）遵从实验指导教师的指引，按照实验教材所规定的步骤、仪器及试剂的规格和用量进行实验；实验结束后，实验中产生的废弃物应该按指定方式处理或收集。

（5）实验结束后，由学生轮流值日，负责打扫并检查实验室；离开实验室时，应关闭水、电和煤气开关。

（三）化学实验室安全守则

由于化学实验室所用的药品部分是有毒性、腐蚀性、可燃性或爆炸性的，所用的实验仪器大部分为玻璃制品，如果粗心大意导致不规范操作，容易发生事故。因此，必须重视安全问题，做好安全教育，了解实验室安全用具的使用方法和存放地点，如水、电、气的阀门，消防用品、喷淋装置、洗眼器、急救箱等。时刻提高警惕，严格遵守操作规程，加强安全措施，避免事故发生。化学实验室的安全守则如下：

1. 着装及防护规定

进入实验室必须穿实验服，不能裸露腿部或脚部，不能穿拖鞋、凉鞋、高跟鞋，长发必须束起。使用挥发性、腐蚀性强或有毒物质时，必须穿戴防护工具，如防护面罩、防护手套、防护眼镜等，并在通风橱中进行。高温实验操作时必须戴高温手套。

2. 饮食规定

食物和水等不得带入实验室，不得在实验室的冰箱和储藏柜里储存任何食物。任何化学药品不得入口，实验完毕后应清洁双手。

3. 环境卫生规定

实验过程中应注意保持台面及实验室的整洁，实验中产生的废弃物应该按照指定的要求处理，并放入指定的回收处。

4. 用电规定

实验室内电器设备的使用必须按操作规程进行，电器设备功率不得超过电源负荷，使用电器时，外壳应接地，湿手切忌接触电器设备等。

5. 试剂取用规定

必须按操作规程取用化学试剂和药品，切记不能随意混合化学药品，以免发生事故。取用时需要注意以下几方面：

（1）倾倒试剂和加热溶液时，不可俯视，以防溶液溅出伤人。

（2）不要俯身直接嗅闻试剂和药品的气味，应用手将试剂药品的气流慢慢扇向自己的鼻孔。

（3）使用浓酸、浓碱、溴等有强腐蚀性试剂时，要戴上橡胶手套等防护用品，严禁用嘴直接吸取化学试剂。

（4）一切涉及有刺激性气体或有毒气体的实验必须在通风橱中进行；涉及易挥发和易燃物质的实验都必须远离火源，并在通风橱中进行。

（5）一切有毒药品必须妥善保管，按照实验室规章制度取用。实验室不允许存放大量易燃物品。某些容易爆炸的试剂，如高氯酸、有机过氧化物等，要防止受热和敲击。在实验中，仪器使用和实验操作必须正确，以免引起爆炸。

二、化学实验意外伤害的急救常识

为了紧急处理实验室的意外事故，实验室须配备常用急救物品，如创可贴、碘伏、烫伤膏、消毒棉、消毒纱布等，配备灭火器、灭火毯等。以下列举几种常见事故的急救方法，如需更详尽地了解，可查阅有关的化学手册和文献。

1-2 化学实验室安全守则：
事故处理篇

1. 火灾的处理

实验室发生火灾时，如果是乙醇、苯、醚等有机溶剂或与水发生剧烈作用的化学药品（如金属钠）着火，火势小时，立即用沙土覆盖，火势较大时，则可用 CO_2 灭火器，千万不可用水扑救；如果是电器设备着火，绝不可用水或泡沫灭火器灭火。

2. 玻璃割伤

应先取出伤口中的碎片，洗净伤口，贴上创可贴，或在伤口处擦碘伏，用纱布包扎好伤口。如伤口较大，应立即就医。

3. 烫伤

立即将烫伤处用大量水冲洗或浸泡，若伤势不重，涂抹烫伤膏，伤势较重时，应立即就医。

4. 药品灼伤

（1）酸灼伤。先用大量水冲洗，然后用饱和碳酸氢钠或稀氨水等冲洗，再用水冲洗后，涂上凡士林；若酸溅入眼中，先用水冲洗后，再用 3% $NaHCO_3$ 溶液冲洗，并立即就医。

（2）碱溅伤。立即用水冲洗，然后用 1% 的柠檬酸或硼酸饱和溶液冲洗，再用水冲洗后，涂凡士林；若碱溅入眼中，除冲洗外，应立即就医。

5. 中毒

（1）吸入 Br_2 蒸气或 Cl_2 等刺激性气体时，可吸入少量乙醇和乙醚混合蒸气以解毒。吸入 H_2S 时，立即到室外呼吸新鲜空气。

（2）如误食毒物，可将 $5\sim10$ mL 稀硫酸铜溶液（1%～5%）加入一杯温水中内服，并用手指插入喉部以促使呕吐，然后立即就医。

三、实验室安全标识

实验室安全标识可分为禁止标识、警告标识、指令标识、提示标识和常用化学品标识等，实验室常见安全标识如图 1-1 所示。

图 1-1　实验室常见安全标识

第二节　化学实验基本仪器和操作

一、化学实验基本仪器

（一）化学实验室常用的仪器和装置

1. 化学实验室常用普通玻璃仪器和标准接口玻璃仪器

化学实验室普通玻璃仪器和标准接口玻璃仪器的外观、规格、用途和使用注意事项见表 1-1。

表 1-1　常用普通玻璃仪器和标准接口玻璃仪器

仪器	规格	一般用途	使用注意事项
圆底烧瓶	以容积表示，有 50 mL、100 mL、250 mL、500 mL 等规格	底部呈球状的透明玻璃烧瓶。口比较细，可以防止液体流出。化学实验中常用的加热与反应容器	1. 圆底烧瓶底部厚薄均匀，无棱角，可用于长时间强热 2. 注入液体不超其容积的 1/2 3. 一般要垫上石棉网，与铁架台等夹持仪器配合使用 4. 实验完毕后，若有导管等，先撤去导管，防止倒流，再撤去热源，静止冷却后，再进行废液处理和洗涤
平底烧瓶	以容积表示，有 50 mL、100 mL、250 mL、500 mL、1000 mL、2000 mL 等规格	主要来盛液体物质，可作为反应器用于有机、无机实验，也常用于装配气体发生器	1. 由于底部较平，当加热时会受热不均匀，因此，一般不用作强热的反应器；可轻度受热，加热时可不使用石棉网 2. 注入液体不超其容积的 1/2 3. 防止水太多，在沸腾时容易溅出或是瓶内压力太大而爆炸
三口烧瓶	以容积表示，有 50 mL、100 mL、250 mL、500 mL 等规格	液体和固体的反应器。装配气体反应发生器。加热回流，蒸馏或分馏液体。三个口可以用于安装冷凝管、温度计或其他玻璃器材，以控制实验条件或监测反应过程	1. 由于其瓶口较窄，不适用玻璃棒搅拌，若需搅拌，可使用手握瓶口微转或使用专用搅拌机 2. 由于三口烧瓶的开口设计，倾倒溶液时容易沿外壁流下，可使用玻璃棒轻触瓶口来防止这种情况发生 3. 使用后应彻底清洗并干燥，以确保下次使用的质量和安全 4. 避免因加热不均导致破裂等问题

仪器	规格	一般用途	使用注意事项
锥形瓶	以容积表示，有 5 mL、10 mL、25 mL、50 mL、100 mL、250 mL、500 mL、1000 mL 等规格	一般用于滴定实验、制取气体实验或作为反应容器	1. 注入液体不超其容积的 1/2，过多易造成喷溅 2. 锥形瓶外部要擦干后再加热，加热时使用石棉网 3. 使用专用洗涤剂清洗干净，进行烘干，保存在干燥容器中 4. 振荡时同向旋转 5. 一般不用来存储液体
真空接引管	有 14#、19#、24#、29#，有二路、三路或多路	在蒸馏装置中做连接管用	连接时应轻轻旋转，不要用蛮力插入
蒸馏头	14×19×2、19×24×2 等多种规格	用于连接烧瓶与蒸馏管	使用前应对磨口进行涂凡士林等密封工作
容量瓶	以容积表示，5 mL、25 mL、50 mL、100 mL、250 mL、500 mL、1000 mL、2000 mL 等规格	容量瓶带有磨口玻塞，颈上有标线，主要用于直接法配制标准溶液、准确稀释溶液及制备样品溶液	1. 检验密闭性，将容量瓶倒转后观察是否漏水，再将瓶塞旋转 180° 观察是否漏水 2. 不能在容量瓶里进行溶质的溶解，应将溶质在烧杯中溶解后转移到容量瓶 3. 用于洗涤烧杯的溶剂总量不能超过容量瓶的标线，一旦超过，必须重新配制 4. 容量瓶不能进行加热。如果溶质在溶解过程中放热，要待溶液冷却后再进行转移，因为温度升高，瓶体和液体都将膨胀，膨胀系数不一导致体积不准确 5. 容量瓶只能用于配制溶液，不能长时间储存溶液，因为溶液可能会对瓶体进行腐蚀，从而影响容量瓶的精度 6. 容量瓶用毕应及时洗涤干净，塞上瓶塞，并在塞子与瓶口之间夹一条纸条，防止瓶塞与瓶口粘连

仪器	规格	一般用途	使用注意事项
酸碱滴定管	酸式滴定管、碱式滴定管、聚四氟乙烯酸碱通用滴定管	主要用于酸碱中和滴定实验，测定酸度或碱度，以及对化学物质进行定量分析	1. 滴定时，滴定管下端不能有气泡，可通过快速放液赶走酸式滴定管中气泡；轻轻抬起尖嘴玻璃管，并用手指挤压玻璃球，可赶走碱式滴定管中气泡 2. 酸式滴定管不得用于装碱性溶液，因为玻璃的磨口部分易被碱性溶液腐蚀，使塞子无法转动 3. 碱式滴定管不宜装对于橡皮管有腐蚀性（强氧化性或酸性）的溶液，如碘、高锰酸钾、硝酸银和盐酸等 4. 使用前应检漏
温度计	一般是华氏温度计，精度等级分度值 0.1~2.5 ℃，常用量程 100~500 ℃	准确判断和测量温度的工具，分为指针温度计和数字温度计	1. 先观察量程，分度值和零点，所测液体温度不能超过量程 2. 温度计的玻璃泡全部浸入被测液体中，不要碰到容器底或容器壁 3. 温度计玻璃泡浸入被测液体后要稍等一会，待温度计的示数稳定后再读数 4. 读数时，温度计的玻璃泡要继续留在液体中，视线要与温度计中液柱上表面相平
直形冷凝管	规格主要有 200 mm、300 mm、400 mm、500 mm、600 mm 等	主要是蒸出产物时使用（包括蒸馏和分馏），多用于蒸馏物沸点小于 140 ℃ 情况，主要用于倾斜式蒸馏装置	1. 蒸馏物的沸点越低，蒸汽越不易冷却，冷凝管要长，内径要粗 2. 蒸馏物多、烧瓶容量大，受热面也增加。在同一单位时间蒸汽排出的越多，选用冷凝管也要越长 3. 冷凝水下进上出 4. 先打开冷凝水，然后开始加热；先停止加热，再关闭冷凝水

仪器	规格	一般用途	使用注意事项
空气冷凝管	规格主要有300 mm、400 mm等	主要是蒸出产物时使用（包括蒸馏和分馏），多用于蒸馏物沸点超过140 ℃的情况，以免直形冷凝管因通水冷却而导致玻璃温差大而炸裂	常用于甘油、乙二醇、硝基苯、汽油、苯甲醇等物质冷凝
球形冷凝管	规格主要有300 mm、400 mm、500 mm、600 mm、800 mm、1000 mm等	主要用于有机物制备的回流操作，适用于各种沸点的液体	1. 与直形管相比，球泡状内芯管的冷却面积大，效果好，其他部分与直形冷凝管相同 2. 同样的冷却面积，可缩短冷凝管的长度，提高冷凝效果 3. 由于内芯管为球泡状，容易在内部出现蒸馏液积留，故多用于垂直蒸馏或回流装置
蛇形冷凝管	规格主要有300 mm、400 mm、500 mm、600 mm等	主要用于冷凝收集沸点偏低的蒸馏产物，多用于垂直式连续长时间的蒸馏或回流操作	1. 蛇形冷凝管接触面积大于球形冷凝管，冷却效果更好 2. 如果蛇形冷凝管中析出晶体，容易堵塞冷凝管，使用时需注意

仪器	规格	一般用途	使用注意事项
梨形 分液漏斗	规格主要有 50 mL、100 mL、 150 mL、250 mL、 500 mL 等	对萃取后形成的互不相溶的两种液体进行分液	1. 使用前要检漏 2. 分液漏斗不能加热 3. 混合液倒入后，将分液漏斗放置铁圈静置 4. 上层液体应从分液漏斗上口倒出 5. 漏斗用后要洗涤干净 6. 长时间不用的分液漏斗要把旋塞处擦拭干净，塞芯与塞槽之间放一纸条，并用一橡筋套住活塞，以防磨砂处粘连
球形 分液漏斗	规格主要有 50 mL、100 mL、 150 mL、250 mL、 500 mL 等	固液或液体与液体反应发生装置，控制所加液体的量及反应速率的大小	1. 加入液体总体积不得超过其容量的 3/4 2. 作加液器使用时，漏斗下端不能浸入液面以下
恒压 分液漏斗	规格主要有 50 mL、100 mL、 150 mL、250 mL、 500 mL、1000 mL 等	恒压分液、萃取。可以防止倒吸，使漏斗内液体顺利流下，减小增加的液体对气体压强的影响，从而在测量气体体积时更加准确	1. 尽量保持垂直，避免旋转或晃动 2. 因客观条件没有恒压漏斗，可以用一个球形分液漏斗代替，此时瓶口的塞子上需要多一个插孔，插上一小截玻璃管，用橡皮塞与球形漏斗上段连接，构成一个封闭装置，达到恒压效果
布氏漏斗	材质：陶瓷或塑料 规格：60 mm、 80 mm、100 mm、 120 mm、150 mm、 200 mm、250 mm、 300 mm 等	常用于有机化学实验中提取结晶	先用水把滤纸润湿，使滤纸紧靠在漏斗底端，可以防止待过滤样品漏掉

仪器	规格	一般用途	使用注意事项
砂芯漏斗	材质：硬质高硼玻璃 滤孔编号：G1～G6	1. 一种耐酸玻璃过滤仪器，用于对各种液体进行过滤和抽滤，以去除杂质和颗粒 2. 用作干燥工具，通过在内部堆满干燥剂并加热来吸收水分，加快干燥速度 3. 用于混合材料，如染色剂、颜料、药品等	1. 使用时注意滤板两面的正负压差不得大于 9.8×10^{-4} kg/cm^2 2. 缓慢加热或冷却 3. 不宜过滤氢氟酸、热浓磷酸、热或冷的浓碱液 4. G1～G4 号砂芯漏斗使用后滤板上附着沉淀物时，可用蒸馏水冲净，必要时可根据不同的沉淀物选用适当的洗涤液先做处理，再以蒸馏水冲净，烘干
量筒	规格主要有 10 mL、25 mL、50 mL、100 mL、250 mL、500 mL、1000 mL 等	用于量取液体体积	1. 实验中应根据所取溶液的体积，尽量选用能一次量取的最小规格的量筒 2. 不能进行加热操作
铁架台	材料：铁或铜合金	用以放置和固定化学反应装置，使反应操作安全、方便	1. 持夹和铁夹需配合使用 2. 用铁夹固定试管和烧瓶时，应先松开铁夹的螺丝，套上仪器后，左手按紧铁夹，右手旋动螺丝，直至仪器不能转动为止。旋动螺丝时，防止夹破仪器 3. 用铁夹固定外径较小的容器时，可在铁夹两边套上胶管或缠上布条，以缩小铁夹的口径 4. 应尽可能使仪器夹持在铁架台的台面上方，使重心落在台面中间，不倒塌、不倾斜。尤其在高位上固定较重仪器（盛反应物多）时更应注意。在铁架台上固定仪器时，必须使零件跟铁架台的底座在同一侧，以免整个装置的重心超出底座而使铁架台翻倒 5. 使用时要注意保护铁架台的防锈层，尤其不要让酸、碱液滴洒在铁架台上，使用完毕应擦干，存放于干燥处 6. 许多铁夹、铁圈是用双缺口螺丝固定在立柱上的。两个缺口相互垂直，一个套在立柱上，一个插入铁夹棒或铁圈棒，插铁夹棒或铁圈棒的缺口必须向上，以免在装卸或使用中不慎跌落 7. 用铁架台夹持仪器时，应由下向上逐个调整固定

仪器	规格	一般用途	使用注意事项
烧杯	材质：玻璃、塑料或耐热玻璃。常用规格：5～5000 mL	广泛用作化学试剂的加热、溶解、混合、煮沸、熔融、蒸发浓缩、稀释及沉淀澄清等	1. 烧杯加热时要垫上石棉网，以均匀供热。不能用火焰直接加热烧杯，防止玻璃受热不匀而引起炸裂；加热时，烧杯外壁须擦干，液体量不要超过烧杯容积的2/3，一般以烧杯容积的1/2为宜 2. 用于溶解时，液体的量以不超过烧杯容积的1/3为宜，并用玻璃棒不断轻轻搅拌。溶解或稀释过程中，用玻璃棒搅拌时，不要触及杯底或杯壁 3. 加热腐蚀性药品时，可将一表面皿盖在烧杯口上，以免液体溅出 4. 不可用烧杯长期盛放化学药品，以免落入尘土或使溶液中的水分蒸发 5. 不能用烧杯量取液体
移液枪	量程主要有2～20 μL、10～100 μL、50～200 μL、200～1000 μL、1000～5000 μL等	用于精确移取少量或微量的液体	1. 吸取液体时不要将旋钮按到底，否则吸出来的液体容积不正确 2. 移液枪和枪口需牢牢固定在一起，保证没有孔隙，否则试剂会漏出 3. 使用完毕后，需将移液枪调回最大量程，减小对移液枪内弹簧的损伤；旋转调量程的旋钮时要注意不要扭过头对弹簧造成伤害
移液管	规格主要有1 mL、2 mL、5 mL、10 mL、25 mL、50 mL等	用于精确移取一定量的液体	1. 不能加热 2. 移液管若有破损，则不能正常使用 3. 在使用移液管转移液体时，应避免移液管与容器表面接触，以减少污染和溶液残留 4. 吸取液体时注意位置，避免将液体吸到吸头端部
吸滤瓶	规格主要有125 mL、250 mL、500 mL等	主要用于减压过滤	1. 不能用火直接加热 2. 避免倒置或倾斜过猛，以免液体倒流或溅出 3. 仔细检查玻璃器具是否有裂痕，特别是在用于减压、加压或加热操作时
坩埚	材质：石墨坩埚、黏土坩埚和金属坩埚 规格：3～3500 mL	用来对固体进行高温加热、干燥	1. 根据加热温度选择合适的材质 2. 取、放坩埚时必须用坩埚钳 3. 一般与泥三角、三脚架配套使用

仪器	规格	一般用途	使用注意事项
表面皿	材质：玻璃 尺寸：45~180 mm 不等	1. 蒸发液体 2. 作盖子，盖在蒸发皿或烧杯上，防止灰尘落入蒸发皿或烧杯 3. 作容器，暂时盛放固体或液体试剂 4. 作承载器，用来承载 pH 试纸，使滴在试纸上的酸液或碱液不腐蚀实验台	1. 蒸发液体时不能直接蒸发，要垫上石棉网 2. 使用时保持表面干燥，避免影响测量结果 3. 使用后及时清洗，并置于干燥处通风保存
蒸发皿	材质：一般为瓷制品，也可用玻璃、石英、铂或铜 尺寸：口径大小 6 cm、9 cm、12 cm、18 cm 等	用于液体蒸发、浓缩和结晶的器皿	1. 耐高温，加热后不能骤冷，防止破裂 2. 用蒸发皿盛装液体时，其液体量不能超过其容积的 2/3；液体量多时可直接加热，量少或黏稠液体要垫石棉网或放在泥三角上加热 3. 加热蒸发皿时要不断搅拌，防止液体局部受热四处飞溅 4. 加热时，应先用小火预热，再用大火加强热；大量固体析出后移除热源，用余热蒸干剩下的水分 5. 加热完后，需要用坩埚钳移动蒸发皿，不能直接放到实验桌上，应放在石棉网上，以免烫坏实验桌 6. 使用预热过的坩埚钳取热的蒸发皿
洗瓶	材质：塑料 规格：多为 500 mL	用于装清洗溶液的一种容器，并配有发射细液流的装置	1. 洗瓶只用于清洗或转移溶液，不可用于储存 2. 不能长时间盛放碱性液体洗涤剂，用后及时用水清洗干净
研钵	材质：陶瓷、玻璃、铁、玛瑙、氧化铝等 体型：普通型（浅型）和高型（深型）	研碎实验材料，研磨固体物质或进行粉末状固体的混合	1. 按被研磨固体的性质和产品的粗细程度选用不同质料的研钵；被研磨的东西硬度要比研磨钵体小 2. 易爆物质只能轻轻压碎，不能研磨 3. 研磨对皮肤有腐蚀性的物质时，应在研钵上盖上厚纸片或塑料片，然后在其中央开孔，插入研杵后再行研磨，研钵中盛放固体的量不得超过其容积的 1/3 4. 研钵不能进行加热，尤其是玛瑙制品，切勿放入电烘箱中干燥 5. 洗涤研钵时，应先用水冲洗，耐酸腐蚀的研钵可用稀盐酸洗涤。研钵上附着难洗涤的物质时，可向其中放入少量食盐，研磨后再进行洗涤。若研磨材料用于提取 DNA 或 RNA，用锡纸包裹后于烘箱内 180 ℃灭菌

续表

仪器	规格	一般用途	使用注意事项
试管刷	试管刷刷丝材料：尼龙丝，纤维毛，猪鬃，钢丝，铜丝，磨料丝等	用于洗涤试管及其他仪器	1. 清洗时应注意力度，避免铁丝顶部戳破试管 2. 使用试管刷时，需要佩戴手套，避免手部与试剂接触，造成损伤
药匙	材质：金属、牛角、塑料等	用于取用粉末状或小颗粒状的固体试剂	1. 严格按照实验规定的用量取用药品；没有说明用量时，一般按最少量取用，固体只需盖满试管底部即可 2. 剩余药品既不能放回原瓶，也不能随意丢弃，要放入指定容器内

2. 化学实验室常用装置

化学实验室常用蒸馏装置如图 1-2 所示，气体吸收装置如图 1-3 所示，磁力加热搅拌装置如图 1-4 所示。

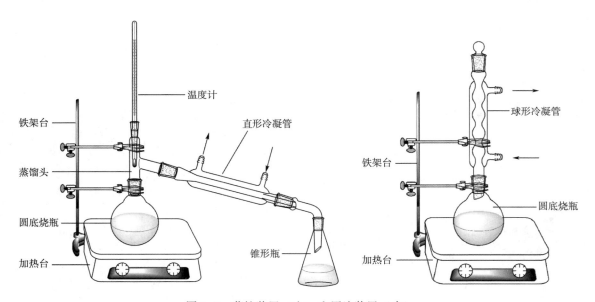

图 1-2 蒸馏装置（左）和回流装置（右）

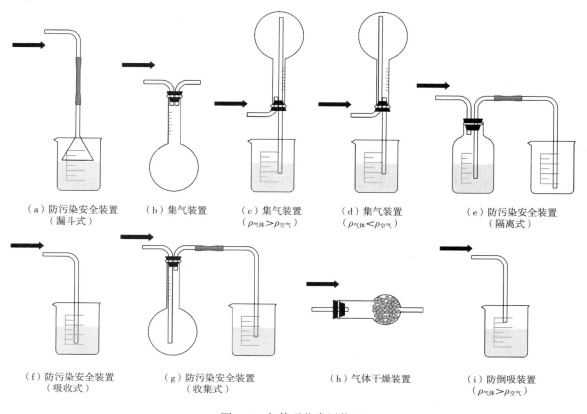

（a）防污染安全装置　　（b）集气装置　　（c）集气装置　　（d）集气装置　　（e）防污染安全装置
　　　（漏斗式）　　　　　　　　　　　　（$\rho_{气体}>\rho_{空气}$）　　（$\rho_{气体}<\rho_{空气}$）　　　　（隔离式）

（f）防污染安全装置　　（g）防污染安全装置　　（h）气体干燥装置　　（i）防倒吸装置
　　　（吸收式）　　　　　　　（收集式）　　　　　　　　　　　　　　　（$\rho_{气体}>\rho_{空气}$）

图 1-3　气体吸收常用装置

（二）常用玻璃器皿的洗涤和干燥方法

1. 玻璃仪器的洗涤

洗涤就是利用物理和化学的方法，除去附着在玻璃器皿上的污物，达到清洁器皿的目的。新购置的玻璃器皿都附有游离碱，应先置于2%盐酸溶液中浸泡2~6h，以除去游离碱。取出后用自来水冲洗，再置于2%合成洗涤剂溶液中清洗，以除去油污。取出后用自来水反复冲洗，最后用蒸馏水淋洗2~3次即可。使用过的玻璃器皿先用自来水冲洗，置于2%合成洗涤剂溶液中刷洗，再次用自来水冲洗，最后用蒸馏水淋洗3次即可。如容量瓶、刻度吸管等，可先用自来水冲洗沥干后，再用重铬酸钾洗液浸泡过夜，取出用自来水冲洗，最后用蒸馏水冲洗3次。对口径较细的吸管，一定要注意吸管内壁的清洁和淋洗。

图 1-4　磁力加热搅拌装置

玻璃仪器常用的洗涤剂如下：

（1）合成洗涤剂。市售的合成洗涤剂如洗衣粉、餐具洗洁剂等均可用于清洁玻璃器皿，主要是去除油污。其特点是价格低廉，使用方便，去油污力强。使用时配制成1%~2%的水溶液，将待清洁之玻璃器皿浸泡在洗涤剂溶液中刷洗，此后先用自来水反复冲洗，最后用蒸馏水冲洗。

（2）重铬酸钾洗液。利用重铬酸钾在强酸溶液中的强氧化性去除污物，主要用于去除难以洗除的污染物。其配制方法为：称取重铬酸钾 50 g 放入烧杯中加入蒸馏水 50 mL，溶解后，将 500 mL 浓硫酸缓缓加入上述溶液中（不可将重铬酸钾溶液倾入浓硫酸中），边加边用玻棒小心搅拌，配好放冷，装瓶加塞备用（防止浓硫酸吸水降低去污能力）。新配制的洗液为红褐色，去污力强，当反复使用多次后，变为深绿色，即表明洗液已无氧化洗涤能力。重铬酸钾洗液去污效果好，但缺点是六价铬污染水质。除其他洗涤剂不易洗净的器皿外，尽可能避免使用重铬酸钾洗液。玻璃仪器放入洗液前应干燥，以免带水仪器放入洗液使溶液变绿失效。

（3）乙二胺四乙酸二钠洗液。该洗液主要用于去除重金属离子。使用时配成浓度为 5% ~ 10% 的溶液，利用其络合金属离子的能力，加热煮沸可清洁玻璃器皿附着的一些重金属离子和钙镁盐类化合物。

2. 玻璃仪器的干燥

（1）自然干燥。自然干燥是一种简单而实用的干燥方法，将洗净的器皿倒置在垫有干净纱布的柜内，或者倒挂在专用架上，待其自然沥干。该方法适用于不急用或不能用高温烘烤的器皿，如量筒、量杯、滴定管、容量瓶、吸管等。

（2）烘烤干燥。除因高温使玻璃变形，改变容积，影响实验结果的玻璃量器外，其他玻璃器皿如试管、烧杯、三角烧瓶等，均可置于 120 ~ 150 ℃ 烤箱中烘烤干燥。定量用的玻璃量器如吸管、量筒等，若需急用，可置中低温烘箱中干燥，温度应小于 60 ℃。

二、加热、冷却与干燥

在化学实验进行过程中，有些需要升高温度，有些需要降低温度，有些需要降低湿度，因此需要进行加热、冷却或干燥操作。

（一）加热

化学实验中的许多基本操作，如溶解、蒸发、蒸馏、回流等，均需要加热。有些化学反应在较高温度下才能进行，温度不同需要的加热设备不同，化学反应不同需要的加热方式也不同。因此，需要选择适宜的加热设备和加热方法满足不同的实验需求。下面对加热方法和加热设备进行介绍。

1. 加热设备

化学实验室中的加热设备可以分为燃料加热器、电加热器和微波加热器三种。燃料加热器常见的有酒精灯、煤气灯等，但本科实验教学中考虑实际需求及学生安全，一般不用燃料加热器，常用电加热器主要有电热板、电热套、电热干燥箱、磁力加热搅拌器、马弗炉、管式炉等类型（图 1-5）。

（1）电热板。电热板是用电热合金丝作发热材料，用云母软板作绝缘材料，外包以薄金属板进行加热的设备。将金属管状电热元件铸于铝盘、铝板中，或焊接或镶嵌于铝盘、铝板之上即构成各种形状的电热板。电热板加热具有速度快、使用方便的特点。

（2）电热套。电热套是用无碱玻璃纤维作绝缘材料，将 $Cr_{20}Ni_{80}$ 合金丝簧装置其中，用硅酸铝棉经真空定型的半球形保温体保温，外壳一次性注塑成型，上盖采用静电喷塑工艺，由于采用球形加热，可使容器受热面积达到 60% 以上。电热套具有测量精度高、升温快、温

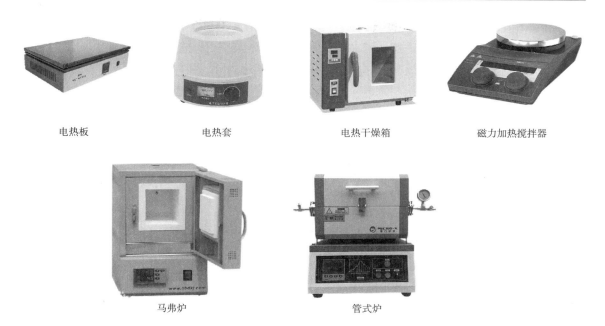

电热板　　　　　　　　　电热套　　　　　　　　电热干燥箱　　　　　　磁力加热搅拌器

马弗炉　　　　　　　　　　　　管式炉

图 1-5　实验室常用的电加热器

度高、操作简便、经久耐用的特点，是做精确控温加热实验的理想仪器，最高加热温度可达 400 ℃左右。

（3）电热干燥箱。电热干燥箱是利用电热丝隔层加热，使物体干燥的设备，用来干燥玻璃仪器或烘干无腐蚀性、加热时不分解的物品。电热恒温干燥箱有特小型、小型、中小型、中型和大型几种规格，可供各种样品进行烘焙、干燥、热处理及其他加热。按是否设有鼓风装置，分为电热鼓风恒温干燥箱和电热真空干燥箱两种。最高工作温度一般为 300 ℃。

（4）磁力加热搅拌器。磁力加热搅拌器是通过电磁效应驱动搅拌子进行搅拌和电磁的热效应进行加热，通过控制电流大小改变搅拌的速度和加热的温度。仪器实际转速取决于实际载荷和电压，许可范围内电压的波动以及所处理介质黏度的改变会引起转速的波动。马达的转速可以根据实验要求调整。磁力加热搅拌器常在底盘设置加热装置，也会安装温度传感器（热电偶）对加热过程进行监控，可根据实验要求对温度进行调整。

（5）马弗炉。马弗炉是炉膛为箱形的加热炉，主要由加热元件和支架组成，通常有一个大号的开口，方便放入和取出物品，其内部采用高温合金材料制成，耐高温、抗氧化性能较好。马弗炉采用辐射方式加热，可以实现温度更加均匀的控制，通常适用于 1000 ℃以下的加热，以及对温度控制要求较高的操作。

（6）管式炉。管式炉通常由管子、绝缘材料、防护罩、控制系统等部分组成，结构相对简单，适用于工业生产中对于温度要求较高且工作时间较长的情况。管式炉一般采用电加热或者对流方式加热，电加热的管式炉加热速度较快，效率较高，而对流方式加热则能使整个管内物体加热相对均匀，加热温度可达到 1400 ℃以上。

2. 加热方法

不同类型的反应需要不同的加热方法。玻璃仪器容易受热不均而破裂，所以加热烧杯或烧瓶时，最好用石棉网隔离。若需控制温度或使反应物受热更均匀，最好使用热浴间接加热。

（1）直接加热。直接加热试管中的液体时，加热器温度不需要很高。擦干试管外壁，用试管夹夹住试管的中上部，手持试管夹的长柄进行加热操作，试管口向上倾斜。加热时，先加热液体的中上部，然后慢慢向下移动，再反复上下移动，使溶液各部分受热均匀。管口不能对着自己或他人，以免溶液在煮沸时迸溅烫伤，液体量不能超过试管高度的1/3。

直接加热试管中的固体时，可将试管固定在铁架台上，试管口要稍向下倾斜，略低于管底，防止冷凝的水珠倒流至灼热的试管底部，炸裂试管。

直接加热烧杯、烧瓶等玻璃器皿中的液体时，加热器可用较大功率，器皿必须放在石棉网上，以防受热不均而破裂。液体量不超过烧杯的1/2或烧瓶的1/3。加热含较多沉淀的液体以及需要蒸干沉淀时，用蒸发皿比用烧杯好，蒸发皿中的溶液不要超过其容积的2/3。液体量多时可直接在火焰上加热蒸发，液体量少或黏稠时，要隔着石棉网加热，加热时要不断地用玻璃棒搅拌，防止液体局部受热四处飞溅。加热完后，需要用坩埚钳移动蒸发皿。

（2）间接加热。为了消除直接加热或在石棉网上加热容易发生局部过热等缺点，可使用间接加热方法，间接加热有水浴、油浴或砂浴等各种加热浴。

①水浴。当被加热物质要求受热均匀而温度又不超过100 ℃时，可用水浴加热。水浴加热一般在水浴锅中进行。水浴锅是带有一套大小不同的同心圆的环形铜（或铝）盖的锅子。根据加热容器的大小选择合适的圆环，以尽可能增大容器受热面积而又不使容器触及水浴锅底为原则。水浴锅中加水量一般不超过容量的2/3，水面应略高于容器内的被加热物质，加热时可将水煮沸，但需注意及时补充水浴锅中的水，保持水量，切勿烧干。

②油浴。油浴就是使用油作为热浴物质的热浴方法。将待加热容器置于油浴中，让油浴温度缓慢升高到一定程度，再让其缓慢冷却，从而改善容器热传递性能。油浴常用的介质有甘油、硅油等。油浴最高温度比水浴高，一般在100～250 ℃，其温度上限取决于油的种类。油浴操作方法与水浴相同，进行油浴尤其要操作谨慎，防止油外溢或油浴升温过高，引起失火。

③沙浴。通过将干燥沙子放置在加热器中，利用沙子作为传热介质来加热物体。沙浴加热可以实现高精度的温度控制和均匀加热，适合加热小样品。沙浴加热后沙子不易清洗，沙浴加热器在高温下易生火，且加热范围有限，不适合加热大样品。沙浴加热通常在300～400 ℃，适用于高温催化合成、高温热解、高温氧化还原等实验。

（二）冷却

冷却，指使热物体的温度降低而不发生相变化的过程。冷却的方法常用的有接触冰冷却、空气冷却、水冷却、真空冷却等。

（1）接触冰冷却是一种常见的简易冷却方法，用冰直接接触物品，从物品中取走热量，冷却速度较快。

（2）空气冷却法是用空气作为冷却介质流经物品来吸取热量。空气温度不应高于需要冷却的物品的温度，冷却速度较慢。

（3）水冷却法是通过低温水将需要冷却的物质冷却到指定温度的方法。冷却速度较空气冷却快。

（4）真空冷却是依据水在低压下蒸发时要吸取汽化潜热的原理。将物品置于真空室中并将压力降低到所需压强，通过水分蒸发将自身的温度降低。该法冷却速度快。

（三）干燥

干燥是利用热能使湿物料中的湿分（水分或其他溶剂）气化，并利用气流或真空带走气化了的湿分，从而获得干燥物料的操作。

1. 自然干燥

自然干燥是一种简单而实用的干燥方法，将物品放置在实验台或实验架上，待其自然沥干。该方法适用于不急用或不能用高温烘烤的实验材料或物品。

2. 高温干燥

对于在高温下不产生物理或化学变化的材料或物品，均可置于120~150 ℃烤箱中烘烤干燥，对于高温下易产生物理或化学变化的材料或物品，可置中低温烘箱中干燥，温度应小于60 ℃。

3. 真空干燥

真空干燥是在真空下的一种热干燥过程。在真空条件下，物料湿气的沸点降低、汽化过程加速，因此，特别适合干燥对温度敏感且易分解的物料。

三、物性测定

物性测量是化学实验的基础操作，主要有称量、熔点、沸点、折光率的测定。

（一）称量

称量是本科化学实验教学中最基础的操作，在进行定量分析时均需用到称量。通过称量实验，学生能够正确选择合适的称量方法称量试样，正确记录称量过程及结果，养成求真务实的学术观念。

1-3 分析天平的使用

称量一般有两种方法，一种是直接称量，另一种是减量称量。在称量前，均需检查天平是否水平，秤盘是否清洁，干燥剂是否失效。然后开启天平，预热30 min后，调节零点，用标准砝码校准。其余操作要求及操作步骤如下：

1. 直接称量

直接称量一般用于化学性质稳定、不易吸潮的试剂称量。打开天平门，放置称量纸或容器，关闭天平门，打开天平门，取药品放于称量纸或容器中，关闭天平门，待读数稳定后记录称量结果；取出称量纸或容器，清理秤盘，关闭天平门，调零，关机，整理台面。

2. 减量称量

减量称量一般用于化学性质不稳定或容易吸潮的试剂称量。调零，打开天平门，将盖好的装有药品的称量瓶置于托盘中央，关闭天平门，待读数稳定后记录称量结果；打开天平门，用纸条套住称量瓶从电子天平中取出，置于烧杯上方，用右手隔着小纸片将瓶盖打开，慢慢将瓶口向下倾斜少许，用瓶盖轻敲瓶口，使试样落于烧杯中，然后盖好瓶盖，再准确称量，两次称量之差即为样品质量。清理秤盘，关闭天平门，调零，关机，整理台面。

3. 注意事项

（1）将电子天平放置于稳固、平坦的桌面上使用，勿放于摇动或振动的台架上，并利用四只调整脚，使电子天平保持平衡。如果电子天平有水平仪，应注意使水平仪内的气泡位于圆圈中间。

（2）避免将电子天平放在温度变化过大或空气流动剧烈的场所使用。

（3）打开电源时，电子天平上请勿放置任何东西，当开机自检结束后，秤盘保持稳定，电子天平进入使用状态，此时应预热 15~20 min。

（4）电子天平使用时，观察显示器是否显示"0"，如果不是显示"0"，则按动"零点校正"键，直至显示器稳定显示"0"。将被称物的重心放置于秤盘的中心点，显示器显示的数值就是该物品的重量。

（5）被称物不可超出电子天平量程，以确保其测量值的准确度。

（6）不用的电子天平应切断电源，存放在通风、干净的场地，禁止在秤盘上堆放物品。

（7）称取固体药品一般用药匙，试剂瓶标签应朝手心方向，药匙应横放于试剂瓶盖上，不可放置于桌面上。

（二）熔点的测定

熔点是固体化合物的基本特性，是指在大气压力下固液两相达平衡时的温度。纯净的固体化合物一般都有固定的熔点，固—液两相之间的温度变化是非常敏锐的，自初熔温度至全温程一般不超过 0.5 ℃。熔点测定法一般有三种，第一种是测定易粉碎的固体药品，第二种是测定不易粉碎的固体药品，第三种是测定凡士林或其他类似物质。

1. 测定易粉碎的固体样品

取待测样品适量，研磨成细粉，选择合适的干燥方法进行干燥。取适量干燥后的样品于熔点测定用毛细管中（图1-6），使粉末紧密集结在毛细管的熔封端，高度为 3 mm；将温度计放入盛装传温液的容器中，使温度计汞球部的底端与容器的底部距离 2.5 cm 以上；加入传温液，使传温液受热后的液面在温度计的分浸线处。将传温液加热，待温度低于规定的熔点 10 ℃时，将装有样品的毛细管浸入传温液，贴附在温度计上（可用橡皮圈或毛细管夹固定），位置须使毛细管的内容物部分贴在温度计汞球中部；继续加热，调节升温速率为 1.0~1.5 ℃/min，加热时须不断搅拌使传温液温度保持均匀，记录样品在初熔至全熔时的温度，重复测定 3 次，取其平均值，即得。

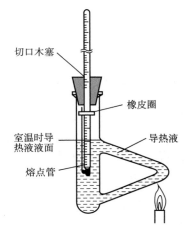

切口木塞

橡皮圈

室温时导热液液面

导热液

熔点管

图1-6　熔点测定装置

注意事项：

（1）若该样品熔点范围在 135 ℃以上、受热不分解，可采用 105 ℃干燥；熔点在 135 ℃以下或受热分解，可在五氧化二磷干燥器中干燥或用其他适宜的干燥方法干燥，如恒温减压干燥。

（2）熔点测定用毛细管由中性硬质玻璃管制成，长 9 cm 以上，内径 0.9~1.1 mm，壁厚0.10~0.15 mm，一端熔封；当所用温度计浸入传温液在 6 cm 以上时，管长应适当增加，使其露出液面 3 cm 以上。

（3）所用温度计为分浸型，具有 0.5 ℃刻度，经熔点测定用对照品校正。

（4）熔点在 80 ℃以下者，传温液用水；熔点在 80 ℃以上者，传温液用硅油或液状石蜡。

2. 测定不易粉碎的固体样品（如脂肪、脂肪酸、石蜡、羊毛脂）

取样品适量，用尽可能低的温度熔融后，吸入两端开口的毛细管中，使高度约 10 mm。在不高于 10 ℃的环境中静置 24h，或置冰上不少于 2h，凝固后用橡皮圈将毛细管紧缚在温度计（同第一法）上，使毛细管的内容物部分贴在温度计汞球中部。照第一法将毛细管连同温度计浸入传温液中，样品的上端应贴在传温液液面下约 10 mm 处；小心加热，待温度上升至低于规定的熔点约 5 ℃时，调节升温速率使其不超过 0.5 ℃/min，至样品在毛细管中开始上升时，读取温度计上显示的温度。

3. 测定凡士林或其他类似物质

取样品适量，缓缓搅拌并加热至温度达 90~92 ℃时，放入一平底耐热容器中，使样品厚度达到 12 mm ± 1 mm，冷却至高于熔点上限 8~10 ℃；取刻度为 0.2 ℃、水银球长 18~28 mm、直径 5~6 mm 的温度计，使其冷至 5 ℃后，擦干并小心地将温度计汞球部垂直插入上述熔融的样品中，直至碰到容器的底部（浸没 12 mm），随后取出，直立悬置，待黏附在温度计球部的样品表面浑浊，将温度计浸入 16 ℃以下的水中 5min，取出，再将温度计插入一外径约 25 mm、长 150 mm 的试管中，塞紧，使温度计悬于其中，并使温度计球部的底端距试管底部约为 15 mm；将试管浸入约 16 ℃的水浴中，调节试管的高度使温度计上分浸线同水面相平；加热使水浴温度以 2 ℃/min 的速率升至 38 ℃，再以 1 ℃/min 的速率升温至样品的第一滴脱离温度计为止；读取温度计上显示的温度，即可作为样品的近似熔点。再取样品，照前法反复测定数次。如前后 3 次测得的熔点相差不超过 1 ℃，可取 3 次的平均值作为样品的熔点；如 3 次测得的熔点相差超过 1 ℃时，可再测定 2 次，并取 5 次的平均值作为样品的熔点。

（三）沸点的测定

由于分子运动，液体的分子有从表面逸出的倾向，这种倾向随着温度的升高而增大，进而在液面上部形成蒸气。当分子由液体逸出的速度与分子由蒸气中回到液体中的速度相等，液面上的蒸气达到饱和，称为饱和蒸气。它对液面所施加的压力称为饱和蒸气压。实验证明，液体的蒸气压只与温度有关，即液体在一定温度下具有一定的蒸气压。当液体的蒸气压增大到与外界施于液面的总压力（通常是大气压力）相等时，就有大

1-4　液体的饱和蒸气压

量气泡从液体内部逸出，即液体沸腾，这时的温度称为液体的沸点。通常所说的沸点是指在 101.3 kPa 下液体沸腾时的温度。在一定外压下，纯液体有机化合物都有一定的沸点，而且沸点距也很小（0.5~1 ℃），所以测定沸点是鉴定有机化合物和判断物质纯度的依据之一。测定沸点常用的方法有常量法（蒸馏法）和微量法（沸点管法）两种。

下面介绍微量法测定过程：

取 1~2 滴待测样品滴入沸点管的外管中，将内管插入外管中，然后用小橡皮圈把沸点管附于温度计旁，再把该温度计的水银球位于 b 形管两支管中间，然后加热。加热时，由于气体膨胀，内管中会有小气泡缓缓逸出，当温度升到比沸点稍高时，管内会有一连串的小气泡快速逸出。这时停止加热，使溶液自行冷却，气泡逸出的速度即渐渐减慢。在最后一气泡不再冒出并要缩回内管的瞬间记录温度，此时的温度即为该液体的沸点，待温度下降 15~20 ℃后，可重新加热再测一次（2 次所得温度数值不得相差 1 ℃）。

注意事项：

（1）加热不能太快，待测液体不宜太少，以防样品全部汽化。

（2）内管里的空气要尽量赶尽。

（3）重新测定时，应待导热液降温 15~20℃，再测定下一次样品的沸点。各次测定误差不超过±1℃。

（四）折光率的测定

光线自一种透明介质进入另一透明介质时，由于两种介质的密度不同，光的行进速度发生变化，即发生折射现象。一般折光率指光线在空气中行进的速度与在样品中行进速度的比值。根据折射定律，折光率是光线入射角的正弦与折射角的正弦的比值，即：$n = \sin i / \sin r$。式中 n 为折光率，$\sin i$ 为光线入射角的正弦，$\sin r$ 为折射角的正弦。很明显，在一定波长与一定条件下，通过测定临界角，就可以得到折光率，这就是通常所用阿贝（Abbe）折光仪的基本光学原理。

阿贝折光仪的使用方法：先使折光仪与恒温槽相连接，恒温后，分开直角棱镜，用丝绢或擦镜纸蘸少量乙醇或丙酮轻轻擦洗上下镜面。待乙醇或丙酮挥发后，加一滴蒸馏水于下镜面上，关闭棱镜，调节反光镜使镜内视场明亮，转动棱镜直到镜内观察到有界线或出现彩色光带。若出现彩色光带，则调节色散，使明暗界线清晰，再转动直角棱镜使界线恰巧通过"十"字的交点。记录读数与温度，重复两次测得纯水的平均折光率，与纯水的标准值（$n = 1.33299$）比较，可求得折光仪的校正值，然后以同样方法获得待测液体样品的折光率。校正值一般很小，若数值太大时，整个仪器必须重新校正。

注意事项：

（1）阿贝折光仪的量程从 1.3000 至 1.7000，精密度为±0.0001；测量时应注意保温套温度是否正确。如欲测量准确度至±0.0001，则温度应控制在±0.1℃的范围内。

（2）仪器在使用或贮藏时，均不应曝于日光中，不用时应用黑布罩住。

（3）折光仪的棱镜必须注意保护，不能在镜面上造成刻痕；滴加液体时，滴管的末端切不可触及棱镜。

（4）在每次滴加样品前应洗净镜面；在使用完毕后，用丙酮或 95%乙醇洗净镜面，待晾干后再闭上棱镜。

（5）对棱镜玻璃、保温套金属及其间的胶合剂有腐蚀或溶解作用的液体，均应避免使用。

（6）阿贝折光仪不能在较高温度下使用，对于易挥发或易吸水样品测量有困难。

（7）溶液的折射率随温度而改变，温度升高折射率减小，温度降低折射率增大。折光仪上的刻度是在标准温度 20℃下刻制的，若温度不等于 20℃，应对测定结果进行温度校正。超过 20℃时，加上校正数；低于 20℃时，减去校正数。当温度增高 1℃时，液体有机化合物的折光率就减小 $3.5×10^{-4}$~$5.5×10^{-4}$。在实际工作中，为了便于计算，一般把 $4.5×10^{-4}$ 作为温度变化常数。

实验 1　电子天平称量练习：NaCl 的称量

一、实验目的

（1）识记称量的基本原理。

（2）能够规范使用各种称量方法称量试样，并正确记录称量过程及结果。

（3）通过数据记录培养学生求真务实的科学观念。

1-3　分析天平的使用

二、实验试剂及仪器

1. 实验试剂

氯化钠，不锈钢片。

2. 实验仪器

分析天平（0.0001 g），滤纸，烧杯，称量瓶，药匙。

三、实验原理

电子天平依据电磁力平衡原理，可进行直接称量。速度快、精度高。

四、实验步骤

（1）检查天平是否水平，秤盘是否清洁，干燥剂是否失效。

（2）开启天平，预热 30 min 后，调节零点（TARE），用标准砝码校准（操作示例：TARE→CAL→放上砝码→CC→200.0000 mg±0.2 mg）。

（3）称量练习。

①直接法称量不锈钢片样品。将天平清零后，打开防风玻璃门，取一个干净的不锈钢片样品，放入天平秤盘中央，关上玻璃门，待稳定后记录读数。

②递减称量法称取 NaCl 样品。要求称量 0.3000～0.4000 g NaCl 样品。取 1 个干净的 100 mL 烧杯，编号。在称量瓶中装入 1.000 g 左右的 NaCl 样品，盖上瓶盖，准确地称其质量 m_0。用滤纸条套住称量瓶从电子天平中取出，让其置于烧杯的上方，用右手隔着小纸片将瓶盖打开，慢慢将瓶口稍向下倾斜，用瓶盖轻敲瓶口，使试样落入烧杯中。当落入烧杯中的样品接近所需量时，慢慢将瓶竖起，同时用瓶盖轻敲瓶口，使附在瓶口的样品落入烧杯或称量瓶内，然后盖好瓶盖，再准确称量称量瓶（含剩余 NaCl）质量 m_1。两次称量之差（m_0-m_1）即为取出 NaCl 样品的质量。用递减称量法称取每一份样品时，最好能在一两次内敲出所需的量，以减少样品的损失，或避免吸湿导致称量不准。

（4）使用登记、天平复原（关机、加罩）、台面整理。

五、注意事项

（1）避免移动天平。天平在安装时经过严格校准，不应轻易移动。如果必须移动，请在移动后进行校准工作，以确保称量准确。

（2）避免污染。每次称量后，清洁天平，以避免污染和影响称量精度，并确保不会影响他人的工作。

六、实验数据及现象记录

实验数据及现象记录于表 1-2 和表 1-3。

七、实验思考题

（1）称量的步骤是什么？

（2）称量时为什么要求关上天平的门才可读数？

（3）电子天平的灵敏度越高，是不是称量的准确度也越高？为什么？

（4）什么情况下用直接称量法称量？什么情况下用减量法称量？

（5）用减量法称取样品时，如称样速度太慢导致称量瓶中样品吸潮，将对称量结果造成什么误差？如样品落在烧杯内再吸潮，对称量是否有影响？

表 1-2　"电子天平称量练习：NaCl 的称量"实验现象记录表

姓名：_____　班级：_____　学号：_____　专业：_____

时间	步骤	现象	备注

表 1-3 "电子天平称量练习：NaCl 的称量"实验数据记录表

编号	1	2	3	平均值	相对标准偏差
不锈钢片试样直接称量 m/g					
NaCl 试样 m_0/g					
NaCl 试样 m_1/g					
NaCl 试样 $m_{(称出试样)}$/g					

实验 2 熔点测定

一、实验目的

（1）了解熔点测定的意义。

（2）掌握熔点测定的操作方法。

二、实验试剂和仪器

1. 实验试剂

石蜡，肉桂酸，未知样品。

2. 实验仪器

温度计，毛细管，提勒管，加热台。

三、实验原理

1. 熔点

熔点是固体有机化合物固液两态在大气压力下达成平衡的温度。纯净的固体有机化合物一般都有固定的熔点，固液两态之间的变化是非常敏锐的。物质受热后，自初熔至全熔的温度差称作熔点距（或熔程），纯化合物的熔点距 $\Delta \leqslant 0.5 \sim 1$ ℃。据此，可根据熔点测定初步鉴定化合物或判断其纯度。

化合物温度不到熔点时以固相存在，加热使温度上升，达到熔点，开始有少量液体出现，而后固液相平衡，继续加热，温度不再变化，此时加热所提供的热量使固相不断转变为液相，两相间仍为平衡，最后的固体熔化后，继续加热则温度线性上升。因此在接近熔点时，加热速度一定要慢，每分钟温度升高不能超过 2 ℃，只有这样，才能使整个熔化过程尽可能接近于两相平衡条件，测得的熔点也比较精确。

2. 混合熔点

在鉴定某未知物时，如测得其熔点和某已知物的熔点相同或相近时，不能认为它们为同一物质；还需把它们混合，测该混合物的熔点，若熔点仍不变，才能认为它们为同一物质。若混合物熔点降低，熔程增大，则说明它们属于不同的物质。故此种混合熔点试验，是检验两种熔点相同或相近的有机物是否为同一物质的最简便方法。根据拉乌尔定律，在一定温度、压力下，溶质的加入将降低溶剂的蒸汽分压，因此，杂质的存在将使混合物熔点比纯净物低。但是，当混合物生成新的物质或者形成固溶体时，混合物熔点有可能高于原有纯净物熔点。多数有机物的熔点都在 400 ℃以下，较易测定。但也有一些有机物在其熔化以前就发生分解，只能测得分解点。

常见熔点测定仪器有提勒（Thiele）管、显微熔点测定仪、数字熔点仪等。提勒管仪器简单廉价，显微熔点仪所需样品量少，数字熔点仪操作方便。

四、实验步骤

1. 毛细管的准备

（1）毛细管的外径一般为 0.9~1.1 mm，长 70~75 mm。

（2）将一端在酒精灯火焰上进行封闭，不断转动毛细管使其不歪斜。使用前应当手持毛细管，逐根对着亮光查看其封口部位是否有缝隙，以免测试时渗漏进浴液使实验失败。

2. 样品填装

将待测样品在干燥清洁的表面皿上，用空心塞研成细末后聚成小堆，将毛细管开口一端垂直插入样品堆中，然后将毛细管开口向上轻轻在桌面上敲击，使样品落入管底；另取一根长约 40 cm 干净的玻璃管，垂直于表面皿上，将装有样品的毛细管由上端自由落下，重复几次，使样品装填紧密，装填高度为 2~3 mm。

3. 仪器装置的准备（图 1-6）

（1）在提勒管中装入加热液体（浴液），其液面高度达上叉管处即可，将提勒管固定在铁架。

（2）把装好样品的毛细管紧贴在温度计水银球旁边，毛细管中的样品应位于水银球中间。

（3）提勒管管口装有开口的塞子，温度计插入塞子中，刻度面向塞子开口，其水银球位于上下两个叉管之间。

4. 浴液的选择

（1）浴液可根据待测物质的熔点选择。

（2）测定熔点在 140 ℃下的物质时，最好用液体石蜡或甘油；测熔点在 140~220 ℃的物质时，可选用硫酸；测熔点在 220 ℃以上的物质时则可选用热稳定性优良的硅油为浴液。

本实验根据所测样品熔点，选择的浴液为液体石蜡。

5. 熔点测定

（1）已知样品肉桂酸熔点的测定（细测）。开始时升温快一些，5 ℃/min 左右，当接近待测物质理论熔点 20 ℃左右时，必须使温度上升的速度缓慢而均匀（1~2 ℃/min）。直至观察到物质的初熔点和全熔点。

（2）未知样品熔点的测定。第一次进行粗测，快速升温得到待测物质的全熔点，并以此为依据进行第二次的细测。第二次进行细测，过程同上述同已知样品的测定过程。

五、注意事项

（1）待测的样品一定要保证干燥和纯净。

（2）熔点管必须洁净。如含有灰尘等，能产生 4~10 ℃的误差。

（3）熔点管底未封好会产生漏管。

（4）样品研磨要细，填装要实，否则产生孔隙，不易传热，造成熔点偏高，熔程变大。样品不干燥或含杂质，会使熔点偏低，熔程变大。

六、实验数据及现象记录

实验现象及数据记录于表 1-4、表 1-5。

表 1-4 "熔点测定"实验现象记录表

姓名：_____ 班级：_____ 学号：_____ 专业：_____

时间	步骤	现象	备注

表 1-5　"熔点测定"实验数据记录表

肉桂酸（石蜡 $m=$_____g）					
熔点	1	2	3	平均值	相对标准偏差
初熔点	$t_{初1}=$	$t_{初2}=$	$t_{初3}=$		
全熔点	$m_1=$	$m_2=$	$m_3=$		

未知样（石蜡 $m=$_____g）					
熔点	1	2	3	平均值	相对标准偏差
初熔点	$t'_{初1}=$	$t'_{初2}=$	$t'_{初3}=$		
全熔点	$m'_1=$	$m'_2=$	$m'_3=$		

七、实验思考题

测熔点时，如遇到下列情况，将产生什么后果？

（1）升温速度太快。

（2）样品研得不细或装得不实。

（3）样品管粘贴在提勒管壁上。

（4）样品量过多或过少。

（5）样品不干燥或含杂质。

四、分离及提纯

分离是指使待测（或检出）物质与干扰物质彼此分离。提纯是指将混合物中的杂质分离出来以此提高其纯度的方法。分离、提纯是重要的化学方法，通过分离、提纯操作，学生可以解决研究及生产中的多种问题，培养求真务实的思想观念。下面介绍几种常见的分离、提纯方法。

1-5　重结晶

（一）溶解、结晶与重结晶

一种液体对于固体、液体或气体产生物理或化学反应使其成为分子状态的均匀相的过程称为溶解。热的饱和溶液冷却后，溶质因溶解度降低导致溶液过饱和，从而使溶质以晶体的形式析出的过程称为结晶。

在饱和溶液中溶解和结晶这两个相反的过程处于动态平衡。这种平衡是暂时的，如果条件改变，平衡也就随之而改变。一物质的饱和溶液当其温度降低或溶剂减少时，原来的平衡就被破坏，这时溶质的结晶速率大于溶解速率，溶质就会结晶而析出，最后达到新的平衡。反之，如果温度升高或溶剂增多，则原来的平衡也被破坏，这时溶质的溶解速率大于结晶速率，溶质可继续溶解，直到建立起新的平衡为止。在生产上常运用这种条件与平衡的关系，以促成物质的溶解或结晶，从而达到分离和提纯物质的目的。

结晶的过程可分为晶核生成（成核）和晶体生长两个阶段，两个阶段的推动力都是溶液的过饱和度（结晶溶液中溶质的浓度超过其饱和溶解度）。晶核的生成有两种形式：均相成核和非均相成核。在高过饱和度下溶液自发地生成晶核的过程，称为均相成核；溶液在外来物（如大气中的微尘）的诱导下生成晶核的过程，称为非均相成核。晶体析出的粒度大小和结晶的条件有关，溶液浓缩得较浓、溶解度随温度变化较大、冷却快速、搅拌溶液，都会使晶体的粒度较小；反之，则可形成较大粒度的晶体。晶体粒度的大小也与晶体的纯度有关，晶体粒度大小适宜且均匀时，往往夹带母液较少，纯度较高，而且易于洗涤；若晶体粒度太小且大小不均匀时，易形成积厚的糊状物，夹带母液较多，晶体纯度较低，而且不易过滤，不易洗涤。

如果结晶所得的物质纯度不符合要求，需要重新加入一定溶剂进行溶解、蒸发和再结晶，这个过程称为重结晶。重结晶是利用固体混合物中目标组分在某种溶剂中的溶解度随温度变化有明显差异，在较高温度下溶解度大，降低温度时溶解度小，从而实现分离提纯。重结晶是提纯固体物质最常用、最有效的方法之一，它适用于溶解度随温度变化较大，杂质含量<5%，提纯物和杂质的溶解度相差较大的一类化合物的提纯。重结晶的操作方法是：加一定量的溶剂于被提纯物质中，加热溶解，再蒸发至溶液饱和，趁热过滤除去不溶性杂质，滤液经冷却结晶后，析出被提纯物质，可溶性杂质留在母液中，经过滤、洗涤可得到纯度较高的物质。若一次重结晶达不到纯度要求，可再次重结晶。

（二）蒸馏

蒸馏是一种热力学的分离工艺，它利用混合液体或液—固体系中各组分沸点不同，使低沸点组分蒸发，再冷凝加以分离的操作过程，是蒸发和冷凝两种单元操作的联合。与其他的分离手段，如萃取、过滤结晶等相比，它的优点在于不需使用系统组分以外的其他溶剂，从而保证不会引入新的杂质。

1-6　乙醇的蒸馏

（三）升华

升华指固态物质不经液态直接变为气态的过程，是分离固体混合物的一种方法。升华所需的温度一般较蒸馏时低，但是只有在其熔点温度以下具有相当高蒸气压（高于 2.67 kPa）的固态物质，才可用升华来提纯，而且固态化合物与杂质的蒸气压差要大。如樟脑在 179 ℃（熔点）时的蒸气压为 49.3 kPa（370 mmHg），在未达熔点温度之前，樟脑已具备很高的蒸气压，若将它在熔点温度之下加热，它将不经液态直接升华，蒸气冷凝面就可以凝结形成固体，这样得到纯度很高的样品。利用升华可除去不挥发性杂质，或分离不同挥发度的固体混合物。升华常可得到较高纯度的产物，但操作时间长，损失也较大，在实验室里只用于较少量物质的纯化。为了加快升华速度，升华可在减压下进行。减压升华特别适用于常压下蒸气压不高或受热易分解的物质。

（四）萃取

萃取是利用化合物在两种互不相溶（或微溶）的溶剂中溶解度或分配比的不同来达到分离、提取或纯化目的的一种操作。应用萃取可以从固体混合物或液体混合物中提取出所需要的物质，也可以用来洗去混合物中的少量杂质。通常称前者为"抽提"或"萃取"，后者为"洗涤"。萃取的理论基础是 1891 年由能斯特提出的分配定律：在一定温度下，某物质在两互不相溶的液相中的浓度之比是常数。

1-7 萃取分离

将含有有机化合物的水溶液用有机溶剂萃取时，有机化合物就在两液相间进行分配。在一定温度下，该有机化合物在有机相中的浓度 c_A 和在水相中的浓度 c_B 之比为一常数 K，即 $c_A/c_B=K$，这就是"分配定律"，K 称为分配系数。它可以近似地看作此物质在两溶剂中的溶解度之比。有机物质在有机溶剂中的溶解度比在水中大，所以可以将它们从水溶液中萃取出来。但是除非分配系数极大，否则经一次萃取不可能将全部物质转入有机相中。

进行萃取操作时，溶剂的选择要根据被萃取物质在溶剂中的溶解度而定。对溶剂选择原则是：与被萃取溶剂不溶或微溶，对被取物要有较大的溶解度，与被取溶剂、被萃物质均不起化学反应，易于回收、毒性小、价格低。常用的溶剂有石油醚、乙醚等。一般对水溶性较小的物质可用极性小的溶剂萃取，水溶性较大的物质可用极性较大的溶剂萃取。第一次萃取时，为了补足由于溶剂稍溶于水而引起的损失，使用量常较以后几次多一些。

（五）色谱

色谱法是一种物理化学分析方法，它利用不同溶质（样品）与固定相和流动相之间的作用力（分配、吸附、离子交换等）的差别，当两相做相对移动时，各溶质在两相间进行多次平衡，使各溶质达到相互分离。色谱法一般在分析时用于前期分离，也可单独进行定性或半定量分析。

实验3 粗盐的提纯

一、实验目的

（1）识记提纯氯化钠的原理。
（2）掌握溶解、减压过滤、蒸发浓缩、结晶、干燥等基本操作。
（3）能够规范、整齐、正确地进行实验操作，能够如实、准确地记录实验数据。
（4）在实验过程中能够正确处理废弃物，理解并遵守环境保护的社会责任。

二、实验试剂与仪器

1. 实验试剂

HCl 溶液（6 mol/L），HAc 溶液（2 mol/L），NaOH 溶液（6 mol/L），BaCl$_2$ 溶液（1 mol/L），Na$_2$CO$_3$ 溶液（饱和），(NH$_4$)$_2$C$_2$O$_4$ 溶液（饱和），镁试剂，pH 试纸和粗食盐等。

2. 实验仪器

台秤，100 mL 烧杯，玻棒，50 mL 量筒，布氏漏斗，吸滤瓶，循环水真空泵，蒸发皿，试管。

三、实验原理

化学试剂或医药用的 NaCl 都是以粗食盐为原料提纯的。粗盐中含有 Ca^{2+}、Mg^{2+}、SO$_4^{2-}$ 等可溶性杂质和泥沙等不溶性杂质。选择适当的试剂可使 Ca^{2+}、Mg^{2+}、SO$_4^{2-}$ 等离子生成沉淀而除去。一般是先在食盐溶液中加入 BaCl$_2$ 溶液除去 SO$_4^{2-}$：

$$Ba^{2+}+SO_4^{2-}=BaSO_4\downarrow \tag{1}$$

然后在溶液中加入 Na$_2$CO$_3$ 溶液，除去 Ca^{2+}、Mg^{2+} 和过量的 Ba^{2+}：

$$Ca^{2+}+CO_3^{2-}=CaCO_3\downarrow \tag{2}$$

$$4Mg^{2+}+5CO_3^{2-}+2H_2O=Mg(OH)_2\cdot 3MgCO_3\downarrow+2HCO_3^- \tag{3}$$

$$Ba^{2+}+CO_3^{2-}=BaCO_3 \tag{4}$$

过量的 Na$_2$CO$_3$ 溶液用盐酸中和。粗食盐中的 K$^+$ 与这些沉淀剂不起作用，仍留在溶液中。由于 KCl 的溶解度比 NaCl 大，而且在粗食盐中的含量较少，所以在蒸浓食盐溶液时，NaCl 结晶出来，而 KCl 仍留在母液中。

四、实验步骤

1. 溶解粗食盐

称取 20 g 粗食盐于 250 mL 烧杯中，加 80 mL 水，加热搅拌使粗食盐溶解（不溶性杂质沉于底部）。

2. 除去 SO$_4^{2-}$

加热溶液至近沸，边搅拌边逐滴加入 1 mol/L BaCl$_2$ 溶液 3~5 mL。继续加热 5 min，使沉淀颗粒长大而易于沉降。将烧杯从石棉网上取下，待沉淀沉降后，在上层清液中加 1~2 滴

1 mol/L 的 $BaCl_2$ 溶液，如果出现混浊，表示 SO_4^{2-} 尚未除尽，需继续加 $BaCl_2$ 溶液以除去剩余的 SO_4^{2-}，如果不混浊，表示 SO_4^{2-} 已除尽。吸滤，弃去沉淀。

3. 除去 Mg^{2+}、Ca^{2+} 和过量的 Ba^{2+} 等阳离子

将所得的滤液加热至近沸，边搅拌边滴加饱和 Na_2CO_3 溶液，直至不再产生沉淀为止。再多加 0.5 mL Na_2CO_3 溶液，静置。待沉淀沉降后，在上层清液中加几滴饱和 Na_2CO_3 溶液，如果出现混浊，表示 Ba^+ 等阳离子未除尽，需在原溶液中继续加 Na_2CO_3，直至除尽为止。吸滤，弃去沉淀。

4. 除去过量的 CO_3^{2-}

往滤液中滴加 6 mol/L HCl 溶液，加热搅拌，中和到溶液的 pH 为 2~3（用 pH 试纸检查）。

5. 浓缩和结晶

把溶液倒入蒸发皿中蒸发浓缩，当液面出现晶膜时，改用小火加热并不断搅拌，以免溶液溅出，一直浓缩到有大量 NaCl 晶体出现（溶液的体积约为原体积的 1/4）。冷却，吸滤。然后用少量蒸馏水洗涤晶体，抽干。

将 NaCl 晶体转移到蒸发皿中，在石棉网上用小火烘干。烘干时应不断地用玻璃棒搅动，以免结块，一直烘干至 NaCl 晶体不沾玻璃棒为止（搅拌时为防止蒸发皿摇晃，在石棉网上放置一个泥三角，并用坩埚钳夹住蒸发皿）。冷却后称量，计算产率。

6. 产品纯度的检验

取产品和原料各 1 g，分别溶于 5 mL 蒸馏水中，然后进行下列离子的定性检验。

（1）SO_4^{2-}：各取 1 mL 溶液于试管中，分别加入 6 mol/L HCl 溶液 2 滴和 1 mol/L $BaCl_2$ 溶液 2 滴，比较两溶液中沉淀产生的情况。

（2）Ca^{2+}：各取上述溶液 1 mL 于试管中，加 2 mol/L HAc 溶液使之呈酸性，再分别加入饱和 $(NH_4)_2C_2O_4$ 溶液 3~4 滴，若有白色 CaC_2O_4 沉淀产生，表示有 Ca^{2+} 存在。比较两溶液中沉淀产生的情况。

（3）Mg^{2+}：各取上述溶液 1 mL，加 6 mol/L NaOH 溶液 5 滴和镁试剂 2 滴，若有天蓝色沉淀生成，表示有 Mg^{2+} 存在。比较两溶液的颜色。

五、注意事项

（1）试剂瓶取用后，及时放回原处，标签向外。
（2）取用试剂时，标签向手心。
（3）钥匙用滤纸擦拭后，放回试管架。
（4）量取水时，快接近时，换用胶头滴管。

六、实验数据及现象记录

实验现象及数据记录于表 1-6 和表 1-7。

表 1-6 "粗盐的提纯" 实验现象记录表

姓名：＿＿＿＿＿＿＿ 班级：＿＿＿＿＿＿＿＿＿ 学号：＿＿＿＿＿＿＿＿ 专业：＿＿＿＿＿＿＿＿＿

时间	步骤	现象	备注

表 1-7　"粗盐的提纯"实验数据记录表

（1）产品外观及质量（g）：＿＿＿＿＿

（2）粗盐质量及纯盐产率（计算）：＿＿＿＿＿

（3）完成下面纯度检验表。

项目	检验方法	被检溶液	实验现象	结论
SO_4^{2-}	加 6 mol/L HCl、0.2 mol/L $BaCl_2$	1 mL 粗 NaCl 溶液		
		1 mL 纯 NaCl 溶液		
Ca^{2+}	饱和（NH_4）$_2C_2O_4$ 溶液	1 mL 粗 NaCl 溶液		
		1 mL 纯 NaCl 溶液		
Mg^{2+}	6 mol/L NaOH、镁试剂溶液	1 mL 粗 NaCl 溶液		
		1 mL 纯 NaCl 溶液		

七、实验思考题

（1）K^+ 离子在哪一步操作中除去？

（2）在除去 Ca^{2+}、Mg^{2+}、SO_4^{2-} 时，为什么先加 $BaCl_2$ 溶液除 SO_4^{2-}，后加 Na_2CO_3 溶液除 Ca^{2+}、Mg^{2+}，如果把顺序颠倒一下，先加 Na_2CO_3 溶液除 Ca^{2+}、Mg^{2+}，后加 $BaCl_2$ 溶液除 SO_4^{2-}，是否可行？

（3）为什么用毒性很大的 $BaCl_2$ 而不用无毒性的 $CaCl_2$ 来除 SO_4^{2-}？

（4）在除去 Ca^{2+}、Mg^{2+}、Ba^{2+} 等离子时，能否用其他可溶性碳酸盐代替 Na_2CO_3？

（5）加 HCl 除 CO_3^{2-} 时，为什么要把溶液的 pH 调到 2~3？能否调节至恰好中性？

实验4 乙醇的蒸馏（分馏）

一、实验目的

（1）掌握用蒸馏法分离和纯化物质及测定化合物沸点的原理和方法。

（2）训练蒸馏装置的安装与操作方法，要求能够规范、整齐、正确地进行蒸馏操作，能够如实、准确地记录实验数据；在实验过程中能够正确处理废弃物，理解并遵守环境保护的社会责任。

（3）掌握实验数据及实验现象的分析方法，能够正确处理实验数据，分析蒸馏实验的关键影响因素，得出有效结论。

1-6 乙醇的蒸馏

二、实验试剂及仪器

1. 实验试剂

工业酒精（50 mL），沸石。

2. 实验仪器

电磁加热搅拌器或水浴锅，蒸馏烧瓶，冷凝管，铁架台，万向夹，牛角管，温度计，温度计套管，三角瓶，乳胶管，接引管。

三、实验原理

蒸馏是分离和提纯液体有机物质的最常用方法之一。液体加热，它的蒸气压就随着温度升高而加大，当液体的蒸气压增大到与外界施于液面总压（即大气压）相等时，就有大量气泡从液体内部逸出，即液体沸腾。这时的温度称为液体的沸点。

蒸馏是将液体加热至沸，使液体变为蒸汽，然后使蒸汽冷却再凝结为液体，这两个过程的联合操作。因为组成液体混合物的各组分的沸点不同，当加热时，低沸点物质就易挥发，变成气态；高沸点物质不易挥发气化，而留在液体内。这样就能把沸点差别较大（一般30 ℃以上）的两种以上混合液体予以分开，以达到纯化的目的。利用蒸馏方法，还可以测定液体有机物的纯度，每一种纯的液体有机物质，在平常状况下，都有恒定的沸点（恒沸混合物除外），而且恒定温度间隙小（纯粹液体的沸程一般不超过1~2 ℃）。当有杂质存在时，则不仅沸点会有变化（有时升高，有时降低，根据杂质温度高低而变化），而且沸点的范围也会加大。

沸点相近的有机物，蒸气压也近乎相等。因此，不能用蒸馏法分离，可用分馏法分离；

对于沸点高、受热易分解的物质，可用减压蒸馏或水蒸气蒸馏来提纯。

四、实验步骤

本实验蒸馏工业酒精，用常量法测定沸点。

1. 安装蒸馏装置

一般是先从热源处（酒精灯或电炉）开始，然后由下至上，由左到右。在一铁架台上，依次安放热源、石棉网、烧瓶。烧瓶用烧瓶夹垂直夹好再装蒸馏头。在另一铁架台上，用铁夹夹住冷凝管的中上部分，调整铁架台和烧瓶夹的位置，使冷凝管的中心线和蒸馏头支管的中心线成一条直线。然后移动冷凝管，使蒸馏头的支管和冷凝管紧密地联结起来，这时铁夹应正好夹在冷凝管中央部分，再接上接引管和三角瓶。铁夹不应夹得太紧或太松，以夹住后稍用力尚能转动为宜。铁夹内要垫橡皮类软性物质，以免夹破仪器。整个装置要求规范、准确、横平竖直，无论从正面还是从侧面观察，全套仪器中各个仪器的轴线都要在同一平面内；所有的铁夹和铁架都应尽可能整齐地放在仪器的背部。为防止仪器黏结，可在玻璃接头上涂抹少量凡士林。注意温度计水银球的上缘应恰好位于蒸馏头侧管下缘所在的水平线上。如果不用标准磨口仪器，则用支管蒸馏瓶配以合适的软木塞或橡胶塞。

根据蒸馏物的量，选择大小合适的烧瓶，一般蒸馏物的体积应占烧瓶容量的 1/3～2/3。温度计通过木塞插入蒸馏头中央，其水银球上沿应和蒸馏头支管的下沿在同一水平线上。蒸馏头的支管和冷凝管相连，用水冷凝时，冷凝管的外套中通水（冷凝管的下端进水口用橡胶管接至自来水水龙头，上端的出水口以橡胶管接入水槽），上端的出水口应向上，可保证内套中充满水，使蒸汽在冷凝管中充分冷凝为液体。冷凝管下端与牛角管相连。

2. 加入工业酒精和防止暴沸的毛细管或沸石

蒸馏装置装好后，将 50 mL 工业酒精倒入 100 mL 的蒸馏烧瓶里，然后往蒸馏烧瓶里放几根毛细管（毛细管一端封闭，开口的一端朝下，细管的长度应能使其上端贴靠在烧瓶的颈部）或 2～3 粒沸石。毛细管和沸石的作用都是防止暴沸，使沸腾保持平稳。因为当液体加热时温度有可能上升超过沸点而不沸腾，形成"过热"现象。此时蒸气压大大地超过了大气压和液柱压力之和，因此上升的气泡增大得非常快，甚至会将预蒸馏的液体冲溢出瓶外，造成实验失败。这种不正常的沸腾，称为"暴沸"。而毛细管和沸石均能产生细小的气泡，形成沸腾中心，使蒸馏能正常进行。一旦停止沸腾或中途停止蒸馏，则原有的沸石或毛细管即失效，如再次加热蒸馏前，应补加新的沸石或毛细管。如果事先忘记加入，则必须先移去热源，待加热液体冷却至沸点以下后方可加入。接着在冷凝管下口缓缓通入冷水，自上口流出引至水槽中（图 1-7）。

3. 用水浴加热

开始时温度可上升稍快些，待蒸馏瓶内液体沸腾时应控制加热速度，使液体馏出速度为每秒 1～2 滴为宜。当温度趋于稳定时，另换接收器收集，记录此时的温度，继续蒸馏，当温度计读数突然下降或蒸馏瓶内只剩下很少液体（蒸馏单一物质时），即可停止加热，并记下此时温度。这两个温度即为乙醇的沸程。量取所收集馏分的体积，并计算回收率。注意不要蒸干，以免蒸馏瓶破裂或发生其他意外事故。

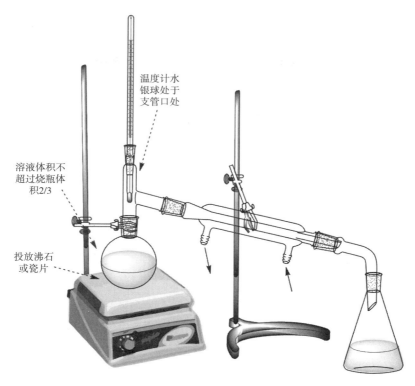

温度计水银球处于支管口处

溶液体积不超过烧瓶体积2/3

投放沸石或瓷片

图1-7　乙醇的蒸馏实验装置图

4. 蒸馏结束后注意事项

蒸馏完毕，应先停止加热，然后停止通水，拆下仪器，拆除仪器的顺序和安装仪器的顺序相反，即依次取下接收器、接引管、冷凝管和蒸馏瓶。

五、注意事项

（1）乙醇加入量不要超过烧瓶容积的2/3。

（2）沸石应在加热前加入，如遇实验中途停止加热，需重新加入沸石后，再进行加热。

（3）应收集73~77 ℃的馏分，若温度计位置放置不准确，温度区间可能出现差异。

六、实验现象及数据记录

实验现象及数据记录于表1-8、表1-9。

七、实验思考题

（1）常量蒸馏法与微量法测沸点各适用于哪些情况？在高原地区蒸馏时，对沸点是否有影响？偏高还是偏低？

（2）为什么蒸馏时要加沸石？若加热时发现未加沸石，为什么一定要稍冷后才能补加？

（3）如果液体有一恒定的沸点，能认为是纯物质吗？液体中含有水分，一般引起沸点上升还是下降？

    （4）收集的馏分中，哪个是乙醇？

    （5）记录实验数据及实验现象时，应注意哪些问题？

    （6）如何计算乙醇的含量？

表 1-8 "乙醇的蒸馏（分馏）"实验现象记录表

姓名：_____ 班级：_____ 学号：_____ 专业：_____

时间	步骤	现象	备注

表 1-9 "乙醇的蒸馏（分馏）"实验数据记录表

（1）实验开始时，乙醇的加入量：_____。

（2）实验结束后，蒸馏出乙醇的量：_____。

（3）乙醇的含量_____。

编号	1	2	3	平均值
锥形瓶的质量 m_0/g				
粗乙醇的质量 m_1/g				
（蒸馏后锥形瓶+乙醇）质量 m_2/g				
蒸馏乙醇质量（m_2-m_0）/g				
产率/%				
相对标准偏差				

实验5　乙酰苯胺的重结晶

一、实验目的

1. 掌握重结晶提纯固态有机物的原理和方法，通过重结晶获得高纯度的乙酰苯胺。

2. 掌握减压抽滤的操作技术，以及循环水真空泵的使用方法。

1-5　重结晶

二、实验试剂及仪器

1. 实验试剂

乙酰苯胺，氯化钠，活性炭。

2. 实验仪器

循环水真空泵，抽滤瓶（500 mL），布氏漏斗，烧杯（250 mL），玻璃棒，滤纸，电子天平。

三、实验原理

重结晶提纯法是利用混合物中各组分在某种溶液中的溶解度不同，或在同一溶液中不同温度时溶解度不同，通过溶解和结晶的交替过程，可使它们分离，得到纯净的溶质晶体。

乙酰苯胺又称 N-苯基乙酰胺、乙酰氨基苯，俗称退热冰，分子式 C_8H_9NO，相对分子质量135.17。从水中结晶后白色鳞片状、有光泽晶体或白色结晶性粉末，有烧焦味。乙酰苯胺的溶解度水中 0.56 g/100 mL（25 ℃），水中 3.5 g/100 mL（80 ℃），水中 18 g/100 mL（100 ℃），乙醇中 36.9 g/100 mL（20 ℃），氯仿中 13.6 g/100 mL（20 ℃），甲醇中 69.5 g/100 mL（20 ℃），微溶于苯、二甲苯、甲苯、丙酮、乙醚、二噁烷，不溶于石油醚。三氯乙醛水合物可促进乙酰苯胺在水中的溶解度。因此，可利用其在不同温度的水中溶解度不同将其与其他组分进行分离。

四、实验步骤

（1）称取 3 g 乙酰苯胺与氯化钠的混合物（质量比为 9∶1），放入 250 mL 烧杯中，加入 80 mL 水，加热至沸腾，若还未溶解可适量加入热水，搅拌，加热至沸腾。

（2）稍冷后，加入适量（0.5~1 g）活性炭于溶液中，煮沸 5~10 min，拿预热过的抽滤瓶和布氏漏斗，趁热进行减压抽滤。

（3）将滤液放入室温下冷却结晶，待冷却至室温后可进一步放入冰水中结晶，以使结晶完全。

（4）再次减压抽滤，之后放入烘箱中烘燥，称量并记录结晶质量，计算混合物中乙酰苯胺的质量分数。

五、注意事项

（1）加热过程中，未溶解的乙酰苯胺熔化会出现油珠状物，应继续加热并搅拌。如仍有油珠状物，再添加少量热水加热直至油状物全部消失。

（2）活性炭不能直接加入沸腾的溶液中，以免溶液爆沸。

（3）洗涤结晶时要使用冷溶剂，以免溶解晶体。

六、实验现象及数据记录

实验现象及数据记录于表1-10、表1-11。

七、实验思考题

（1）抽滤的优点有哪些？

（2）加入活性炭的作用是什么？

（3）使用布氏漏斗过滤时，如果滤纸大于漏斗瓷孔面时，有什么不好？

（4）抽滤两次的目的分别是什么？

（5）在布氏漏斗上用溶剂洗涤滤饼时应注意什么？

（6）减压结束时，循环水真空泵如何操作？

表 1-10　"乙酰苯胺的重结晶"实验现象记录表

姓名：＿＿＿＿＿＿＿＿　班级：＿＿＿＿＿＿＿＿　学号：＿＿＿＿＿＿＿＿　专业：＿＿＿＿＿＿＿＿

时间	步骤	现象	备注

表 1-11　"乙酰苯胺的重结晶"实验数据记录表

序号	项目	数据记录或状态描述
1	乙酰苯胺与氯化钠混合物质量/g	
2	提纯后结晶物质量/g	
3	提纯后结晶物外观形貌	
4	混合物中乙酰苯胺的理论质量/g	
5	乙酰苯胺产率/%	

五、溶液的配制

溶液是由至少两种物质组成的均一、稳定的混合物，被分散的物质（溶质）以分子或更小的质点分散于另一物质（溶剂）中。溶液可分为一般溶液和标准溶液。物质在常温时有固体、液体和气体三种状态，因此，溶液也有三种状态。大气本身就是一种气体溶液，固体溶液混合物常称固溶体，如合金。一般溶液专指液体溶液，包括能够导电的电解质溶液和不能导电的非电解质溶液。

1. 一般溶液的配制步骤

（1）计算。计算配制所需固体溶质的质量或液体浓溶液的体积。

（2）称量。用天平称量固体质量或用移液管（或量筒）量取液体体积。

（3）溶解。在烧杯中溶解或稀释溶质，恢复至室温（如不能完全溶解可适当加热）。

（4）转移。检查容量瓶是否漏水。将烧杯内冷却后的溶液沿玻璃棒小心转入一定体积的容量瓶中（玻璃棒下端应靠在容量瓶刻度线以下）。

（5）洗涤。用蒸馏水洗涤烧杯和玻璃棒 2~3 次，并将洗涤液转入容器中，振荡，使溶液混合均匀。

（6）定容。向容量瓶中加水至刻度线以下 1~2 cm 处时，改用胶头滴管加水，使溶液凹面恰好与刻度线相切。

（7）摇匀。盖好瓶塞，用食指顶住瓶塞，另一只手托住瓶底，反复上下颠倒，使溶液混合均匀。

最后将配制好的溶液倒入试剂瓶中，贴好标签。

2. 标准溶液的两种配制方法

（1）直接配制法。准确称取一定量的基准试剂，溶解后定量转入容量瓶中，加试剂水稀释至刻度，充分摇匀，根据称取基准物质的质量和容量瓶体积，计算其准确浓度。

（2）间接配制法。间接配制法又称标定法，是指将要配制的溶液先配制成近似于所需浓度的溶液，再用基准物或标准溶液标定出它的准确浓度。

3. 注意事项

（1）称样时要准确称量，且其量要达到一定数值（一般在 200 mg 以上），以减少相对误差。

（2）注意试剂水的纯度要符合要求，避免带入杂质。

（3）注意"转移"操作，要确保 100% 全部转入，避免损失。

（4）容量瓶使用前需检查是否漏水，摇匀时要塞紧瓶口，避免溢漏损失。

六、滴定操作

滴定是进行定量分析的常用方法，也是一种化学实验操作。它通过两种溶液的定量反应来确定某种溶质的含量，根据指示剂的颜色变化指示滴定终点，然后目测标准溶液消耗体积，计算分析结果。

在滴定分析中，滴定管、容量瓶、移液管和吸量管是准确测量溶液体积的量器。通常体积测量相对误差比称量要大，而分析结果的准确度是误差最大的那项因素所决定。因此，必须准确测量溶液体积以得到正确的分析结果。溶液体积测量准确度不仅取决于所用量器是否准确，而且取决于准备和使用量器的操作是否正确。现将滴定分析常用器皿及其基本操作分述如下：

（一）滴定管

滴定管是滴定时用来准确测量流出标准溶液体积的量器。其主要部分管身是用细长且内径均匀的玻璃管制成，上面刻有均匀的分度线，下端的流液口为一尖嘴，中间通过玻璃旋塞或乳胶管连接以控制滴定速度。常量分析用的滴定管标称容量为 50.00 mL 和 25.00 mL，最小刻度为 0.1 mL，读数可估计到 0.01 mL。

滴定管一般分为两种：酸式滴定管和碱式滴定管（图1-8）。酸式滴定管的下端有玻璃活塞，可盛放酸液及氧化剂，不宜盛放碱液。碱式滴定管的下端连接一橡胶管，内放一玻璃珠，以控制溶液的流出，下面再连一尖嘴玻璃管，可盛放碱液，不能盛放酸或氧化剂等腐蚀橡皮的溶液。滴定管的操作流程如下：

1. 检漏

将滴定管装入适量水，至滴定管架上直立 2 min，观察滴定管有无漏水。酸式滴定管将滴定管活塞旋转 180°，再静置 2 min，观察有无水渗出或漏下。若使用不灵活，应拔出活塞，用滤纸将活塞及活塞套擦干，用手指沿圆周涂薄薄的凡士林，不要将活塞小口堵住，将活塞插入活塞套内，沿同一方向转动活塞，直到活塞全部透明为止，用橡皮圈套住活塞尾部（碱式滴定管可将珠子上下推或更换橡胶）。

2. 洗涤

使用滴定管前先用自来水洗，再用少量蒸馏水淋洗 2~3 次，每次 5~6 mL，洗净后，管壁上不应附着有液滴；最后用少量滴定用的待装溶液洗涤两次，以免加入滴定管的待装溶液被蒸馏水稀释。

3. 装液

将待装溶液加入滴定管中到刻度"0"以上，开启旋塞或挤压玻璃球，把滴定管下端的气泡逐出，然后把管内液面的位置调节到刻度"0"。排气方法如下：如果是酸式滴定管，可使溶液急速下流驱去气泡。如为碱式滴定管，则可将橡胶管向上弯曲，并在稍高于玻璃珠所在处用两手指挤压，使溶液从尖嘴口喷出（图1-9）。

4. 读数

常用滴定管的容量为 50 mL，每一大格为 1 mL，每一小格为 0.1 mL，读数可读到小数点后两位。读数时，滴定管应保持垂直。视线应与管内液体凹面的最低处保持水平，偏低偏高都会带来误差（图1-10）。

（a）酸式滴定管　（b）碱式滴定管

图1-8　滴定管

1-8　滴定管操作

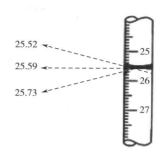

图 1-9　碱式滴定管排气　　　　图 1-10　目光在不同位置得到的滴定管读数

5. 滴定

滴定开始前，先把悬挂在滴定管尖端的液滴除去，滴定时用左手控制阀门，右手持锥形瓶，并不断旋摇，使溶液均匀混合。快到滴定终点时，滴定速度放慢，最后一滴一滴地滴入，防止过量，并且用洗瓶挤少量水淋洗瓶壁，以免有残留的液滴未起反应。待滴定管内液面完全稳定后，方可读数（图 1-11）。

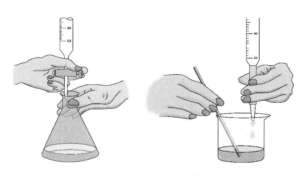

图 1-11　滴定操作

（二）容量瓶

容量瓶主要是用来精确地配制一定体积和一定浓度溶液的量器。容量瓶的瓶塞是磨口的，一般为配套使用。容量瓶不能长期储存溶液，尤其是碱性溶液，它会侵蚀瓶塞使其无法打开。使用完毕后应立即洗净，如长时间不用，磨口处应洗净擦干，并用纸片将磨口隔开。切记勿用火直接加热及烘烤容量瓶。

容量瓶的操作流程如下。

1-9　容量瓶的使用

1. 检漏

装入约 1/2 水，塞紧瓶塞，右手食指顶住瓶塞，左手托住容量瓶底，将其倒立，观察是否漏水，将瓶塞旋转 180° 后倒立，检查是否漏水。

2. 洗涤

如无明显污渍，用自来水、蒸馏水依次润洗 2~3 次；若仍不能洗净，用铬酸溶液洗涤。

3. 配制溶液

先将准确称量好的溶质放在烧杯中，用少量溶剂溶解，溶液转移至容量瓶。转移时，要使玻璃棒的下端靠近瓶颈内壁，使溶液沿玻棒缓缓流入瓶中，再从洗瓶中挤出少量水淋洗烧杯及玻璃棒 2~3 次，并将其转移到容量瓶中（图 1-12）。接近标线时（1 cm 左右），应改用胶头滴管慢慢滴加，直至溶液的弯月面与标线相切为止。超过刻度线，重新配制。

塞紧瓶塞，用左手食指按住塞子，将容量瓶一正一倒 15~20 次，直到溶液混匀为止（图 1-13）。如果液面低于刻度线，是因为溶液在瓶口润湿所损失不影响浓度。

图 1-12　转移溶液入容量瓶　　图 1-13　容量瓶倒转混匀溶液

（三）移液管

移液管用于准确移取一定体积的溶液。通常有两种形状，一种移液管中间有膨大部分，称为胖肚移液管；另一种是直形的，管上有分刻度，称为吸量管（图 1-14）。移液管在使用前应洗净，并用蒸馏水润洗 3 遍。使用时，洗净的移液管要用被吸取的溶液润洗 3 遍，以除去管内残留的水分。吸取溶液时，一般用左手拿洗耳球，右手把移液管插入溶液中吸取。当溶液吸至标线以上时，马上用右手食指按住管口，取出，微微移动食指或用大拇指和中指轻轻转动移液管，使管内液体的弯月面慢慢下降到标线处，立即压紧管口；把移液管移入另一容器（如锥形瓶）中，并使管尖与容器壁接触，放开食指让液体自由流出；流完后再等 15 s 左右（图 1-15）。残留于管尖内的液体不必吹出，因为在校正移液管时，未把这部分液体体积计算在内。使用刻度吸管时，应将溶液吸至最上刻度处，然后将溶液放出至适当刻度，两刻度之差即为放出溶液的体积。

（四）移液枪

移液枪是移液器的一种，常用于实验室少量或微量液体的移取，配有枪头。移液枪属精密仪器，使用及存放时均要小心谨慎，防止损坏，避免影响其量程。使用流程：用拇指和食指旋转取液器上部的旋钮，使数字窗口出现所需容量体积的数字，在取液器下端插上一个配套枪头，并旋紧以保证气密。然后四指并拢握住取液器上部，用拇指按住柱塞杆顶端的按钮，向下按到第一停点，将取液器的吸头插入待取的溶液中，缓慢松开按钮。吸上液

1-10　移液管和移液枪的使用

体，并停留 1~2 s（黏性大的溶液可加长停留时间），将吸头沿器壁滑出容器，用吸水纸擦去吸头表面可能附着的液体，排液时吸头接触倾斜的器壁，先将按钮按到第一停点，停留 1 s（黏性大的液体要加长停留时间），再按压到第二停点，吹出吸头尖部的剩余溶液，按下除吸

头推杆，将吸头推入废物缸。

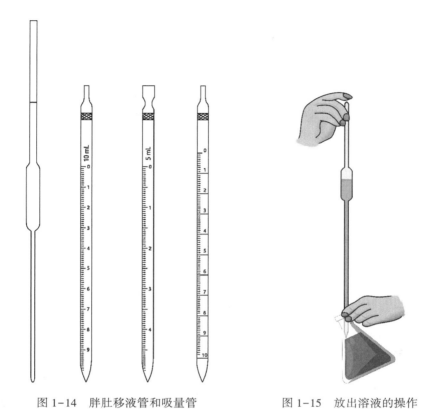

图 1-14　胖肚移液管和吸量管　　　　图 1-15　放出溶液的操作

实验6　滴定管、容量瓶、移液管、移液枪的基本操作练习

一、实验目的

（1）掌握滴定管、容量瓶、移液管、移液枪的基本原理和操作方法。
（2）通过规范的化学实验操作练习，培养实验过程严谨认真的态度。

二、实验仪器和试剂

1. 实验试剂
蒸馏水，碳酸钠。
2. 实验仪器
酸碱滴定管，容量瓶，移液管，移液枪。

三、实验原理

参见"滴定操作"，此处略。

1-8　滴定管操作

1-9　容量瓶的使用

1-10　移液管和移液枪的使用

四、实验步骤

1. 滴定管的基本操作练习
分别对酸碱滴定管进行检漏、洗涤等操作，将蒸馏水装至滴定管中，排除气泡，进行3次放液，读数，并记录数据。练习完成后，将废液倒入指定瓶里，然后用自来水冲洗滴定管数次，倒立夹在滴定管架上晾干。

2. 容量瓶的基本操作练习
取100 mL容量瓶，进行检漏、洗涤等操作。精准称取0.4~0.5 g无水碳酸钠，用容量瓶稀释定容100 mL，摇匀。计算此时溶液浓度。

3. 移液管的基本操作练习
用各种规格的移液管，从上述容量瓶中分别移取5 mL、10 mL、25 mL溶液至3个50 mL容量瓶，加水定容至刻度。计算此时溶液浓度。练习完成后，将废液倒入指定瓶里，然后用自来水冲洗容量瓶数次，晾干。

4. 移液枪的基本操作练习
用移液枪移取体积不等的蒸馏水5次，并将其汇于量筒中，读数。练习完成后，将废液倒入指定瓶里，废弃枪头推入废物缸，移液枪调回最大量程处。

以上操作建议反复练习，直至规范、熟练为止。

五、注意事项

1. 滴定管使用时的注意事项

（1）在装液后，要确定滴定管下端气泡排尽。

（2）溶液滴出速度不要太快，3~4 滴/s 即可。旋摇时不要使瓶内的液体溅出来。

（3）两种滴定管不可混用，酸式滴定管不得装碱性溶液，碱式滴定管不得装对橡胶管有腐蚀性（强氧化性或酸性）的溶液。

（4）滴定管使用前必须"两检三洗"，使用完毕也需立即洗净。

（5）滴定结束后，滴定管中剩余的溶液应弃去，不得将其倒回原试剂瓶。

2. 容量瓶使用时的注意事项

（1）容量瓶不能加热，如果溶质在溶解过程中放热，也要待溶液冷却后再进行转移（20 ℃）。

（2）容量瓶只能用于配制溶液，不能储存溶液，因为溶液可能会对瓶体进行腐蚀，从而使容量瓶的精度受到影响，配制好的溶液应及时倒入试剂瓶中保存，试剂瓶应先用待装的溶液润洗 2~3 次或烘干后使用。

（3）容量瓶用毕应及时洗涤干净，塞上瓶塞，并在塞子与瓶口之间夹一条纸条，防止久置后瓶塞与瓶口粘连。

3. 移液管使用时的注意事项

（1）移液管必须用洗耳球吸取溶液，不可用嘴吸。

（2）将移液管插入待移溶液中，不能太深也不能太浅，太深会使管外黏附溶液过多，太浅往往会产生空吸。

（3）吸取溶液后移除移液管，应先用滤纸条擦干下端外壁，再将移液管内的溶液放至 0 刻度线，而不是先放至刻度线，再擦干。

（4）溶液自然流出后，移液管应接触袋装溶液内壁停靠 15s。

4. 移液枪使用时的注意事项

（1）吸取液体时一定要缓慢平稳地松开拇指，绝不允许突然松开，以防将溶液吸入过快而冲入取液器内腐蚀柱塞而造成漏气。

（2）为获得较高的精度，吸头需预先吸取一次样品溶液，然后移液，因为吸取有机溶剂或血清蛋白质溶液时，吸头内壁会残留一层"液膜"，造成排液量偏小而产生误差。

（3）浓度和黏度大的液体，会产生误差。为消除其误差的补偿量，可由试验确定，补偿量可用调节旋钮改变读数窗的读数来进行设定。

（4）可用分析天平称量所取纯水的重量并进行计算的方法来校正移液枪，1 mL 蒸馏水 20 ℃时重 0.9982 g。

（5）移液枪反复撞击吸头来上紧的方法是非常不可取的，长期操作会使内部零件松散而损坏移液器。

（6）移液枪未装吸头时，切莫移液。

（7）在设置量程时，请注意旋转到所需量程，数字清清楚楚在显示窗中，所设量程在移液器量程范围内，不要将按钮旋出量程，否则会卡住机械装置，损坏移液枪。

（8）移液枪严禁吸取强挥发、强腐蚀性液体（如浓酸、浓碱、有机物等）。

（9）严禁使用移液器吹打混匀液体。

六、实验现象及数据记录

实验现象及数据记录于表 1–12 ~ 表 1–15。

七、实验思考题

（1）移液枪使用时，引起测量误差的影响因素有哪些？

（2）在化学实验中，移液管和移液枪的使用范围有何不同？

表 1-12　"滴定管、容量瓶、移液管、移液枪的基本操作练习" 实验现象记录表

姓名：＿＿＿＿＿＿＿＿＿　班级：＿＿＿＿＿＿＿＿＿　学号：＿＿＿＿＿＿＿＿＿　专业：＿＿＿＿＿＿＿＿＿

时间	步骤	现象	备注

表 1-13 "滴定管的基本操作练习" 实验数据记录表

编号	1	2	3
酸式滴定管			
碱式滴定管			

表 1-14 "容量瓶和移液管的基本操作练习" 实验数据记录表

移液管移取后定容编号	1	2	3
碳酸钠溶液浓度/（g/mol）			

表 1-15 "移液枪的基本操作练习" 实验数据记录表

编号	1	2	3	4	5
移液枪每次移取体积/mL					
汇总后量筒测量体积/mL					

实验 7　EDTA 标准溶液的配制与标定

一、实验目的

（1）识记 EDTA 标准溶液的配制与标定方法、滴定终点的颜色变化等知识。

（2）能够配制 EDTA 标准溶液，并依据滴定终点的颜色变化对其进行标定。

（3）采集、整理实验数据，使学生能够运用所学的实验理论及其他相关知识对实验结果进行有效分析和解释。

二、实验仪器及试剂

1. 实验试剂

（1）以 ZnO 为基准物时所用试剂。ZnO（分析纯），乙二胺四乙酸二钠（分析纯），六次甲基四胺（20%，质量体积浓度），二甲酚橙指示剂（0.2%），盐酸（1+1，即 1 份浓盐酸+1 份水组成）。

（2）以 $CaCO_3$ 为基准物时所用试剂。碳酸钙［固体，一级试剂（优级纯）］，盐酸（1+1），钙黄绿素—百里酚酞混合指示剂［1 g 钙黄绿素和 1 g 百里酚酞与 50 g 固体硝酸钾（分析纯）磨细，混匀后，储于小广口瓶中］，氢氧化钾溶液（20%，质量体积浓度），乙二胺四乙酸二钠（分析纯）。

2. 实验仪器

电子天平，酸式滴定管，移液管，锥形瓶，容量瓶，烧杯，试剂瓶。

三、实验原理

乙二胺四乙酸（简称 EDTA，H_4Y），难溶于水，通常用 EDTA 二钠盐，通过间接法配制标准溶液。EDTA 能与大多数金属离子形成 1∶1 的稳定配合物，因此可以用含有这些金属离子的基准物，在一定的酸度下，选择适当的指示剂来标定 EDTA 的浓度。标定 EDTA 溶液的基准物有 Zn、ZnO、$CaCO_3$、Cu、$MgSO_4 \cdot 7H_2O$ 等。

标定 EDTA 溶液可用 ZnO 或金属 Zn 作为基准物。以 Zn 作基准物可用铬黑 T（In^{2-}）作指示剂，在 $NH_3 \cdot H_2O$—NH_4Cl 缓冲溶液（pH=10）中进行标定，其反应为如下。

测定前：

$$Zn^{2+} + In^{2-} = ZnIn \tag{1}$$
纯蓝色　酒红色

测定开始至终点前：

$$Zn^{2+} + Y^{4-} = ZnY^{2-} \tag{2}$$

终点时：

$$ZnIn + Y^{4-} = ZnY^{2-} + In^{2-} \tag{3}$$

所以，终点时溶液从酒红色变成纯蓝色。

EDTA 溶液若用于测定石灰石或白云石中 CaO、MgO 的含量及测定水的硬度，最好选用

CaCO₃作基准物标定，这样基准物和被测物含有相同的组分，使得测定条件一致，可以减少误差。首先将 CaCO₃用盐酸溶解后，制成 Ca²⁺标准溶液，调节酸度至 pH>12.5 时，以钙黄绿素—百里酚酞作混合指示剂，用 EDTA 标准溶液滴至绿色荧光消失。

四、实验步骤

1. 0.01 mol/L EDTA 标准溶液的配制

称取 3.7 g 乙二胺四乙酸二钠（分析纯）置于适量水中，加热溶解（必要时过滤），冷却后，用水稀释至 1 L，摇匀。

2. 以 ZnO 为基准物标定 EDTA 溶液

（1）Zn²⁺标准溶液的配制。准确称取 ZnO 基准物 0.35~0.5 g 于 150 mL 烧杯中，用数滴水润湿后，盖上表面皿，从烧杯嘴中滴加 10 mL 的 1+1 盐酸，待完全溶解后冲洗表面皿和烧杯内壁，定量转移至 250 mL 容量瓶中，加水稀释至刻度，摇匀，计算其准确浓度。

（2）EDTA 标准溶液的标定方法 1。用移液管移取 Zn²⁺标准溶液 25.00 mL 于 250 mL 锥形瓶中，逐滴加入 1∶1 氨水，同时不断摇动，直至开始出现白色氢氧化锌沉淀，再加 5 mL 的 NH₃·H₂O—NH₄Cl 缓冲溶液、50 mL 水和三滴铬黑 T，用 EDTA 标准滴定至溶液由酒红色变为纯蓝色即为终点。记下 EDTA 溶液的用量 V_{EDTA}。平行标定三次，计算 EDTA 的浓度 c_{EDTA}。

（3）EDTA 标准溶液的标定方法 2。用移液管移取 Zn²⁺标准溶液 25.00 mL 于 250 mL 锥形瓶中，加水 20 mL，加两滴二甲酚橙指示剂，然后滴加六次甲基四胺溶液，直至溶液呈现稳定的紫红色，再多加 3 mL，用 EDTA 溶液滴至溶液由紫红色刚变为亮黄色，即达到终点。

3. 以 CaCO₃为基准物标定 EDTA 溶液

（1）钙标准溶液的配制。准确称取 105~110 ℃干燥过的约 0.6 g CaCO₃于 150 mL 烧杯中，加水 50 mL，盖上表面皿，从烧杯嘴滴加 5.00 mL 1+1 盐酸，待 CaCO₃完全溶解后，加热近沸，冷却后淋洗表面皿，再定量转入 250 mL 容量瓶中，稀释定容，摇匀。

（2）EDTA 标准溶液的标定。用移液管移取 25.00 mL 钙标准溶液于 400 mL 烧杯中，加水 150 mL，在搅拌下加入 10 mL 的 20% KOH 溶液和适量的钙黄绿素—百里酚酞混合指示剂，此时溶液应呈现绿色荧光，摇匀后用 EDTA 标准溶液滴至溶液的绿色荧光消失突变为紫红色，即为终点。

五、注意事项

（1）称取 EDTA 和金属时，保留四位有效数字。
（2）控制好滴定速度。

六、实验现象及数据记录

实验现象及数据记录于表 1–16、表 1–17。

表 1-16　"EDTA 标准溶液的配制与标定"实验现象记录表

姓名：_____　班级：_____　学号：_____　专业：_____

时间	步骤	现象	备注

表 1-17 "EDTA 标准溶液的配制与标定" 实验数据记录表

编号	1	2	3
ZnO 质量/g			
ZnO 标准溶液体积/mL			
ZnO 标准溶液浓度/（g/mL）			
乙二胺四乙酸二钠质量/g			
V_{EDTA}/mL			
c_{EDTA}/（mol/L）			
相对标准偏差			
编号	1	2	3
$CaCO_3$ 质量/g			
$CaCO_3$ 标准溶液体积/mL			
$CaCO_3$ 标准溶液浓度/（g/mL）			
乙二胺四乙酸二钠质量/g			
V_{EDTA}/mL			
c_{EDTA}/（mol/L）			
相对标准偏差			

七、实验思考题

（1）EDTA 标准溶液和锌标准溶液的配制方法有何不同？

（2）为什么不能将热溶液直接转移至容量瓶中？

（3）若调节溶液 pH＝10 的操作中，加入很多 $NH_3 \cdot H_2O$ 后仍不见有白色沉淀出现，是何原因？应如何避免？

实验 8　酸碱滴定

一、实验目的

（1）识记滴定操作的基本原理。

（2）能够正确使用酸、碱滴定管，准确判断滴定终点，正确记录滴定过程、现象及结果。

（3）能够正确处理滴定数据，通过数据记录和数据处理，培养学生求真务实的学术观念。

二、实验试剂及仪器

1. 实验试剂

0.1 mol/L HCl 标准溶液（准确浓度已知），0.1 mol/L NaOH 溶液（浓度待标定），0.1 mol/L HAc 溶液（浓度待标定），1%酚酞指示剂。

2. 实验仪器

电子天平，酸碱或滴定管，胶头滴管。

三、实验原理

如果酸（A）与碱（B）的中和反应为：

$$aA+bB=cC+dH_2O \tag{1}$$

当反应达到化学计量点时，则 A 的物质的量 n_A 与 B 的物质的量 n_B 之比为：

$$\frac{n_A}{n_B} = \frac{a}{b} \text{ 或 } n_A = \frac{a}{b}n_B \tag{2}$$

又因为

$$n_A = c_A \cdot V_A \tag{3}$$

$$n_B = c_B \cdot V_B \tag{4}$$

所以

$$c_A \cdot V_A = \frac{a}{b}c_B \cdot V_B \tag{5}$$

式中：c_A、c_B 分别为 A、B 的浓度（mol/L）；V_A、V_B 分别为 A、B 的体积（L 或 mL）。

由此可见，酸碱溶液通过滴定，确定它们中和时所需的体积比，即可确定它们的浓度比。如果其中一溶液的浓度已确定，则另一溶液的浓度可求出。本实验以酚酞为指示剂，用 NaOH 溶液分别滴定 HCl 溶液和 HAc 溶液，当指示剂由无色变为淡粉红色时，即表示已达到终点。由公式（5）可求出酸或碱的浓度。

四、实验步骤

1. NaOH 溶液浓度的标定

用 0.1 mol/L NaOH 溶液荡洗已洗净的碱式滴定管，每次 10 mL 左右，荡洗液从滴定管两端分别流出弃去，共洗三次，每次 10 mL 左右。然后再装满滴定管，赶出滴定管下端的气泡。

调节滴定管内溶液的弯月面在 "0" 刻度以下。静置 1 min，准确读数，并记录数据。

将已洗净的用于盛放 HCl 标准溶液的小烧杯和 25 mL 移液管用 0.1 mol/L HCl 标准液荡洗三次后（每次用 10~15 mL 溶液），准确移取 25.00 mL 的 HCl 标准溶液于 250 mL 锥形瓶中。加酚酞指示剂 2 滴，此时溶液应无色。用已备好的 0.1 mol/L NaOH 溶液滴定酸液。近终点时，用蒸馏水冲洗锥形瓶内壁，再继续滴定，直至溶液在加入半滴 NaOH 溶液后变为明显的淡粉红色，在 30 s 内不褪色，即为终点。准确读取滴定管中 NaOH 溶液的体积。终读数和初读数之差，即为与 HCl 溶液中和所消耗的 NaOH 溶液体积。

重新把碱式滴定管装满溶液（每次滴定最好用滴定管的相同部分），重新移取 25 mL 的 HCl 溶液，按上法再滴定两次。计算 NaOH 溶液的浓度。三次测定结果的相对平均偏差不应大于 0.2%。

2. HAc 溶液浓度的测定

用上面已测知浓度的 NaOH 溶液作为标准溶液，按上法测定 HAc 溶液的浓度三次。三次测定结果的相对平均偏差也不应大于 0.2%。

五、注意事项

（1）摇瓶时，应微动腕关节，使溶液向一个方向做圆周运动，但是勿使瓶口接触滴定管，溶液也不得溅出。

（2）滴定时左手不能离开旋塞让液体自行流下。

（3）注意观察液滴落点周围溶液颜色变化。

六、实验现象及数据记录

实验现象及数据记录于表 1-18~表 1-20。

七、实验思考题

（1）分别用 NaOH 滴定 HCl 和 HAc，当达到化学计量点时，溶液的 pH 是否相同？

（2）滴定管和移液管均需用待装溶液荡洗三次的原因何在？滴定用的锥形瓶也要用待装溶液荡洗吗？

（3）如果取 10.00 mL HAc 溶液，用 NaOH 溶液滴定测定其浓度，所得的结果与取 25.00 mL HAc 溶液的相比，哪一个误差大？

（4）以下情况对滴定结果有何影响？

①滴定管中留有气泡。

②滴定近终点时，没有用蒸馏水冲洗锥形瓶的内壁。

③滴定完后，有液滴悬挂在滴定管的尖端处。

④滴定过程中，有一些滴定液自滴定管的旋塞处渗漏出来。

表 1-18　"酸碱滴定"实验现象记录表

姓名：_____　班级：_____　学号：_____　专业：_____

时间	步骤	现象	备注

表 1-19　NaOH 溶液浓度的标定

次数	1	2	3
HCl 标准溶液的用量/mL			
HCl 标准溶液的浓度/（mol/L）			
NaOH 溶液体积的初读数/mL			
NaOH 溶液体积的终读数/mL			
消耗 NaOH 溶液体积/mL			
NaOH 溶液浓度/（mol/L）			
NaOH 溶液浓度平均值/（mol/L）			
相对标准偏差			

表 1-20　HAc 溶液浓度的标定

次数	1	2	3
NaOH 标准溶液的用量/mL			
NaOH 标准溶液的浓度/（mol/L）			
HAc 溶液体积的初读数/mL			
HAc 溶液体积的终读数/mL			
消耗 HAc 溶液体积/mL			
HAc 溶液浓度/（mol/L）			
HAc 溶液浓度平均值/（mol/L）			
相对标准偏差			

第三节　化学实验误差及数据处理

一、定量分析误差

在化学实验中，常常需要对物质进行定量测定，然后由实验测定的数据经过计算得出结果，结果是否准确可靠是十分重要的问题。现实中测定过程由于受到方法、仪器、试剂、环境和人为等因素的影响，绝对准确是做不到的，实验中的误差是客观存在的。因此，了解实验中的误差，减小和消除误差，正确地表达实验数据及计算结果，评价实验结果的可靠性是很有必要的。

（一）误差和偏差

1. 误差和准确度

所谓测量值是指用测量仪器测定待测物理量所得的数值，真值是指任一物理量的客观真实值。真值是一个哲学概念，某一物理量本身具有的客观存在的真实数值，即为该量的真值，是未知的、客观存在的量。

准确度表示测量或测定结果（X）与真实值（X_T）接近的程度。准确度的好坏可以用误差（E）表示。分析结果与真实值之间的差别叫误差。误差可用绝对误差和相对误差两种方式表示。绝对误差表示测定值与真实值之差，相对误差是指绝对误差在真实结果中所占的百分率。计算公式如下：

$$绝对误差 = X - X_T \tag{1}$$

$$相对误差 = \frac{X - X_T}{X_T} \tag{2}$$

相对误差更能反映误差对整个测定结果的影响。虽然真值是客观存在的，但由于任何测定都有误差，一般难以获得真值。实际工作中，人们常用纯物质的理论值，国家提供的标准参考物质给出的数值，或校正系统误差后多次测定结果的平均值当作真值。

2. 偏差和精密度

精密度是指同一个样品在同样条件下重复测量所得的测量结果之间的相互接近程度。精密度高有时又称再现性好。精密度的好坏可以用平均偏差和标准偏差来衡量。单次测量结果的偏差，用该测定值（X_i）与其算术平均值（$\overline{X}$）之间的差别来表示，具体可用下面四种方式表示：

$$绝对偏差\ d_i = X_i - \overline{X} \tag{3}$$

$$相对偏差\ d_r = \frac{d_i}{X} \times 100\% \tag{4}$$

$$平均偏差\ \overline{d} = \frac{|d_1| + |d_2| + \cdots + |d_n|}{n} = \frac{\sum\limits_{i=1}^{n}|d_i|}{n} = \frac{\sum\limits_{i=1}^{n}|X_i - \overline{X}|}{n} \tag{5}$$

$$相对平均偏差\ \overline{d_r} = \frac{\overline{d}}{X} \times 100\% \tag{6}$$

准确度表示测定结果与真实值之间的复合程度，而精密度表示各平行测定结果之间的吻合程度。评价分析结果的可靠程度应从准确度和精密度两方面考虑。精密度高是保证准确度高的前提条件。精密度差，表示所得结果不可靠。但精密度高，不一定保证准确度高，若无系统误差存在，则精密度高，准确度也高。

3. 误差的分类

根据误差产生的原因及性质，可以将误差分为系统误差和随机误差（偶然误差）。

系统误差又称可测误差，由某种经常出现的、固定的原因造成的误差。误差的大小和正负号保持不变。系统误差反映了多次测量总体平均值偏离真值的程度。

产生系统误差的原因如下：

（1）仪器误差：因测量仪器未经校正而引起的误差。

（2）方法误差：因实验方法本身或理论不完善而引起的误差。

（3）试剂误差：因试剂不纯而引起的误差。

（4）操作误差：因操作者在测量过程中的主观因素引起的误差。

随机误差（偶然误差），是由于一些无法控制的不确定因素引起的，如环境温度、湿度、电压及仪器性能的微小变化等造成的误差。这类误差的特点是误差的大小、正负是随机的，不固定的。当测定的次数很多时，偶然误差服从正态分布。可以找到一定的规律，其规律是表现为绝对值相等的正误差和负误差出现的概率相等。小误差比大误差出现的概率大，特别大的误差出现的概率极小。

4. 误差的消除和减少

各类误差的存在是导致分析结果不准确的直接因素，因此，要提高分析结果的准确程度，应尽可能地较减小误差，根据不同类型的误差特点，消除或减少误差的方法也不尽相同。

系统误差可通过对照试验、空白试验和仪器校正来消除。

（1）对照试验：校正方法误差。用标准试样和待测试样在同一条件下用同一方法测定，找出校正值，作为校正系数校正测定结果。

（2）空白试验：校正试剂、器皿等的误差。在不加待测组分的情况下，按照测定试样时相同的条件和方法进行测定。所得结果称为"空白值"。从试样分析结果中扣除空白值，可提高分析结果的准确度。

（3）仪器校正：校正仪器误差，对准确度要求较高的测定，所使用的仪器，如滴定管、移液管、容量瓶等，必须事先进行校准，求出校正值，并在计算结果时采用，以消除由仪器带来的系统误差。因为偶然误差服从正态分布，所以可通过增加测量次数来减小测定结果的偶然误差，一般平行测定 3~4 次，高要求的测定 6~10 次。

（二）有效数字及其运算

1. 有效数字

有效数字是指实际工作中所能测量到的有实际意义的数字，它不但反映了测量数据"量"的多少。而且也反映了所用测量仪器的精确程度。有效数字由仪器上能准确读出的数字和最后一位估计数字（可疑数字）所组成。如 50 mL 滴定管能准确读出 0.10 mL，则滴定管读数应保留小数点后第二位，如 20.45 mL。

2. 有效数字的计位规则

（1）记录仪器能测定的数据都计位，如：12.56 mL（4 位），5.1 g（2 位）。

（2）数据中"0"是否为有效数字则取决于它的作用，第一个非零数字前的"0"不是有效数字。

（3）滴定管读数 20.50 mL，该有效数字为 4 位。

（4）0.02050 L，不计数字前面的"0"，有效数字仍是 4 位。

（5）分析化学计算中常遇到分数、倍数关系和常数，并非测定所得，可视为无限位有效数字，例如 π、e 等。

（6）对 pH、$\lg K$ 等对数值，其有效数字的位数仅取决于小数部分的位数。

（7）变换单位时，有效数字位数不能变。

3. 有效数字的修约规则

修约规则为："四舍六入五成双"。例如，如需保留两位小数时，0.123 g 可修约为 0.12 g，0.128 g 可修约为 0.13 g，0.125 g 可修约为 0.12 g，若为 0.135 g 时，可修约为 0.14 g。

4. 有效数字的运算规则

（1）加减运算：各数据及计算结果小数点后位数的保留，应与小数点后位数最少者相同（其绝对误差最大）。先修约，再运算。

（2）乘除运算：各数据及计算结果保留位数应与有效数字位数最少者相同（其相对误差最大）。先修约，再运算。

（3）乘方或开方时，结果有效数字位数不变。

（4）对数运算时，对数尾数的位数应与真数的有效数字位数相同。

二、数据记录及处理

在实验过程中，选择合适的数据处理方法，能够简明、直观地分析和处理实验数据，易于显示物理量之间的联系和规律性。常用实验数据记录和处理如下。

（一）实验数据的记录

（1）专门的实验报告本，有固定的页数，不得丢失，或在教材指定数据记录表中进行记录。

（2）记录实验数据及现象时，应及时、准确而清楚地记录下来，要有严谨的科学态度，要实事求是，切忌夹杂主观因素，决不能随意拼凑和伪造数据。

（3）实验过程中涉及的各种特殊仪器的型号和标准溶液浓度等，也应及时准确记录下来。

（4）记录实验数据时，应注意其有效数字的位数。重复测量时，即使数据完全相同，也应记录下来。

（5）在实验过程中，如果发现数据算错、测错或读错而需要改动时，可将数据用一横线划去，并在其上方写上正确的数字。

（二）实验数据的处理

（1）列表。每一个表都应有简明完备的名称；在表的每一行或每一列的第一栏，要详细地写出名称、单位等；在每一行中数字排列要整齐，位数和小数点要对齐，有效数字的位数要合理；原始数据可与处理的结果写在一张表上，在表下注明处理方法和选用的公式。

（2）作图。曲线应光滑均匀，细而清晰，曲线不必强求通过所有各点，实验点应该分布在曲线的两边。

（3）数学方程式或计算机数据处理。利用计算机软件如 Excel 等或编制程序，通过计算机完成数据处理和图表等。

第四节　化学实验报告书写及结果表述

在开始化学实验之前，必须做好预习，无预习报告，不得进入实验室。实验报告作为实验课程的最后一个环节，主要有两个作用：一是展示做实验的情况和效果；二是培养规范书写总结报告、科技报告的习惯，为将来学习专业实验课程或科学研究打下基础。

各个专业的实验报告内容和写法各不相同，但大同小异。一般而言，化学实验报告通常包括但不局限于以下内容：实验题目、实验目的、实验试剂及仪器、实验原理或方法、物理常数、主要反应装置图、实验步骤、实验操作与现象记录、数据处理与分析、实验结果与讨论、实验思考题等，具体如下。

一、实验目的

实验目的通常包括三个方面：掌握本实验的基本原理和方法，掌握本实验所需的基本操作，进一步熟悉和巩固已学过的化学实验操作。

【例1】溴乙烷的制备实验目的

（1）掌握以醇为原料制备饱和卤代烃的基本原理和方法。

（2）掌握低沸点化合物蒸馏的基本操作。

（3）巩固洗涤和常压蒸馏操作。

二、实验试剂和仪器

按实验中的要求列出即可。

三、实验原理（或方法）

本项内容在写法上应包括以下两部分内容：

（1）文字叙述要求简单明了、准确无误、切中要害。

（2）主、副反应的反应方程式。

【例2】溴乙烷的制备反应原理及反应方程式

用乙醇、溴化钠、硫酸为原料来制备溴乙烷是一个典型的双分子亲核取代反应 S_N2 反应，因溴乙烷的沸点很低，在反应时可不断从反应体系中蒸出，使反应向生成物方向移动。

实验 X　题目

主反应：

$$NaBr+H_2SO_4 === NaHSO_4+HBr \tag{1}$$

$$C_2H_5OH+HBr \longrightarrow C_2H_5Br+H_2O \tag{2}$$

副反应：

$$2C_2H_5OH+HBr \xrightarrow[\Delta]{H_2SO_4} C_2H_5OC_2H_5+H_2O \tag{3}$$

$$CH_3CH_2OH \xrightarrow[\Delta]{H_2SO_4} CH_2=CH_2+H_2O \tag{4}$$

四、原料及主、副产物的物理常数

物理常数包括：化合物的性状、分子量、熔点、沸点、相对密度、折光率、溶解度等。查物理常数的目的不仅是学会物理常数手册的查阅方法，更重要的是知道物理常数在某种程度上可以指导实验操作。

例如：相对密度——通常可以知晓在洗涤操作中哪个组分在上层，哪个组分在下层。溶解度——可以帮助正确地选择溶剂。

此部分可根据需要融入实验原理或实验步骤内。

五、实验装置图

画实验装置图的目的是进一步了解本实验所需仪器的名称、各部件之间的连接次序，即在纸面上进行一次仪器安装。绘制实验装置图的基本要求：横平竖直、比例适当。

【例3】溴乙烷的制备反应装置图（图1-16）

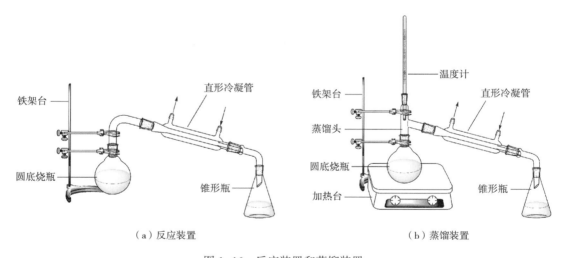

（a）反应装置　　　　　　　　　　　（b）蒸馏装置

图1-16　反应装置和蒸馏装置

六、实验步骤

实验步骤是实验操作的指南，用文字详细记录实验流程，要求简单明了、操作次序准确、突出操作要点。建议增加用框图形式表示的实验流程，便于查看。

七、实验现象和数据记录

实验时认真操作，仔细观察，积极思考，边实验边记录，是科研工作者的基本素质之一。

学生在实验课中就应养成这一良好的习惯，切忌事后凭记忆或纸片上的零星记载来补实验记录。在实验记录中应包括以下内容：

（1）每一步操作所观察到的现象，如是否放热、颜色变化、有无气体产生、分层与否、温度、时间等，尤其是与预期相反或与教材、文献资料所述不一致的现象更应如实记载。

（2）实验中测得的各种数据，如沸程、熔点、比重、折光率、称量数据（重量或体积）等。

（3）产品的色泽、晶形等。

（4）实验操作中的失误，如抽滤中的失误、粗产品或产品的意外损失等。

实验记录要求实事求是，文字简明扼要，字迹整洁。实验结束后交教师审阅签字。

【例4】溴乙烷的制备实验记录（表1-21）

表1-21 "溴乙烷的制备"实验现象记录表

时间	步骤	现象	备注
14：15	按图安装反应装置		接收器中盛水 20 mL，冰水冷却
14：30	于 100 mL 烧瓶中装水 9 mL，加入浓硫酸 19 mL，振荡，水浴冷却	放热	
14：40	加入 95% 乙醇 10 mL		
14：45	搅拌下加入溴化钠 13 g，同时加入沸石	溴化钠未全溶	
15：00	开始小火加热		
15：15	加大火焰	第一滴流出液进入接收器，淡黄色油状物沉入水底	
15：55	停止加热	溴化钠全溶，馏出液呈乳白色；馏出液无液滴，烧瓶中残留物冷却后呈白色晶体	白色晶体为硫酸氢钠
16：05	用分液漏斗，分出油层	油层呈乳白色	油层 8 mL
16：10	油层+浓硫酸（4 mL）	油层变透明（上）	
16：15	冰水冷却，振荡，静置		
16：25	分出下层硫酸		
16：30	按图安装蒸馏装置		
16：40	水浴加热，蒸馏油层		接收瓶重 45 g
16：50		第一滴流出液进入烧瓶中	
17：10	蒸馏结束	产物为无色透明液体	接收瓶+产物重 55 g 产物—溴丁烷 10 g

八、实验结果与讨论

实验结果与讨论部分是评价学习效果的重要标准，主要包括实验数据的总结和归纳，通常是通过统计和分析数据得出的结论，以及对实验结果的解释和说明，通常是通过化学理论和现象来解释实验结果，详尽分析，有理有据。下面列举结果讨论示例。

【例5】溴乙烷的制备实验结果与讨论

本次实验产品的产量（产率72.8%）、质量（无色透明液体）基本合格。

最初得到的几滴粗产品略带黄色，可能是因为加热太快，溴化氢被硫酸氧化而分解产生溴所致。经调节加热速度后，粗产品呈乳白色。

浓硫酸洗涤时发热，说明粗产物中尚含有未反应的乙醇、副产物乙醚和水。副产物乙醚可能是由于加热过猛产生的，而水则可能是从水中分离粗产品时带入的。

由于溴乙烷的沸点较低，因此在用硫酸洗涤时会因放热而损失部分产品。

参考文献

［1］冯建跃．高校化学类实验室安全与防护［M］．杭州：浙江大学出版社，2013．

［2］王燕，张敏，徐志珍，等．大学基础化学实验（Ⅰ）［M］．3版．北京：化学工业出版社，2016．

［3］郑新生，王辉宪，王嘉讯．物理化学实验［M］．3版．北京：科学出版社，2017．

［4］姚松鹤．"恒压漏斗"模型制作及功能解析［J］．化学教育，2010，31（3）：90．

［5］艾伦·艾萨克斯．麦克米伦百科全书［M］．郭建中，等译．杭州：浙江人民出版社，2002．

［6］赵新颖，危晴，曹奇光，等．分析实验中常用天平和称量方法的选择［J］．分析仪器，2021（1）：95-97．

［7］刘洋，侯磊，时文娟，等．粗盐提纯实验中课程思政元素的发掘与实践［J］．广东化工，2023，50（20）：206-208，189．

［8］段永正，商希礼．《熔点的测定》实验教学初探［J］．山东化工，2021，50（15）：180-181．

［9］何敏红．移液枪在检测中的应用［J］．广东科技，2010，19（14）：50-51．

第二章　无机及分析化学实验

第一节　化学基本常数测定

实验9　磺基水杨酸合铁（Ⅲ）配合物的组成及稳定常数的测定

一、实验目的

（1）识记配合物的组成及稳定常数的原理和方法等知识，能够用分光光度计测定溶液中配合物的组成和稳定常数。

（2）通过采集、整理实验数据，培养严谨的科学态度。

二、实验试剂及仪器

1. 实验试剂

磺基水杨酸溶液（0.001 mol/L），（NH_4）Fe（SO_4）$_2$溶液（0.001 mol/L，1000 mL），H_2SO_4溶液（0.005 mol/L），广泛 pH 试纸。

2. 实验仪器

紫外可见分光光度计，烧杯（100 mL），容量瓶（100 mL），移液管（10 mL），洗耳球，玻璃棒，比色皿，擦镜纸。

三、实验原理

磺基水杨酸（ HO─⟨COOH⟩─SO_3H，简式为 H_3R）的一级电离常数 $K_1^\theta = 3 \times 10^{-3}$，与 Fe^{3+} 可以形成稳定的配合物，因溶液的 pH 不同，形成配合物的组成也不同。

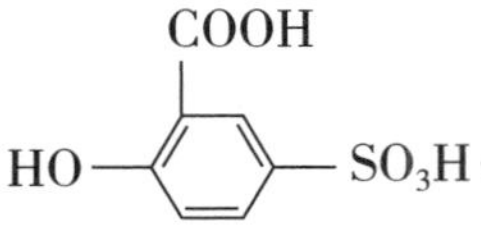

磺基水杨酸溶液是无色的，Fe^{3+} 的浓度很低时也可以认为是无色的，它们在 pH 为 2~3 时，生成紫红色的螯合物（有一个配位体），反应可表示如下：

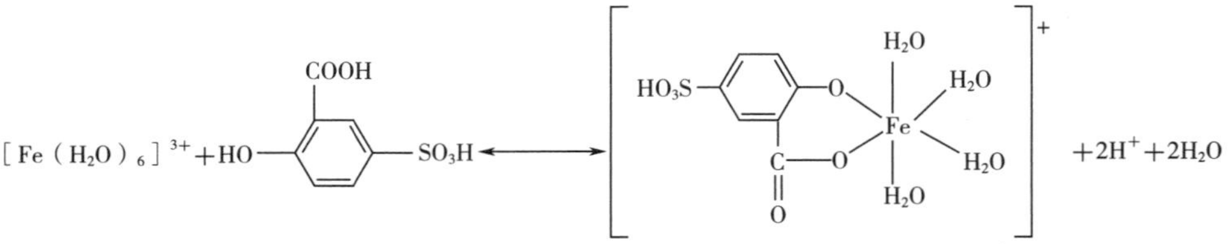

pH 为 4~9 时,生成红色螯合物(有 2 个配位体);pH 值为 9~11.5 时,生成黄色螯合物(有 3 个配位体);pH>12 时,有色螯合物被破坏,生成 Fe(OH)$_3$ 沉淀。

测定配合物的组成常用光度计,其前提条件是溶液中的中心离子和配位体都为无色,只有它们所形成的配合物有色。本实验是在 pH 为 2~3 的条件下,用分光光度法测定上述配合物的组成和稳定常数的。实验中用 H$_2$SO$_4$ 来控制溶液的 pH 和作空白溶液。由朗伯—比尔定律可知,所测溶液的吸光度在液层厚度一定时,只与配离子的浓度呈正比。通过对溶液吸光度的测定,可以求出该配离子的组成。

等摩尔系列法:即用一定波长的单色光,测定一系列变化组分的溶液的吸光度(中心离子 M 和配体 R 的总摩尔数保持不变,而 M 和 R 的摩尔分数连续变化)。显然,在这一系列的溶液中,有一些溶液中金属离子是过量的,而另一些溶液中配体是过量的;两部分溶液中,配离子的浓度都不可能达到最大值;只有当溶液离子与配体的摩尔数之比与配离子的组成一致时,配离子的浓度才能达到最大。由于中心离子和配体基本无色,只有配离子有色,所以配离子的浓度越大,溶液颜色越深,其吸光度也就越大。若以吸光度对不同物质的量比 $n_M/(n_M+n_R)$ 作图,则从图上最大吸收峰处可以求得配合物的组成 n 值,如图 2-1 所示。

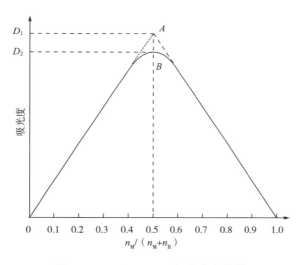

图 2-1 $n_M/(n_M+n_R)$ 与吸光度曲线

图 2-1 中配体摩尔分数、中心离子摩尔分数、n 值通过下列公式计算可知。

$$配体摩尔分数 = \frac{配体摩尔数}{总摩尔数} = 0.5$$

$$中心离子摩尔分数 = \frac{中心离子摩尔数}{总摩尔数} = 0.5$$

$$n = \frac{配体摩尔分数}{中心离子摩尔分数} = 1$$

最大吸光度 A 点可被认为是 M 和 R 全部形成配合物时的吸光度,其值 D_1。由于配离子有一部分离解,其浓度再稍小些,所以实验测得的最大吸光度在 B 点,其值为 D_2,因此配离子的离解度 α 可表示为:

$$\alpha = (D_1 - D_2)/D_1$$

再根据 1 : 1 组成配合物的关系式，即可导出稳定常数 $K_{稳}^{\theta}$。

		M	+	R	=	MR
起始浓度		0		0		c
平衡浓度		c_{α}		c_{α}		$c-c_{\alpha}$

$$K_{稳}^{\theta} = \frac{c_{MR}}{c_M \cdot c_R} = \frac{1-\alpha}{c_{\alpha}}$$

式中：c 是相应于 A 点的金属离子浓度（这里的 $K_{稳}^{\theta}$ 没有考虑溶液中的 Fe^{3+} 离子的水解平衡和磺基水杨酸电离平衡的表观稳定常数）。

四、实验步骤

1. 配制 0.001 mol/L 的 $(NH_4)Fe(SO_4)_2$ 溶液

从 $(NH_4)Fe(SO_4)_2$（0.001 mol/L）和磺基水杨酸溶液（0.001 mol/L）的储备液中，取出所需体积的溶液，分别置于两只 100 mL 容量瓶中，配制成所需浓度的溶液，并使其 pH 均为 2。

2. 配制系列溶液并测定系列配离子（或配合物）溶液吸光度

（1）用移液管按实验数据记录表的体积数量取 $(NH_4)Fe(SO_4)_2$ 和磺基水杨酸溶液，分别注入已编号的 100 mL 容量瓶中，用 0.005 mol/L 的 H_2SO_4 定容到 100 mL。

（2）用 $b = 1$ cm 的比色皿在 $\lambda = 500$ nm 条件下，分别测定各待测溶液的吸光度，并记录已稳定的读数。

五、注意事项

（1）待测溶液一定要在工作曲线线形范围内，如果浓度超出直线的线形范围，则有可能偏离朗伯—比耳定律，无法使用吸光光度法测定。

（2）用移液管移取试剂，需注意顺序，并且不能混用移液管。

（3）比色皿在使用过程中，每改变一次试液浓度，均需洗干净。

六、实验现象及数据记录

（1）实验现象及数据记录于表 2-1 和表 2-2。

（2）用等摩尔系列法确定配合物组成。根据表 2-2 中的数据，作吸光度 A 对摩尔比（Fe/acid）的关系图。将两侧的直线部分延长，交于一点，由交点确定配位数 n。按公式计算配合物的 α 和 $K_{稳}^{\theta}$。

七、实验思考题

（1）本实验测定配合物的组成及稳定常数的原理是什么？

（2）用等摩尔系列法测定配合物组成时，为什么说溶液中金属离子的摩尔数与配位体的摩尔数之比正好与配离子组成相同时，配离子的浓度为最大？

（3）在测定吸光度时，如果温度变化较大，对测得的稳定常数有何影响？

（4）为什么选用 500 nm 波长的光源来测定溶液的吸光度？

表 2-1　"磺基水杨酸合铁（Ⅲ）配合物的组成及稳定常数的测定"实验现象记录表

姓名：＿＿＿＿＿＿＿＿　班级：＿＿＿＿＿＿＿＿＿＿　学号：＿＿＿＿＿＿＿＿＿＿　专业：＿＿＿＿＿＿＿＿＿

时间	步骤	现象	备注

表 2-2　等摩尔系列法实验数据记录表

编号	(NH_4) Fe $(SO_4)_2$ 溶液体积/mL	磺基水杨酸 溶液体积/mL	摩尔比 Fe/(Fe+acid)	A（吸光度）
1	0	10.0	0	
2	1.0	9.0	0.1	
3	2.0	8.0	0.2	
4	3.0	7.0	0.3	
5	4.0	6.0	0.4	
6	5.0	5.0	0.5	
7	6.00	4.0	0.6	
8	7.0	3.0	0.7	
9	8.0	2.0	0.8	
10	9.0	1.0	0.9	
11	10.0	0	1.0	

实验 10　醋酸解离度及解离常数的测定

一、实验目的

（1）识记弱酸的标准解离常数和解离度等知识，通过实验加深对标准解离常数和解离度的认识。

（2）学习酸度计的使用方法，能够用酸度计测定醋酸等弱酸的解离常数。

2-1　酸度计的使用

二、实验试剂及仪器

1. 实验试剂

醋酸（0.1 mol/L，准确浓度已标定），酚酞（1%），标准氢氧化钠（NaOH，0.1 mol/L），NaAc。

2. 实验仪器

烧杯，锥形瓶，铁架台，移液管，酸度计，滴定管。

三、实验原理

醋酸（CH_3COOH，HAc），在水中是弱电解质，存在着下列解离平衡：

$$HAc（eq）+H_2O \Longleftrightarrow H_3O^+（eq）+Ac^-（eq）$$

或简写为

$$HAc（eq）\Longleftrightarrow H^+（eq）+Ac^-（eq）$$

其标准解离常数为

$$K_\alpha^\theta（HAc）=\frac{（[H^+]/c^\theta）\cdot（[Ac^-]/c^\theta）}{[HAc]/c^\theta}$$

式中：$[HAc]$、$[H^+]$ 和 $[Ac^-]$ 分别为 HAc、H^+、Ac^- 的平衡浓度，c^θ 为 1 mol/L 的标准浓度。

设 c_0 为 HAc 的起始溶度，其解离度为 α，将 $[H^+]=[Ac^-]=c_0\alpha$ 代入上式得：

$$K_\alpha^\theta（HAc）=\frac{（c_0\alpha）^2}{（c_0-c_0\alpha）c^\theta}=\frac{c_0\alpha^2}{（1-\alpha）c^\theta}$$

或简写为：

$$K_\alpha^\theta=\frac{[H^+]^2}{c_0-[H^+]}$$

HAc 的解离度表达式为：

$$\alpha=\frac{[H^+]}{c_0}$$

某一弱电解质的标准解离常数 K_α^θ 仅与温度有关，而与该弱电解质溶液的浓度无关，其解离度 α 随溶液浓度的降低而增大。本实验采用酸度计测定 HAc 的 α 和 K_α^θ。

四、实验步骤

1. 配制不同浓度的醋酸溶液

用滴定管分别放出 5.00 mL、10.00 mL、25.00 mL 已知浓度的 HAc 溶液于三个 50 mL 容量瓶中,用蒸馏水稀释至刻度,摇匀。连同未稀释的 HAc 溶液可得到四种不同浓度的溶液,由稀到浓依次编号为 1,2,3,4。

取另一干净的 50 mL 容量瓶,从滴定管中放出 25.00 mL 的 HAc 溶液,再加 0.1 mol/L NaAc 溶液 5.00 mL,用蒸馏水稀释至刻度,摇匀,编号为 5。

2. HAc 溶液的 pH 测定

取五只干燥的 50 mL 烧杯,分别盛入上述五种溶液各 30 mL,按由稀到浓的顺序在酸度计上测定其 pH。记录数据,算出 K_a^θ 和 α。注意,每一个样品的 pH 要测三次。

五、注意事项

(1)酸、碱滴定管要洗涤干净(水洗、蒸馏水洗涤、待测液洗涤)。
(2)酸、碱滴定管操作要规范,取用溶液体积要准确。
(3)醋酸溶液制备好后,要搅拌均匀、静止 10 min 左右。
(4)测定 pH 时,要注意每次清洗电极,电极插入溶液后,要用电极将溶液搅拌使其均匀。

六、实验现象及数据处理

实验现象及数据记录于表 2-3 和表 2-4。

七、实验思考题

(1)如果改变所测 HAc 溶液的温度,则解离度和标准解离常数有无变化?
(2)为什么每个样品的 pH 至少要测三次?
(3)下列情况能否用近似公式 $K_\alpha^\theta = \dfrac{[H^+]^2}{c_0 - [H^+]}$ 来计算标准解离常数?

①极稀的 HAc 溶液;
②加入一定量 NaCl(s)到 HAc 溶液。

表 2-3　"醋酸解离度及解离常数的测定"实验现象记录表

姓名：_____　班级：_____　学号：_____　专业：_____

时间	步骤	现象	备注

表 2-4 "醋酸解离度及解离常数的测定" 实验数据记录表

编号	$c/(\text{mol/L})$	pH（右为平均值）		$[H^+]/(\text{mol/L})$	$[Ac^-]/(\text{mol/L})$	α	K_α^θ
1							
2							
3							
4							
5							
			$\overline{K_\alpha^\theta}=$				

实验温度：＿＿＿＿＿＿＿＿＿

实验 11 化学反应速率和活化能的测定

一、实验目的

（1）知悉浓度、温度对反应速率的影响。

（2）通过测定过二硫酸铵与碘化钾的反应速率，计算反应级数、反应速率常数和反应的活化能。

（3）能够如实、准确地记录实验数据，正确处理实验数据，分析影响化学反应速率的关键因素，并得出有效结论。

二、实验试剂与仪器

1. 实验试剂

$(NH_4)_2S_2O_8$（0.20 mol/L），KI（0.20 mol/L），$Na_2S_2O_3$（0.01 mol/L），0.4% 淀粉溶液，KNO_3（0.20 mol/L），$(NH_4)_2SO_4$（0.20 mol/L）。

2. 实验仪器

秒表，烧杯，量筒。

三、实验原理

测定化学反应速率，必须是人眼能够观察到的现象，所以利用淀粉与碘的显色反应来完成测定。

在水溶液中 $(NH_4)_2S_2O_8$ 和 KI 发生如下反应（1）：

$$(NH_4)_2S_2O_8+3KI \longrightarrow (NH_4)_2SO_4+K_2SO_4+KI_3 \tag{1}$$

$$S_2O_8^{2-}+3I^- \longrightarrow 2SO_4^{2-}+I_3^- \tag{2}$$

反应速率可表示为：

$$v=k[S_2O_8^{2-}]^m[I^-]^n$$

式中：v 是在此条件下反应的瞬间速率，k 是速率常数。若 $[S_2O_8{}^{2-}]$、$[I^-]$ 是起始浓度，则 v 表示起始速率。

实验测得的速率是在一段时间（Δt）内反应的平均速率$\bar{v}$。如果在 Δt 时间内 $S_2O_8^{2-}$ 浓度的改变为 $\Delta[S_2O_8^{2-}]$，则平均反应速率为：

$$\bar{v}=-\Delta[S_2O_8^{2-}]/\Delta t$$

式中：负号表示反应物浓度降低，溶液中 I_2 以 I_3^- 形式存在。

用平均速率近似地代替起始的瞬时反应速率。

为了测出反应在 Δt 内 $S_2O_8^{2-}$ 浓度的改变值，要在混合的 $(NH_4)_2S_2O_8$ 和 KI 溶液中加入一定体积和浓度的 $Na_2S_2O_3$ 溶液，反应进行的同时还进行下面反应（3）：

$$2S_2O_3^{2-}+I_3^- \longrightarrow S_4O_6^{2-}+3I^- \tag{3}$$

这个反应进行得非常快，几乎瞬间完成，而反应（1）比（3）慢得多。因此，由反应（1）生成的 I_3^- 立即与 $S_2O_3^{2-}$ 反应，生成无色的 $S_4O_6^{2-}$ 和 I^-，当 $S_2O_3^{2-}$ 耗尽时，则出现蓝色。

由于从反应开始到蓝色出现，标志 $S_2O_3^{2-}$ 全部耗尽用时，所以在这段时间（Δt）里，$S_2O_3^{2-}$ 浓度改变 $\Delta[S_2O_3^{2-}]$ 实际上就是起始浓度。从反应（1）和（2）可见，1 mol $(NH_4)_2S_2O_8$ 相当于 1 mol I_3^-，相当于 2 mol $Na_2S_2O_3$，即：

$$\Delta[S_2O_8^{2-}] = -\Delta[S_2O_3^{2-}]/2$$

通过改变 $S_2O_8^{2-}$ 和 I^- 的初始浓度，测定消耗等量的 $S_2O_3^{2-}$ 的物质的量浓度所需的不同时间间隔，即计算出反应物不同初始浓度的初始反应速率，确定出速率方程和反应速率常数。

四、实验步骤

1. 浓度对化学反应速率的影响

在室温条件下进行编号 I 的实验。用量筒分别量取 20 mL KI 溶液（0.20 mol/L），8 mL $Na_2S_2O_3$ 溶液（0.01 mol/L）和 2.0 mL 0.4% 淀粉溶液，全部注入烧杯中，搅拌均匀。

然后用另一量筒取 20.0 mL $(NH_4)_2S_2O_8$ 溶液（0.20 mol/L），迅速倒入上述混合溶液中，同时开动秒表，并不断搅拌，仔细观察。

当溶液刚出现蓝色时，立即按停秒表，记录反应时间和室温。

用同样方法完成编号 II、III、IV、V 的实验，并记录实验结果，计算平均反应速率。

2. 温度对化学反应速率的影响

按实验数据记录表中实验 IV 的药品用量，在高于实验 IV 温度 5 ℃、10 ℃、15 ℃、20 ℃ 的条件下进行实验，记录为实验 VI、VII、VIII、IX。其他操作步骤同步骤 1。记录实验结果。

3. 数据处理

（1）反应级数和反应速率常数的计算。将反应速率表示式：$v = k[S_2O_8^{2-}]^m[I^-]^n$ 两边取对数：

$$\lg v = m\lg[S_2O_8^{2-}] + n\lg[I^-] + \lg k$$

当 $[I^-]$ 不变时（即实验 I，II，III），以 $\lg v$ 对 $\lg[S_2O_8^{2-}]$ 作图，可得一直线，斜率即为 m。

同理，当 $[S_2O_8^{2-}]$ 不变时（即实验 I，IV，V），以 $\lg v$ 对 $\lg[I^-]$ 作图，可得一直线，斜率即为 n。该反应级数为 $m+n$。

将 m、n 代入 $v = k[S_2O_8^{2-}]^m[I^-]^n$，即可求反应速率常数 k。

将实验数据填入数据记录表中。

（2）反应活化能的计算。反应速率常数 k 与反应温度 T 的关系：

$$\lg k = A - E_a/2.303RT$$

式中：E_a 为活化能，R 为摩尔气体常数 [8.314 J/(mol·K)]，T 为热力学温度。测定出不同温度时的 k 值，以 $\lg k$ 对 $1/T$ 作图，由直线的斜率（$-E_a/2.303R$）可求 E_a。

五、注意事项

（1）量筒取药品不得混用，做好标记，KI、$Na_2S_2O_3$、淀粉、KNO_3、$(NH_4)_2SO_4$ 可使用同一个量筒量取，$(NH_4)_2S_2O_8$ 必须单独使用一个量筒。

（2）KI、$Na_2S_2O_3$、淀粉、KNO_3、$(NH_4)_2SO_4$ 混合均匀后，将 $(NH_4)_2S_2O_8$ 溶液迅速倒

入上述混合液中（防止过二硫酸铵与硫代硫酸钠相互作用），同时启动秒表，并且搅拌，溶液刚出现蓝色立即按停秒表。测定温度对化学反应速率的影响时，先将各试剂混合，KI、$Na_2S_2O_3$、淀粉、KNO_3、$(NH_4)_2SO_4$ 混合液和 $(NH_4)_2S_2O_8$ 溶液要分别水浴加热至一定温度后再合并。

（3）恒温箱温度与反应溶液温度略有差别，不可低于室温。从室温依次升高至预定温度再进行实验。温度大致依次升高 5 ℃、10 ℃、15 ℃、20 ℃，不一定很准确，只需准确记录实际反应的温度，代入计算即可。

（4）本实验对试剂有一定要求。KI 溶液应为无色透明，不可使用有单质碘析出的浅黄色溶液。$(NH_4)_2S_2O_8$ 溶液要使用新配制的，时间长则分解。若 pH 小于 3 时，说明已经分解，不宜使用。所使用试剂中有少量杂质时，对反应有催化作用，必要时滴入几滴 EDTA 溶液（0.1 mol/L）。

六、实验现象及数据记录

实验现象及数据记录于表 2-5~表 2-9。

七、实验思考题

（1）如果取 $(NH_4)_2S_2O_8$ 试剂的量筒没有专用的，对实验有何影响？

（2）$(NH_4)_2S_2O_8$ 缓慢加入 KI 等混合溶液中，对实验有何影响？

（3）实验中，当蓝色出现后，是否代表反应终止了？为什么？

表 2-5 "化学反应速率和活化能的测定" 实验现象记录表

姓名： _____ 班级： _____ 学号： _____ 专业： _____

时间	步骤	现象	备注

表 2-6　浓度对化学反应速率的影响

室温＿＿＿＿℃

实验编号		I	II	III	IV	V
试剂用量/mL	0.20 mol/L （NH₄）₂S₂O₈	20.0	10.0	5.0	20.0	20.0
	0.20 mol/L KI	20.0	20.0	20.0	10.0	5.0
	0.010 mol/L Na₂S₂O₃	8.0	8.0	8.0	8.0	8.0
	0.4% 淀粉溶液	2.0	2.0	2.0	2.0	2.0
	0.20 mol/L KNO₃	0	0	0	10.0	15.0
	0.20 mol/L （NH₄）₂SO₄	0	10.0	15.0	0	0
混合液中反应的起始浓度/(mol/L)	（NH₄）₂S₂O₈					
	KI					
	Na₂S₂O₃					
反应时间 $\Delta t/s$						
$S_2O_8^{2-}$ 的浓度变化 $\Delta [S_2O_8^{2-}]/(mol/L)$						
反应速率 r						

表 2-7　温度对化学反应速率的影响

实验编号	IV	VI	VII	VIII	IX
反应温度 $T/℃$					
反应时间 $\Delta t/s$					
反应速率 r					

表 2-8　反应级数和反应速率常数数据处理表

实验编号	I	II	III	IV	V
$\lg v$					
$\lg v [S_2O_8^{2-}]$					
$\lg [I^-]$					
m					
n					
k					

表 2-9　活化能数据处理表

实验编号	IV	VI	VII	VIII	IX
k					
$\lg k$					
$1/T$					
E_a					

实验 12　硫酸亚铁铵的制备

一、实验目的

（1）掌握制备复盐硫酸亚铁铵的方法，了解复盐的特性。
（2）掌握水浴加热、蒸发、浓缩等基本操作。
（3）掌握无机物制备的投料、产量、产率的有关计算，以及产品纯度检验方法。
（4）在实验过程中能够正确处理废弃物，理解并遵守环境保护的社会责任。

二、实验试剂与仪器

1. 实验试剂

盐酸（2 mol/L），硫酸（3 mol/L），标准 Fe^{3+} 溶液（0.01mg/L），硫氰酸钾（25%，质量分数），硫酸铵，碳酸钠（10%，质量分数），铁屑，乙醇（95%），pH 试纸。

2. 实验仪器

台式天平，水浴锅（可用大烧杯代替），吸滤瓶，布氏漏斗，真空泵，温度计，比色管。

三、实验原理

铁能溶于稀硫酸中生成硫酸亚铁：

$$Fe+H_2SO_4=FeSO_4+H_2\uparrow \tag{1}$$

通常，亚铁盐在空气中易被氧化。例如，硫酸亚铁在中性溶液中能被溶于水中的少量氧气氧化进而与水作用，甚至析出棕黄色的碱式硫酸铁（或氢氧化铁）沉淀。

若往硫酸亚铁溶液中加入与 $FeSO_4$ 相等的物质的量的硫酸铵，则生成复盐硫酸亚铁铵。硫酸亚铁铵比较稳定，它的六水合物 $(NH_4)_2SO_4 \cdot FeSO_4 \cdot 6H_2O$ 不易被空气氧化，在定量分析中常用以配制亚铁离子的标准溶液。像所有的复盐一样，硫酸亚铁铵在水中的溶解度比组成它的每一组分 $FeSO_4$ 或 $(NH_4)_2SO_4$ 的溶解度都要小。蒸发浓缩后，可制得浅绿色的硫酸亚铁铵（六水合物）晶体：

$$Fe^{2+}(eq)+2NH_4^+(eq)+2SO_4^{2-}(eq)+6H_2O(l)=(NH_4)_2SO_4 \cdot FeSO_4 \cdot 6H_2O(s) \tag{2}$$

如果溶液的酸性减弱，则亚铁盐（或铁盐）中 Fe^{2+} 与水作用的程度将会增大。在制备 $(NH_4)_2SO_4 \cdot FeSO_4 \cdot 6H_2O$ 过程中，为了使 Fe^{2+} 不与水作用，溶液需要保持足够的酸度。

用比色法可估计产品中所含杂质 Fe^{3+} 的量。Fe^{3+} 由于能与 SCN^- 生成红色的物质 $[Fe(SCN)]^{2+}$，当红色较深时，表明产品中含 Fe^{3+} 较多；当红色较浅时，表明产品中含 Fe^{3+} 较少。所以，只要将所制备的硫酸亚铁铵晶体与硫氰酸钾（KSCN）溶液在比色管中配制成待测溶液，将它所呈现的红色与含一定量 Fe^{3+} 所配制成的标准 $[Fe(SCN)]^{2+}$ 溶液的红色进行比较，根据红色深浅程度情况，即可知待测溶液中杂质 Fe^{3+} 的含量，从而可确定产品的等级。

三种盐的溶解度（单位为 g/100 g）数据见表 2–10。

表 2-10   不同温度下几种盐的溶解度

温度	$FeSO_4 \cdot 7H_2O$	$(NH_4)_2SO_4$	$(NH_4)_2SO_4 \cdot FeSO_4 \cdot 6H_2O$
10 ℃	20.0	73.0	17.2
20 ℃	26.5	75.4	21.6
30 ℃	32.9	78.0	28.1

四、实验步骤

1. 铁屑的洗净去油污

用台式天平称取 2.0 g 铁屑，放入小烧杯中，加入 15 mL 质量分数为 10% 碳酸钠溶液。小火加热约 10 min 后，倾倒碳酸钠碱性溶液，用自来水冲洗后，再用去离子水把铁屑冲洗干净。

2. 硫酸亚铁的制备

往盛有 2.0 g 洁净铁屑的小烧杯中加入 15 mL 3 mol/L 的 H_2SO_4 溶液，盖上表面皿，放在石棉网上用小火加热（由于铁屑中的杂质在反应中会产生一些有毒气体，最好在通风橱中进行），使铁屑与稀硫酸反应至基本不再冒出气泡为止。在加热过程中应不时加入少量的去离子水，以补充被蒸发的水分，防止 $FeSO_4$ 结晶析出；同时要控制溶液的 pH 不大于 1。趁热用普通漏斗过滤，滤液盛接于干净的蒸发皿中。将留在烧杯中及滤纸上的残渣取出，用滤纸吸干后称量。根据已反应的铁屑质量，计算溶液中 $FeSO_4$ 的理论产量。

3. 硫酸亚铁铵的制备

根据 $FeSO_4$ 的理论产量，计算并称取所需固体 $(NH_4)_2SO_4$ 的质量。在室温下将称出的 $(NH_4)_2SO_4$ 配制成饱和溶液，然后倒入第二步制得的 $FeSO_4$ 溶液中。混合均匀并调节 pH 为 1~2，在水浴锅中蒸发浓缩至溶液表面刚出现薄层的结晶时为止（蒸发过程不宜搅动）。自水浴锅中取出蒸发皿，放置、冷却，即有硫酸亚铁铵晶体析出。待冷至室温后，用布氏漏斗抽滤。将晶体取出，置于两张干净的滤纸之间，并轻压以吸干母液，称重。计算理论产量和产率。

4. 产品检验

（1）标准溶液的配制。往三支 25 mL 的比色管中各加入 2 mL 2 mol/L HCl 和 1 mL KSCN 溶液（0.25%，质量分数）。再用移液管分别加入不同体积的标准 0.01 mol/L Fe^{3+} 溶液，最后用去离子水稀释至刻度，制成含 Fe^{3+} 量不同的标准溶液。这三支比色管中所对应的各级硫酸亚铁铵药品规格分别为：

含 Fe^{3+} 0.05 mg，符合一级标准。

含 Fe^{3+} 0.10 mg，符合二级标准。

含 Fe^{3+} 0.20 mg，符合三级标准。

（2）Fe^{3+} 分析。称取 1.0 g 硫酸亚铁铵晶体样品，置于 25 mL 比色管中，依次加入 15 mL 不含氧气的去离子水、2 mL 2 mol/L HCl 和 1 mL KSCN 溶液，用玻璃棒搅拌均匀，加水到刻度线。将其与配制好的上述标准溶液进行

2-2   铁的络合
显色反应

目测比色，确定产品的等级。在进行比色操作时，可在比色管下衬白瓷板，为了消除周围光线的影响，可用白纸包住盛溶液那部分比色管的四周。从上往下观察，对比溶液颜色的深浅程度来确定产品的等级。

五、注意事项

（1）实验中使用的化学品应符合实验要求，并按照正确操作方法使用。硫酸亚铁铵是一种有毒物质，应避免直接接触和吸入。操作时要小心避免其飞溅或溅入眼睛。

（2）实验中使用的溶液和试剂应按照实验要求准备。硫酸亚铁铵的制备中，应注意控制反应条件和时间，以获得所需的产物。

六、实验现象及数据记录

实验现象及数据记录于表 2-11 和表 2-12。

七、实验思考题

（1）在铁屑的洗净去油污过程，如何检验铁屑已洗净？

（2）在制备 $FeSO_4$ 溶液时，为什么要保持足够的酸度？

（3）在硫酸亚铁的制备过程，为何要趁热过滤？小烧杯及漏斗上的残渣是否要用热的去离子水洗涤？洗涤液是否要弃掉？

（4）试列出硫酸亚铁铵纯度分析的其他方案有哪些？

表 2-11　"硫酸亚铁铵的制备"实验现象记录表

姓名：_____　班级：_____　学号：_____　专业：_____

时间	步骤	现象	备注

表 2-12 "硫酸亚铁铵的制备" 实验数据记录表

序号	项目	数值
1	实际称取 Fe 屑的质量/g	
2	滤渣中 Fe 屑的质量/g	
3	$FeSO_4$ 的理论产量/g	
4	实际称取 $(NH_4)_2SO_4$ 的质量/g	
5	$(NH_4)_2SO_4$ 的理论物质的量/mol	
6	硫酸亚铁铵的理论产量/g	
7	硫酸亚铁铵的实际产量/g	
8	产率/%	

第二节　分析化学实验

实验 13　食用白醋总酸度的测定

一、实验目的

（1）掌握食用白醋中醋酸含量的测定原理与方法。
（2）能够正确选择强碱滴定弱酸时的指示剂。
（3）掌握碱式滴定管、移液管和容量瓶的正确使用方法。

二、实验试剂与仪器

1. 实验试剂

固体 NaOH（分析纯），邻苯二甲酸氢钾（基准试剂），酚酞指示剂（乙醇溶液，0.2 g/100 mL），食用白醋样品。

2. 实验仪器

碱式滴定管（25 mL），容量瓶（250 mL），锥形瓶（250 mL），移液管（25 mL），烧杯（250 mL）。

三、实验原理

食用白醋中的主要成分是醋酸（HAc），含量为 3%~5%。HAc 为弱酸，解离常数 $K_a = 1.75 \times 10^{-5}$，可用 NaOH 标准溶液直接滴定。HAc 与 NaOH 的反应如下：

$$NaOH + HAc \longrightarrow NaAc + H_2O \tag{1}$$

反应产物为 NaAc，若用 0.1 mol/L 的 NaOH 滴定 0.1 mol/L 的 HAc，化学计量点 pH = 8.7，pH 突跃范围在 7.7~9.7，因此选择酚酞作为指示剂。

0.1mol/L NaOH 溶液的配制与标定的计算公式如下：

$$c_{NaOH} = \frac{m_{KHC_8H_4O_4}}{M_{KHC_8H_4O_4} \times (V_1 - V_2) \times 10^{-3}}$$

式中：c_{NaOH} 为 NaOH 溶液的浓度（mol/L）；$m_{KHC_8H_4O_4}$ 为邻苯二甲酸氢钾的质量（g）；V_1 为样品消耗 NaOH 溶液的体积（mL）；V_2 为空白消耗 NaOH 溶液的体积（mL）；$M_{KHC_8H_4O_4}$ 为邻苯二甲酸氢钾的摩尔质量（g/mol）。

根据滴定消耗的 NaOH 的体积和浓度，计算食用白醋样品中的总酸度。计算公式如下：

$$食用白醋中的总酸度（g/L） = \frac{c_{NaOH} \times (V_1 - V_2) \times M_{HAc}}{25 \times 10^{-3}} \times \frac{250}{25}$$

式中：c_{NaOH} 为 NaOH 溶液的浓度（0.1 mol/L）；V_1 为样品消耗 NaOH 溶液的体积（mL）；V_2 为空白消耗 NaOH 溶液的体积（mL）；M_{HAc} 为醋酸的摩尔质量（g/mol）。

四、实验步骤

1. NaOH 溶液（0.1 mol/L）的配制与标定

（1）称取 1.0 g 的 NaOH 放于小烧杯中，加适量去离子水溶解，移入 250 mL 容量瓶中，定容，摇匀，备用。此溶液浓度约为 0.1 mol/L。

（2）精密称取经 105~110 ℃ 干燥后的邻苯二甲酸氢钾 0.5 g 放入烧杯中，加 50 mL 去离子水溶解，必要时可用小火加热溶解。冷却后加 2 滴酚酞指示剂，用待标定的 NaOH 溶液滴定，边滴边摇，直至溶液出现淡粉红色，且轻轻摇动后 30 s 内不褪色为止，记录读数。平行三组，求平均值（设置空白组），计算 NaOH 溶液的浓度。同时求出相对标准偏差，检验实验结果。相对标准偏差不得大于±2%，否则应重做。

2. 食用白醋中总酸度的测定

（1）取 25 mL 食用白醋样品放于 250 mL 容量瓶中，加去离子水稀释至刻度，定容。

（2）用移液管吸取上述稀释后的待测白醋溶液 25 mL 于锥形瓶中，加 2 滴酚酞指示剂，用标定好的 NaOH 溶液滴定，边滴边摇，直至溶液出现淡粉红色，且轻轻摇动后 30 s 内不褪色为止，记录读数。平行三组，求平均值（设置空白组），计算醋酸含量。同时求出三次平行测定的结果与平均值的相对标准偏差，检验实验结果。相对标准偏差不得大于±2%，否则应重做。

五、注意事项

（1）溶解基准物邻苯二甲酸氢钾时，不得使用玻璃棒搅拌溶解，以免造成基准物损失。

（2）用容量瓶配制溶液时，若稀释超过容量瓶的标示线，应重配溶液并充分摇匀。

（3）标定时，滴定至溶液呈现浅粉红色 30 s 不褪色即为终点，如果 30 s 后褪色可能原因为溶液吸收了空气中的 CO_2，导致碱性减弱，使酚酞红色褪去。

（4）食醋在量取后，注意盖好瓶盖，避免食醋挥发。

六、实验现象及数据处理

实验现象及数据记录于表 2-13~表 2-15。

七、实验思考题

（1）食醋的主要成分是什么？为什么用 NaOH 滴定所得到的分析结果称为食醋的总酸度？

（2）测定食用白醋中的醋酸为什么要用酚酞作为指示剂？可否使用甲基橙或中性红？为什么？

（3）若移液管中的液体放出后，在管的尖端残留有一滴溶液，应如何处理？

（4）为何测定空白实验消耗 NaOH 溶液的体积？

（5）若待测的样品为有颜色的红醋，如何设计测定方案？

表 2-13　"食用白醋总酸度的测定"实验现象记录表

姓名：_____　班级：_____　学号：_____　专业：_____

时间	步骤	现象	备注

表 2-14　NaOH 溶液（0.1mol/L）的配制与标定数据记录表

平行实验	1	2	3	平均值
邻苯二甲酸氢钾质量/g				
样品消耗 NaOH 溶液的体积/mL				
空白消耗 NaOH 溶液的体积/mL				
NaOH 溶液的浓度/（mol/L）				
结果相对标准偏差				

表 2-15　总酸度的测定数据记录表

平行实验	1	2	3	平均值
醋酸样品体积/mL				
样品稀释后待测液体积/mL				
样品消耗 NaOH 溶液的体积/mL				
空白消耗 NaOH 溶液的体积/mL				
醋酸含量/（g/L）				
结果相对标准偏差				

实验 14　混合碱液中 NaOH 及 Na$_2$CO$_3$ 含量的测定

一、实验目的

（1）掌握双指示剂法测定 NaOH 和 Na$_2$CO$_3$ 混合物中各组分的原理和方法。
（2）掌握移液管和容量瓶的使用方法。
（3）能够如实、准确地记录实验数据，正确处理实验数据，得出有效结论。

二、实验试剂与仪器

1. 实验试剂
混合碱样品，HCl 标准溶液（0.1 mol/L），0.2%甲基橙水溶液，0.2%酚酞乙醇溶液。
2. 实验仪器
移液管，酸式滴定管，锥形瓶。

三、实验原理

碱液主要成分是 NaOH 和 Na$_2$CO$_3$，可用双指示剂法，即在滴定中用两种指示剂来指示两个不同的终点的方法，测定其含量。因为 CO$_3^{2-}$ 的 $K_{b1}^\theta = 1.8\times10^{-4}$，$K_{b2}^\theta = 2.4\times10^{-8}$，$K_{b1}^\theta/K_{b2}^\theta \approx 10^4$，故可用 HCl 分步滴定 Na$_2CO_3$。第一计量点终点产物为 NaHCO$_3$，pH = 8.31；第二计量点终点的产物为 H$_2CO_3$，pH = 3.88。所以，在混合碱溶液中用 HCl 溶液滴定时，首先 Na$_2$CO$_3$ 与 HCl 反应，只有当 CO$_3^{2-}$完全转变为 HCO$_3^-$后，HCl 才能进一步跟 NaHCO$_3$ 反应。因此，测定第一等量点时，用 HCl 滴定使 CO$_3^{2-}$完全变为 HCO$_3^-$，此时溶液 pH = 8.31，所以选酚酞作指示剂，达到终点时，溶液由红色变为淡红色；测第二等量点时，加入甲基橙为指示剂，继续滴定至溶液中全部的 HCO$_3^-$完全变为 H$_2$CO$_3$，溶液由黄色变为橙红色，即到达终点，此时溶液 pH = 3.88。NaOH 及 Na$_2$CO$_3$ 含量计算公式如下：

$$\rho_{NaOH} = \frac{(V_1 - V_2)\times c_{HCl}\times M_{NaOH}}{V} \tag{1}$$

$$\rho_{Na_2CO_3} = \frac{2V_2\times c_{HCl}\times M_{Na_2CO_3}}{2V} \tag{2}$$

式中：ρ_{NaOH} 为 NaOH 含量（g/L）；$\rho_{Na_2CO_3}$ 为 Na$_2$CO$_3$ 含量（g/L）；c_{HCl} 为 HCl 的浓度（mol/L）；V_1 为第一计量点消耗 HCl 的体积（mL）；V_2 为第二计量点消耗 HCl 的体积（mL）；M_{NaOH} 和 $M_{Na_2CO_3}$ 分别为 NaOH 和 Na$_2$CO$_3$ 的摩尔质量（g/mol）。

双指示剂法还常用来测定盐碱土中 Na$_2$CO$_3$ 和 NaHCO$_3$ 的含量。

四、实验步骤

（1）用移液管准确移取 25 mL 混合碱溶液三份于三个锥形瓶中。
（2）锥形瓶中加酚酞指示剂 1 滴，以 HCl 标准溶液滴定，边滴定边充分摇动，以免局部 Na$_2$CO$_3$ 直接被滴定至 H$_2$CO$_3$。滴定至溶液为无色，记录体积 V_1。

（3）再加甲基橙指示剂 1~2 滴，此时溶液为黄色，继续以 HCl 标准溶液滴定至溶液由黄色变成橙色，记录第二步消耗 HCl 标准溶液体积为 V_2。根据消耗的 HCl 标准溶液的体积计算混合碱的含量。

五、注意事项

（1）试样溶液不应久置于空气中，因此做完一份，再移取另一份，共做三份。

（2）移液管移取不同浓度的碱液，注意润洗，润洗前要吸干移液管中残余水分。

（3）第一步滴定在计量点前滴定不应过快；第二步滴定很快会到达终点，要慢速，接近计量点时大力振摇。

六、实验现象及数据处理

实验现象及数据记录于表 2-16、表 2-17。

七、实验思考题

（1）滴定过程中，为什么 HCl 标准溶液要一滴一滴地加入且需剧烈摇动？

（2）有甲、乙、丙三种溶液，可能是 Na_2CO_3、$NaHCO_3$ 及二者的混合溶液。试判断各是什么溶液。

溶液甲：加入酚酞指示剂不变色。

溶液乙：以酚酞为指示剂，用 HCl 标准溶液滴定，用去 V_1 时，溶液红色消失。然后再加甲基橙指示剂，所需 V_2 使甲基橙溶液变色，且 $V_2 > V_1$。

溶液丙：以酚酞及甲基橙为指示剂，用 HCl 标准溶液滴定时，分别耗去 V_1 和 V_2，且 $V_1 = V_2$。

问甲、乙、丙各是什么溶液？

（3）双指示剂法测定混合碱的准确度较低，用什么方法能提高分析结果准确度？

表 2-16　"混合碱液中 NaOH 及 Na₂CO₃ 含量的测定"实验现象记录表

姓名：＿＿＿＿＿＿＿＿　班级：＿＿＿＿＿＿＿＿　学号：＿＿＿＿＿＿＿＿　专业：＿＿＿＿＿＿＿＿

时间	步骤	现象	备注

表 2-17 "混合碱液中 NaOH 及 Na$_2$CO$_3$ 含量的测定" 实验数据记录表

平行实验		1	2	3	平均值
移取样品溶液的体积 $V_{样}$/mL					
滴定初始读数 V_0/mL					
第一终点读数 V_1/mL					
第二终点读数 V_2/mL					
酚酞为指示剂消耗滴定液 $V_{酚酞}$/mL					
甲基橙为指示剂消耗滴定液 $V_{甲基橙}$/mL					
HCl 的浓度/(mol/L)					
NaOH	NaOH 含量/(g/L)				
	结果相对标准偏差				
Na$_2$CO$_3$	Na$_2$CO$_3$ 含量/(g/L)				
	结果相对标准偏差				

实验 15　水中钙、镁含量的测定

一、实验目的

（1）识记配位滴定的基本原理、方法，铬黑 T、钙指示剂的使用方法等知识，能够运用上述理论知识测定水中的钙、镁含量。

（2）训练实验过程中对数据进行正确采集和整理，并对实验结果进行有效分析和解释。

（3）通过水中钙、镁含量的测定培养学生关注环境对人体健康的影响的思维意识。

二、实验试剂与仪器

1. 实验试剂

EDTA 标准溶液（0.02 mol/L），氢氧化钾溶液（20%，质量体积浓度），氨—氯化铵缓冲溶液（pH≈10），钙指示剂，铬黑 T 指示剂。

2. 实验仪器

移液管，锥形瓶，酸式滴定管。

三、实验原理

硬水是指含有钙、镁盐类的水。硬度有暂时硬度和永久硬度之分。

暂时硬度是指水中含有钙、镁的酸式碳酸盐，遇热即成碳酸盐沉淀而失去其硬度。反应如下：

2-3　硬水与软水

$$Ca（HCO_3）_2 \xrightarrow{\triangle} CaCO_3 + H_2O + CO_2 \uparrow \qquad (1)$$

$$Mg（HCO_3）_2 \xrightarrow{\triangle} MgCO_3 + H_2O + CO_2 \uparrow \qquad (2)$$

永久硬度，即水中含有钙、镁的硫酸盐、氯化物、硝酸盐，在加热时不沉淀，但在锅炉运行温度下，溶解度低的可析出成为锅垢。

暂时硬度和永久硬度之和称为水的总硬度。由镁离子形成的硬度称为"镁硬"，由钙离子形成的硬度称为"钙硬"。

水的硬度是饮用水、工业水质量指标之一，测定水硬度的标准方法是络合滴定法。钙硬测定原理与用碳酸钙标定 EDTA 浓度相同。总硬度则以铬黑 T 为指示剂，控制溶液 pH≈10，以 EDTA 标准溶液滴定之，由 EDTA 溶液的浓度和用量，可算出水的总硬度，由总硬度减去钙硬即为镁硬。

水的硬度有多种表示方法，随各国的习惯而有所不同。德国硬度是用 1 L 水中 Ca^{2+}、Mg^{2+} 折合为 CaO 的量来计算；我国《生活饮用水卫生标准》（GB 5749—2022）规定城乡生活饮用水的总硬度不超过 450 mg/L，即 1 L 饮用水中碳酸钙（$CaCO_3$）的量。因此，水的总硬度按公式（3）计算：

$$X = \frac{c_{EDTA} \times V_{EDTA} \times M_{CaCO_3}}{V_{水}} \times 1000 \qquad (3)$$

式中：X 为水的总硬度（mg/L）；c_{EDTA} 是 EDTA 标准溶液的浓度（mol/L）；V_{EDTA} 是滴定消耗的 EDTA 溶液的体积（mL）；$V_水$ 为所取水样的体积（mL）；M_{CaCO_3} 为 $CaCO_3$ 的摩尔质量（g/mol）。

水的钙硬度按公式（4）计算：

$$Y = \frac{c_{EDTA} \times V'_{EDTA} \times M_{CaCO_3}}{V_水} \times 1000 \tag{4}$$

式中：Y 为钙硬（mg/L）；V'_{EDTA} 是滴定钙硬时消耗的 EDTA 溶液体积（mL）；其余符号与式（3）相同。

水的镁硬度按公式（5）计算：

$$Z = \frac{c_{EDTA} \times \left[V_{EDTA} - V'_{EDTA} \right] \times M_{CaCO_3}}{V_水} \times 1000 \tag{5}$$

式中：Z 为镁硬（mg/L）；其余符号与式（3）（4）相同。镁硬值也可以用 $Z = X - Y$ 计算而得。

四、实验步骤

（1）总硬度的测定。用移液管量取澄清的水样 50 mL，放入 250 mL 锥形瓶中，加入 5 mL 氨—氯化铵缓冲溶液，摇匀，再加入 1~2 滴铬黑 T 指示剂，再摇匀，此时溶液呈酒红色，以 EDTA 标准溶液滴定至纯蓝色，即为终点。

（2）钙硬的测定。量取澄清水样 50 mL，放入 250 mL 锥形瓶中，加氢氧化钠溶液（添加量根据水中钙的实际含量确度）和适量钙指示剂，用 EDTA 溶液滴定，不断摇动直到溶液由酒红色变纯蓝色，即为终点。

（3）镁硬的测定。由总硬度减去钙硬即为镁硬。

（4）每次滴定需平行测量 3 次，代入公式时用平均值。

五、注意事项

（1）进行钙、镁含量测定之前，检查水样的 pH。如果 pH 不在适当范围内，可能需要调整为适当的范围，以确保实验条件的稳定性。

（2）使用准确的移液器和量器进行液体的转移和测量，以确保实验中使用的体积是准确的。

六、实验现象及数据处理

实验现象及数据记录于表 2-18~表 2-20。

七、实验思考题

（1）如果对硬度测定中数据要求保留两位有效数字，应如何量取 100 mL 水样？

（2）用 EDTA 法测定水硬度时，哪些离子的存在有干扰？应该如何消除？

（3）测总硬度的时候，需要如何调节 pH？调到多少？

表 2-18　"水中钙、镁含量的测定"实验现象记录表

姓名：＿＿＿＿＿＿＿＿＿　班级：＿＿＿＿＿＿＿＿＿　学号：＿＿＿＿＿＿＿＿＿　专业：＿＿＿＿＿＿＿＿＿

时间	步骤	现象	备注

表 2-19　水中总硬度测定数据记录表

平行实验	1	2	3	平均值
水样体积 $V_{水}$/mL				
EDTA 初始读数 V_0/mL				
EDTA 滴定终点读数 V_1/mL				
EDTA 用量 V_{EDTA}/mL				
相对标准偏差				

表 2-20　水中钙离子含量测定数据记录表

平行实验	1	2	3	平均值
水样体积 $V'_{水}$/mL				
EDTA 初始读数 V'_0/mL				
EDTA 滴定终点读数 V'_1/mL				
EDTA 用量 V'_{EDTA}/mL				
相对标准偏差				

实验 16　钙盐中钙的测定（KMnO$_4$法）

一、实验目的

（1）掌握用 KMnO$_4$ 法测定钙的基本原理。

（2）知悉用沉淀分离法消除杂质干扰的方法。

（3）学会沉淀、过滤、洗涤和消化法处理样品的操作技术。

（4）能够根据收集的实验数据，正确处理和分析实验数据，得出有效结论。

二、实验试剂与仪器

1. 实验试剂

（NH$_4$）$_2$C$_2$O$_4$ 溶液（0.25 mol/L），KMnO$_4$标准溶液（0.02 mol/L），氨水（7 mol/L，滴瓶装），HCl 溶液（6 mol/L），0.1%甲基橙指示剂，0.1%（NH$_4$）$_2$C$_2$O$_4$ 溶液，AgNO$_3$ 溶液（0.1 mol/L，滴瓶装），HNO$_3$ 溶液（2 mol/L，滴瓶装），H$_2$SO$_4$ 溶液（3 mol/L），CaCO$_3$。

2. 实验仪器

烧杯，玻璃棒，加热台，滤纸。

三、实验原理

利用 KMnO$_4$ 法测定钙的含量，只能采用间接法测定。将样品用酸处理成溶液，使钙溶解在溶液中。Ca^{2+} 在一定条件下与 C$_2$O$_4^{2-}$ 作用，形成白色 CaC$_2$O$_4$ 沉淀。过滤洗涤后再将 CaC$_2$O$_4$ 沉淀溶于热的稀 H$_2$SO$_4$ 中。用 KMnO$_4$ 标准溶液滴定与 Ca^{2+} 离子 1∶1 结合的 C$_2$O$_4^{2-}$ 含量。其反应式如下：

$$Ca^{2+}+C_2O_4^{2-}=CaC_2O_4 \downarrow \tag{1}$$

$$CaC_2O_4+2H^+=Ca^{2+}+H_2C_2O_4 \tag{2}$$

$$5H_2C_2O_4+2MnO_4^-+6H^+=2Mn^{2+}+10CO_2 \uparrow +8H_2O \tag{3}$$

沉淀 Ca^{2+} 时，为了得到易于过滤和洗涤的粗晶形沉淀，必须很好地控制沉淀的条件。通常是在含 Ca^{2+} 的酸性溶液中加入足够使 Ca^{2+} 沉淀完全的（NH$_4$）$_2$C$_2$O$_4$ 沉淀剂。由于酸性溶液中 C$_2$O$_4^{2-}$ 大部分是以 HC$_2$O$_4^-$ 形式存在，这样会影响 CaC$_2$O$_4$ 的生成。所以在加入沉淀剂后必须慢慢滴加氨水，使溶液中 H$^+$ 逐渐被中和，C$_2$O$_4^{2-}$ 浓度缓慢地增加，这样就易得到 CaC$_2$O$_4$ 粗晶形沉淀。沉淀完毕，溶液 pH 要在 3.5~4.5，既可防止其他难溶性钙盐的生成，又不致使 CaC$_2$O$_4$ 溶解度太大。加热 30 min 使沉淀陈化（陈化的过程中小颗粒晶体溶解，大颗粒晶体长大）。过滤后，沉淀表面吸附的 C$_2$O$_4^{2-}$ 必须洗净，否则分析结果偏高。为了减少 CaC$_2$O$_4$ 在洗涤时的损失，先用稀（NH$_4$）$_2$C$_2$O$_4$ 溶液洗涤，然后用微热的蒸馏水洗到不含 C$_2$O$_4^{2-}$ 时为止。将洗净的 CaC$_2$O$_4$ 沉淀溶解于稀 H$_2$SO$_4$ 中，加热至 70~80 ℃，用 KMnO$_4$ 标准溶液滴定。

石灰石及其矿石中的钙也可用此法测定，不过要考虑干扰离子的分离或掩蔽。

四、实验步骤

1. 准备样品

准确称取碳酸钙样品 0.1500~0.2000 g 三份，分别放于 250 mL 烧杯中，各以少量水润湿，盖上表面皿，小心沿烧杯壁缓缓加入 6~7 mL 6 mol/L 的 HCl 溶液。轻轻摇动烧杯使样品溶解，注意勿使样品溅出，待样品溶解完全不再产生气泡后，用水冲洗表面皿及烧杯壁上的附着物。

2. 草酸钙的沉淀

上述样品加热近沸，加草酸铵溶液（0.25 mol/L）各 15~20 mL。若有沉淀生成，应滴加 6 mol/L 的 HCl 溶液使之溶解（勿加入大量 HCl 溶液），稀释溶液至 100 mL，加热至 70~80 ℃（有热气冒出，但不沸腾）。再加入甲基橙指示剂 1 滴，趁热在不断搅拌下，以 1~2 滴/s 的速度逐滴加入 7 mol/L 氨水至溶液由红色变为橙黄色。继续以小火温热 30 min，并随时搅拌，放置冷却，使溶液澄清。然后滴加 1~2 滴草酸铵溶液（0.25 mol/L），以检查沉淀是否完全。如沉淀不完全，继续加入 $(NH_4)_2C_2O_4$ 溶液，至沉淀完全。继续加热 30 min 或放置过夜陈化形成 $Ca_2C_2O_4$ 粗晶形沉淀。

3. 沉淀的洗涤

用倾注法过滤及洗涤沉淀，先把沉淀与溶液放置一段时间，再将上层清液倾入漏斗中，让沉淀尽可能地留在烧杯内，以免沉淀堵塞滤纸小孔，上清液倾注完毕后进行沉淀物的洗涤。先用 0.1% $(NH_4)_2C_2O_4$ 溶液洗涤三次（每次用洗涤剂 10~15 mL，用玻棒在烧杯中充分搅动沉淀，放置澄清，再倾泻过滤），再用冷水洗至溶液中无 Cl^- 为止。

4. 测定

将带有沉淀的滤纸贴在原储沉淀的烧杯内壁（沉淀向杯内），用 20 mL 3 mol/L H_2SO_4 溶液仔细冲洗沉淀至烧杯底部，再冲洗滤纸，然后把溶液稀释至 100 mL。加热至 70~80 ℃，用 $KMnO_4$ 标准溶液滴定至呈粉红色，这时将滤纸浸入溶液中，用玻璃棒搅拌，如红色消失，继续滴定至呈粉红色，且 30 s 不褪色即为终点。记录消耗 $KMnO_4$ 的体积 V_1。

5. 空白试验

另取滤纸一张，放入 250 mL 烧杯中，加入 20 mL H_2SO_4 溶液（3 mol/L），稀释至 100 mL，加热溶液到 70~80 ℃，用 $KMnO_4$ 标准溶液滴定至微红色，30 s 内不褪色为终点。记录消耗 $KMnO_4$ 的体积 V_2。

6. 实验数据处理

样品中钙含量计算公式：

$$\omega_{Ca} = \frac{\frac{5}{2}c_{KMnO_4}(V_1 - V_2) \times \frac{M_{Ca}}{1000}}{m_{样}} \times 100\%$$

式中：$m_{样}$ 为样品质量（g），c_{KMnO_4} 为 $KMnO_4$ 浓度（mol/L），M_{Ca} 为钙的摩尔质量（g/mol）。

五、注意事项

（1）过滤时，尽量将沉淀留在器皿中，否则，沉淀移到滤纸上会把滤孔堵塞，影响过滤速度。KMnO$_4$ 标准溶液不稳定，使用时注意浓度变化。

（2）本实验过程长，步骤繁冗，为使测定结果准确，几份（一般是 2~3 份）沉淀的制作、过滤、洗涤及测定，都应在相同条件下平行操作。

六、实验现象及数据记录

实验现象及数据记录于表 2-21 和表 2-22。

七、实验思考题

（1）以本实验中 CaC$_2$O$_4$ 沉淀的制作为例，说明晶形沉淀形成的条件。

（2）为什么需先用很稀的 (NH)$_2$C$_2$O$_4$ 溶液来洗草酸钙沉淀，而后又需要用蒸馏水洗草酸钙沉淀？

（3）实验中为何要做空白试验？若不做，对实验结果有何影响？

表 2-21 "钙盐中钙的测定（$KMnO_4$ 法）"实验现象记录表

姓名：_____ 班级：_____ 学号：_____ 专业：_____

时间	步骤	现象	备注

表 2-22 "钙盐中钙的测定（KMnO$_4$ 法）"数据记录表

编号	1	2	3	平均值
CaCO$_3$ 质量/g				
KMnO$_4$ 标准液初始读数 V_0/mL				
KMnO$_4$ 标准液滴定终点读数 V_1/mL				
空白试验 KMnO$_4$ 标准液初始读数 V'_0/mL				
空白试验 KMnO$_4$ 标准液滴定终点读数 V_2/mL				
V_{KMnO_4}/mL				
样品中钙平均含量 ω_{Ca}/%				
相对标准偏差				

实验 17　过氧化氢含量的测定

一、实验目的

（1）识记高锰酸钾法测定过氧化氢含量的原理，能够用高锰酸钾法测定过氧化氢含量。

（2）能够正确、规范地使用移液管及容量瓶，以及具有强氧化性质的化学试剂。

二、实验试剂与仪器

1. 实验试剂

$KMnO_4$ 标准溶液（已标定），H_2O_2 商品液（30%），H_2SO_4。

2. 实验仪器

酸式滴定管，移液管，容量瓶，锥形瓶，烧杯。

三、实验原理

在酸性溶液中 H_2O_2 还原 MnO_4^- 离子的反应方程式如下：

$$5H_2O_2 + 2MnO_4^- + 6H^+ = 2Mn^{2+} + 5O_2 \uparrow + 8H_2O \tag{1}$$

滴定反应进行过程中，紫红色的 $KMnO_4$ 被还原为近无色的 Mn^{2+}，达终点时，溶液呈现 $KMnO_4$ 特殊的微红色。利用这一现象可判断反应的终点，无须另加指示剂。

在工业生产中，过氧化氢是常用的氧化剂、漂白剂，分解后无污染，符合生态环保要求，因此在工业中得到日益广泛的应用。但过氧化氢容易分解，因此在应用时需要进行含量测定。

$$\rho_{H_2O_2} = \frac{5}{2} c_{KMnO_4} \cdot V_{KMnO_4} \cdot M_{H_2O_2} \times \frac{250}{10} \tag{2}$$

式中：$\rho_{H_2O_2}$ 为 H_2O_2 含量（g/mL）；c_{KMnO_4} 为 $KMnO_4$ 浓度（g/mL）；V_{KMnO_4} 为消耗 $KMnO_4$ 体积（mL）；$M_{H_2O_2}$ 为 H_2O_2 摩尔分子质量（g/mol）。

四、实验步骤

（1）用 10 mL 移液管移取 30% 的双氧水于 250 mL 容量瓶中，加入去离子水至刻度，摇匀。

（2）用 25 mL 移液管移取稀释液于 250 mL 锥形瓶中，加入 20~30 mL 去离子水，再加入 15~20 mL 浓度为 3.0 mol/L 的 H_2SO_4，摇匀。

（3）用 $KMnO_4$ 标准溶液滴定到溶液由无色变为微红色，且 30 s 不褪色，即为终点，记录消耗 $KMnO_4$ 标准溶液的体积，平行三次实验。

（4）根据 $KMnO_4$ 标准溶液的浓度和消耗的体积，计算双氧水中 H_2O_2 的含量。

五、注意事项

1. 温度

该反应可在室温下进行，因过氧化氢易分解，所以无须加热。

2. 酸度

该反应需在酸性介质中进行，以 H_2SO_4 调节酸度，不能用 HCl 和 HNO_3，因 Cl^- 有还原性，能与 MnO_4^- 反应；HNO_3 有氧化性，能与被滴定的还原性物质反应。为使反应定量进行，溶液酸度一般控制在 $0.5\sim1.0$ mol/L。

3. 滴定速度

该反应为自动催化反应，反应中生成的 Mn^{2+} 离子具有催化作用。因此滴定开始时的速度不宜太快，应逐滴加入，待到第一滴 $KMnO_4$ 溶液颜色褪去后，再加入第二滴。否则酸性热溶液中 MnO_4^- 来不及与 H_2O_2 反应而分解，导致结果偏低。

4. 滴定终点

$KMnO_4$ 溶液自身也为指示剂。当反应到达化学计量点附近时，滴加一滴 $KMnO_4$ 溶液后，锥形瓶中溶液呈稳定的微红色，且 30 s 不褪色，即为终点。若在空气中放置一段时间后，溶液颜色消失，不必再加入 $KMnO_4$ 溶液，这是因为 $KMnO_4$ 溶液与空气中还原性物质反应造成的。

六、实验现象及数据记录

实验现象及数据记录于表 2-23、表 2-24。

七、实验思考题

（1）氧化还原滴定法测定 H_2O_2 的基本原理是什么？$KMnO_4$ 与 H_2O_2 反应的物质的量比是多少？

（2）$KMnO_4$ 法测定 H_2O_2 时，为什么要在 H_2SO_4 酸性介质中进行，能否用 HCl 代替？

（3）如何判断滴定终点？若在空气中放置一段时间后，溶液颜色消失，是否需要重新加入 $KMnO_4$ 溶液？为什么？

表 2-23　"过氧化氢含量的测定"实验现象记录表

姓名：_____　班级：_____　学号：_____　专业：_____

时间	步骤	现象	备注

表 2-24 "过氧化氢含量的测定" 实验数据记录表

平行实验	1	2	3	平均值
H_2O_2 体积 $V_{H_2O_2}/mL$				
$KMnO_4$ 标准液初始读数 V_0/mL				
$KMnO_4$ 标准液滴定终点读数 V_1/mL				
$KMnO_4$ 标准液用量 V/mL				
H_2O_2 含量/(g/mL)				
相对标准偏差				

实验 18　邻二氮菲吸光光度法测定铁含量

一、实验目的

（1）掌握用吸光光度法测定铁的原理及方法。

（2）掌握分光光度计的使用方法，以及学习如何选择吸光光度法分析的实验条件。

（3）能够正确处理和分析实验数据，得出有效结论。

二、实验仪器和试剂

1. 实验试剂

铁标准溶液（100 μg/mL），邻二氮菲（1.5 g/L），盐酸羟胺（100 g/L 用时配制），NaAc（1 mol/L），NaOH（1 mol/L），HCl（6 mol/L）。

2. 实验仪器

分光光度计，50 mL 容量瓶 8 个（或比色管 8 支）。

三、实验原理

铁的吸光光度法所用的显色剂较多，有邻二氮菲（又称邻菲啰啉，邻菲咯啉）及其衍生物、磺基水杨酸、硫氰酸盐、5-Br-PADAP 等。其中邻二氮菲分光光度法的灵敏度高，稳定性好，干扰容易消除，因而是目前普遍采用的一种方法。

在 pH 为 2~9 的溶液中，Fe^{2+} 与邻二氮菲生成稳定的橘红色络合物：

$$3C_{12}H_8N_2+Fe^{2+}\longrightarrow [Fe(C_{12}H_8N_2)_3]^{2+} \tag{1}$$

其摩尔吸光系数 $\varepsilon_{508}=1.1\times10^4 dm^3/(mol \cdot cm)$。当铁为+3 价时，可用盐酸羟胺还原：

$$2Fe^{3+}+2NH_2OH \cdot HCl = 2Fe^{2+}+N_2\uparrow +4H^++2H_2O+2Cl^- \tag{2}$$

Cu^{2+}、Co^{2+}、Ni^{2+}、Cd^{2+}、Hg^{2+}、Mn^{2+}、Zn^{2+} 等离子也能与邻二氮菲生成稳定络合物，在量少情况下，不影响 Fe^{2+} 的测定，量大时可用 EDTA 隐蔽或预先分离。

吸光光度法的实验条件，如测量波长、溶液酸度、显色剂用量、显色时间、温度、溶剂，以及共存离子干扰及其消除等，都是通过实验来确定的。本实验在测定试样中铁含量之前，先做部分条件试验，以便初学者掌握确定实验条件的方法。

条件试验的简单方法是变动某实验条件，固定其余条件，测得一系列吸光度值，绘制吸光度—某实验条件的曲线，根据曲线确定某实验条件的适宜值或适宜范围。

四、实验步骤

1. 吸收曲线的制作和测量波长的选择

用吸量管吸取 0.0 mL 和 1.0 mL 铁标准溶液分别注入两个 50 mL 容量瓶（或比色管）中，各加入 1 mL 盐酸羟胺溶液，摇匀。再加入 2 mL 邻二氮菲、5 mL NaAc，用水稀释至刻度，摇匀。放置 10 min 后，用 1 cm 比色皿，以试剂空白（即 0 mL 铁标准溶液）为参比溶液，在 440~560 nm，每隔 10 nm 测一次吸光度，在最大吸收峰附近，每隔 5 nm 测量一次吸光度。在坐标纸上，以波长 λ 为横坐标，吸光度 A 为纵坐标，绘制 A 与 λ 关系的吸收曲线。从吸收曲线上选择测定铁的适宜波长，一般选用最大吸收波长 λ_{max}。

2. 标准曲线的制作

用移液管吸取 10m L 100 μg/mL 铁标准溶液于 100 mL 容量瓶中，加入 2 mL HCl 溶液（6 mol/L），用水稀释至刻度，摇匀。此溶液 Fe^{2+} 的浓度为 10 μg/mL。

在 6 个 50 mL 容量瓶（或比色管）中，用吸量管分别加入 0 mL，2 mL，4 mL，6 mL，8 mL，10 mL 的 10 μg/mL 铁标准溶液，均加入 1 mL 盐酸羟胺，摇匀。再加入 2 mL 邻二氮菲、5 mL NaAc 溶液，摇匀。用水稀释至刻度，摇匀后放置 10 min。用 1 cm 比色皿，以试剂空白（即 0 mL 铁标准溶液）为参比溶液，在所选择的波长下，测量各溶液的吸光度。以含铁量为横坐标，吸光度 A 为纵坐标，绘制标准曲线。

由绘制的标准曲线，重新查出某一适中铁浓度相应的吸光度，计算 Fe^{2+}—邻二氮菲络合物的摩尔吸光系数 ε。

3. 试样中铁含量的测定

准确吸取适量试液于 50 mL 容量瓶（或比色管）中，按标准曲线的制作步骤，加入各种试剂，测量吸光度。从标准曲线上查出和计算试样中铁的含量（单位为 μg/mL）。

五、注意事项

（1）分光光度计要预热 30 min，稳定后才能进行测量。

（2）使用比色皿时，手指拿取磨砂玻璃面。

（3）测定标准曲线时，每改变一次试液浓度，比色皿都要洗干净。

（4）同一组溶液必须在同一台仪器上测量。

（5）标准曲线的配制与测定是实验结果准确与否的关键，标准系列溶液配制时，必须严格按规范进行操作。

2-4　紫外—可见分光光度计的使用

六、实验现象及数据记录

实验现象及数据记录于表 2-25～表 2-27。

七、实验思考题

（1）本实验量取各种试剂时应采用何种量器较为合适？为什么？

（2）使用分光光度计时应注意哪些事项？

（3）制作标准曲线和进行其他条件试验时，加入试剂顺序能否任意改变？

（4）吸光光度法测量物质含量的原理是什么？

表 2-25　"邻二氮菲吸光光度法测定铁含量" 实验现象记录表

姓名：＿＿＿＿＿＿＿＿＿　班级：＿＿＿＿＿＿＿＿＿　学号：＿＿＿＿＿＿＿＿＿　专业：＿＿＿＿＿＿＿＿＿

时间	步骤	现象	备注

表 2-26　吸收曲线数据记录表

λ/nm	440	450	460	470	480	490	500	510	520	530	540	550	560
A													

表 2-27　标准曲线数据记录表（吸光度 A）

体积/mL	Ⅰ	Ⅱ	Ⅲ	平均值
0				
2				
4				
6				
8				
10				

第三节 综合设计类实验

实验 19 纳米 SiO_2 的制备及其吸附实验

一、实验目的

（1）识记制备纳米 SiO_2 的方法和纳米 SiO_2 的吸附性能的测定方法。

（2）通过吸附实验后染液的处理，培养学生的环保观念及可持续发展理念。

二、实验试剂与仪器

1. 实验试剂

硅酸钠，盐酸，$AgNO_3$，常用染料粉末，吐温 80，商用载体 SiO_2。

2. 实验仪器

集热式磁力搅拌器，干燥箱，马弗炉，研体，烧杯，坩埚，玻璃棒，布氏漏斗，水循环真空泵。

三、实验原理

纳米二氧化硅是极其重要的高科技超微细无机新材料之一，其粒径很小，比表面积大，表面吸附力强，化学纯度高，以及与常规材料相比在磁性、催化性、光吸收、热阻和熔点等方面展示出特异功能，可用于橡胶、化纤、塑料、油墨、催化剂、造纸、涂料、精密陶瓷等领域。纳米 SiO_2 粒子的生产已规模化，可作为吸附、分离材料，对不同污染物进行处理。

纳米 SiO_2 制备方法如下：

通常条件下，硅酸钠与盐酸反应生成硅酸沉淀，即：

$$Na_2SiO_3 + 2HCl + H_2O = H_4SiO_4 \downarrow + 2NaCl \tag{1}$$

H_4SiO_4 单体之间容易发生聚合反应，转化成硅羟基 H—Si—OH，其表面吸附有大量的水。同时，硅酸单体本身的脱水反应也很快，能迅速形成许多相对致密、具有硅氧联结（—Si—O—）结构的 SiO_2 胶体颗粒，经过过滤、洗涤、干燥和高温灼烧得到纳米 SiO_2。

$$nSi(OH)_4 = nSiO_2 + 2nH_2O \tag{2}$$

四、实验步骤

1. 纳米 SiO_2 的制备

将浓度为 1 mol/L 盐酸 20 mL 加入 500 mL 的烧杯中，滴加表面活性剂（吐温 80）20 滴，加入搅拌磁子，水浴加热至 50~60 ℃，然后滴加质量分数为 20% 的硅酸钠溶液。随着硅酸钠溶液的不断加入，溶液逐渐变混浊，当 pH = 5 时（用 pH 试纸检验），溶液变成白色悬浮液。

沉淀静置老化后，抽滤，用蒸馏水反复洗涤沉淀，并用质量浓度为 15% 的 $AgNO_3$ 溶液检

测洗液中的 Cl^-，至溶液中无 AgCl 白色沉淀为止，常压 80 ℃ 烘箱干燥。所得产品在马弗炉中 400 ℃ 高温灼烧，可得多孔纳米 SiO_2 粉末，于研钵中研磨成细末备用。

2. 纳米 SiO_2 的吸附性能

将制备的纳米 SiO_2 放入不同染液（亚甲基蓝、甲基橙、罗丹明 B、分散染料等，浓度适中，颜色不要过深）中，放置 30 min，观察溶液的颜色并记录。

五、注意事项

（1）严格遵守实验室安全规定，特别是涉及强酸、强碱等有害物质的操作时。

（2）控制反应的温度和时间以确保纳米 SiO_2 的稳定性和颗粒大小的控制。过高的温度或过长的反应时间可能导致颗粒过大。

（3）进行适当的过滤和洗涤步骤，以去除任何未反应的物质或副产物，将制备好的纳米 SiO_2 适当地干燥，以避免颗粒的聚集。

六、实验现象及数据记录

实验现象及数据记录于表 2-28、表 2-29。

七、实验思考题

（1）制备纳米 SiO_2 实验的过程中要注意什么？

（2）如何检测溶液中是否有 Cl^-？

（3）为什么需要在马弗炉中 400 ℃ 高温灼烧？

表 2-28　"纳米 SiO_2 的制备及其吸附实验" 实验现象记录表

姓名：＿＿＿＿＿＿＿　班级：＿＿＿＿＿＿＿　学号：＿＿＿＿＿＿＿　专业：＿＿＿＿＿＿＿

时间	步骤	现象	备注

表 2-29 纳米 SiO_2 吸附染料后颜色变化情况

时间/min	亚甲基蓝	甲基橙	罗丹明	分散染料
0				
30				

实验20 含Cr（Ⅵ）废液的处理与比色测定

一、实验目的

（1）识记比色法测定Cr（Ⅵ）的原理和方法等知识，并能够应用比色法测定含Cr（Ⅵ）废液的Cr（Ⅵ）含量。

（2）能够运用所学知识规范处理含Cr（Ⅵ）废液，培养关注环境保护和人体健康的意识。

二、实验试剂与仪器

1. 实验试剂

NaOH，H_2SO_4（3 mol/L），H_2O_2（3%水溶液）、硫酸亚铁、二苯碳酰二肼（DPC）溶液、Cr（Ⅵ）储备液（0.1 mg/L的含Cr废水），pH试纸。

2. 实验仪器

比色管（25 mL，10支）、分光光度计、容量瓶（25 mL，10个）、移液管（1 mL，5 mL，10 mL，25 mL各1支）、烧杯（250 mL，2个）、比色管架、温度计（100 ℃，1支）、酒精灯、三脚架、石棉铁丝网、滴管、洗耳球、容量瓶（50 mL，100 mL各1个）、药匙、天平。

三、实验原理

1. 还原—沉淀法处理含铬废液

化学实验室中含Cr废液的主要来源是Cr及其化合物的性质实验、重铬酸钾测定亚铁盐的含量实验等，主要含有Cr^{3+}、Fe^{3+}等物质。研究表明，Cr（Ⅵ）的毒性比Cr（Ⅲ）高100倍，对土壤、农作物、水生生物均有危害，Cr（Ⅵ）还可通过呼吸道、消化道、皮肤与黏膜侵入人体，导致胃肠疾病、贫血等。国家对工业污水中Cr（Ⅵ）和总Cr最高允许排放量分别为0.5 mg/L、1.5 mg/L（GB 8978—1996，各行业参考现行标准），超过该值则必须处理，且不允许以稀释方法代替化学与物理处理。

处理含Cr废液的方法有还原—沉淀法/钡盐沉淀法、铁氧体法、阴离子交换树脂法、生物治理法、黄原酸酯法、光催化法等。还原—沉淀法是目前应用较为广泛的处理高浓度含Cr废液的方法。其基本原理是：在酸性条件下向含Cr废液中加入适量还原剂，将Cr（Ⅵ）还原成Cr^{3+}，再加入生石灰或NaOH，使Cr^{3+}生成Cr（OH）$_3$沉淀，达到降低溶液中Cr离子浓度的目的。可作为还原剂的物质有SO_2、$FeSO_4$、Na_2SO_3、$NaHSO_3$、Fe等。还原—沉淀法处理含Cr废液投资小、运行费用低、处理效果好，得到的Fe（OH）$_3$和Cr（OH）$_3$可经脱水制成铸石，可用于生产微晶玻璃，Cr（OH）$_3$还可用来回收金属Cr或配成镀件用的抛光膏，同时，还原—沉淀法具有操作简便的优点，因而得到广泛应用。还原—沉淀法反应式如下：

$$Cr_2O_7^{2-}+6Fe^{2+}+14H^+=2Cr^{3+}+6Fe^{3+}+7H_2O \tag{1}$$

$$Fe^{3+}+3OH^-=Fe(OH)_3(s) \tag{2}$$

$$Cr^{3+}+3OH^-=Cr(OH)_3(s) \tag{3}$$

2. 比色法的基本原理

常用的比色法有两种：目视比色法和光电比色法。前者用眼睛观察，后者用光电比色计测量，两种方法都是以朗伯-比尔定律为基础。

光电比色法只适用于复合光，还有其他一些局限，因此从 20 世纪 60 年代开始逐渐为分光光度法所代替。

本实验主要采用目视比色法和分光光度法进行测定。

常用的目视比色法是标准系列法，该法采用一组由质量完全相同的玻璃制成直径相等、体积相同的比色管，按顺序加入不同量的待测组分标准溶液，再分别加入等量的显色剂及其他辅助试剂，然后稀释至一定体积，使之成为颜色逐渐递变的标准色阶。再取一定量的待测组分溶液于一支比色管中，用同样方法显色，再稀释至相同体积，将此样品显色溶液与标准色阶的各比色管进行比较，找出颜色深度最接近于样品显色溶液的那支标准比色管，如果样品溶液的颜色介于两支相邻标准比色管颜色之间，则样品溶液浓度应为两标准比色管溶液浓度的平均值。本实验主要使 Cr（Ⅵ）在酸性介质中与二苯碳酰二肼反应生成紫红色化合物，颜色深度与 Cr（Ⅵ）含量呈正比，Cr（Ⅵ）浓度越大，颜色越深。把样品溶液的颜色标准系列的颜色比较（目视或分光光度法），便可确定试样中 Cr（Ⅵ）的含量。本法很灵敏，最低含 Cr 检出浓度可达 0.01 mg/L。Fe^{3+} 与显色剂 DPC 生成黄色或黄紫色化合物而产生干扰，可以加入 H_3PO_4 使 Fe^{3+} 生成无色 $Fe(PO_4)_3$ 而排除干扰。显色反应式可表示为：

$$CO(NH \cdot NHC_6H_5)_2+H_2CrO_4+2H^++2H_2O \longrightarrow CN_4O(C_6H_5)_2Cr(H_2O)_6 \tag{4}$$

四、实验步骤

1. 处理含 Cr 废液

（1）取 100 mL 含 Cr（Ⅵ）废水于 250 mL 烧杯中，在搅拌下滴加约 1 mL 3 mol/L 的 H_2SO_4，使 pH 约为 2，然后在不断搅拌下加入 10% 的 $FeSO_4$ 溶液，直至溶液由浅黄色变为黄绿色为止，需要 $FeSO_4$ 溶液 10~15 mL，需使 Fe^{2+} 适当过量，但不宜过量太多，因为 Fe 离子会干扰 Cr（Ⅵ）的比色测定。

（2）往烧杯中继续滴加 6 mol/L 的 NaOH，调节 pH=8~9，然后将溶液加热到 70 ℃左右，使 Fe^{3+}、Cr^{3+}、Fe^{2+} 形成氢氧化物状沉淀，沉淀应为墨绿色。

（3）在不断搅拌下滴加 3% 的 H_2O_2 8~10 滴，使沉淀刚好呈现棕色即止，再充分搅拌后，冷却静置。

（4）用倾泻法将上层清液倒入另一烧杯中，以备测定残余 Cr（Ⅵ）。

2. 含 Cr 废液中 Cr（Ⅵ）含量的测定

（1）Cr（Ⅵ）标准液的配制。准确量取 10 mL Cr（Ⅵ）储备液于 100 mL 容量瓶中，用蒸馏水稀释至刻度，此标准液含 Cr（Ⅵ）的浓度为 0.01 mg/L。

（2）标准色阶（或工作曲线）的制备。取 6 支洁净的 25 mL 比色管（或容量瓶），从 1 到 6 编号，然后分别移取 0 mL，0.5 mL，1 mL，1.5 mL，2 mL，2.5 mL 的 Cr（Ⅵ）标准液依次加入比色管（或容量瓶）中，再各加入约 15 mL 蒸馏水、10 滴混合酸和 1.5 mL 的 DPC 溶液，摇匀，用蒸馏水稀释至刻度，再摇匀，此即为标准色阶。若用分光光度法测定时，用蒸馏水调零，以空白（1 号）为参比，用 1 cm 比色皿，在 540 nm 波长处测定吸光度（A），以 Cr（Ⅵ）含量为横坐标，A 为纵坐标作图，即得工作曲线。

3. 测定原溶液中 Cr（Ⅵ）含量

（1）取 1.00 mL 未处理含 Cr（Ⅵ）废水放入 50 mL 容量瓶中，加蒸馏水稀释至刻度，摇匀，即得稀释后的废水。

（2）于三支 25 mL 比色管中，编号为 7~9，分别加入 0.5 mL 稀释后含 Cr（Ⅵ）的废水，再加 15 mL 蒸馏水、10 滴混合酸、1.5 mL DPC 溶液，用蒸馏水稀释至刻度，放置 10 min，与标准色阶比较或测定吸光度。查工作曲线，求出 Cr（Ⅵ）的含量。

4. 净化后的废水中 Cr（Ⅵ）的测定

取实验内容 1（4）中的上层清液（应澄清无悬浮物，否则应过滤）10 mL 三份分别放入三支 25 mL 的比色管中，编号为 10 到 12，加 10 mL 蒸馏水、10 滴混合酸、1.5 mL DPC 溶液，用蒸馏水稀释至刻度，放置 10 min，与标准色阶比较或测定吸光度，查工作曲线，求出 Cr（Ⅵ）的含量。

5. 数据记录和处理

为了操作省时，标准色阶（或工作曲线）的制备和试样中 Cr（Ⅵ）的测定可同步进行，即统一编号。同时显色、同时测量，并记录数据。

将 7~12 号的颜色与 1~6 号的颜色比较，以确定 7~12 号样品中的含 Cr（Ⅵ）量或者根据 7~12 号的吸光度值，在工作曲线上查出对应的含 Cr（Ⅵ）量。比较平行样品 7~9 和 10~12 的相对偏差，并求出二者的平均含 Cr（Ⅵ）量。注意：此时应换算为原试样每升含 Cr（Ⅵ）的毫克数表示。

五、注意事项

（1）本实验完成后，按照规定清理废液，以免造成污染。

（2）所有玻璃器皿内壁须光洁，以免吸附铬离子。不得用重铬酸钾洗液洗涤。可用硝酸、硫酸混合液或合成洗涤剂洗涤，洗涤后要冲洗干净。

六、实验现象及数据记录

实验现象及数据记录于表 2-30 和表 2-31。

七、实验思考题

（1）如何测定含 Cr 废液及处理后溶液中 Cr（Ⅲ、Ⅵ）的总量？

（2）进行金属离子沉淀时，如果 pH 过高或过低，对处理效果有什么影响？

（3）处理含 Cr 废水时，加 $FeSO_4$ 前要先酸化到 pH 为多少？加 $FeSO_4$ 后加 NaOH 调节 pH

约多少?

    （4）加 H_2O_2 的目的是什么?

    （5）本实验中所测定的 Cr 的化学形态有哪些?

表 2-30　"含 Cr（Ⅵ）废液的处理与比色测定" 实验现象记录表

姓名：_____　班级：_____　学号：_____　专业：_____

时间	步骤	现象	备注

表 2-31 "含 Cr（Ⅵ）废液的处理与比色测定"实验数据记录表

姓名：＿＿＿＿＿＿　班级：＿＿＿＿＿＿　学号：＿＿＿＿＿＿　专业：＿＿＿＿＿＿

序号	项目	Cr（Ⅵ）标准液						含 Cr 废水			净化后废水		
		1	2	3	4	5	6	7	8	9	10	11	12
1	取用量/mL												
2	吸光度												
3	含 Cr（Ⅵ）量/mg												
4	平均 Cr（Ⅵ）量/（mg/L）												
5	相对标准偏差												

实验21　铜、银、锌元素鉴定

一、实验目的

（1）识记铜、银、锌的氧化物或氢氧化物的性质，Cu（Ⅰ）—Cu（Ⅱ）之间转化的条件，并用于鉴定 Cu^{2+}、Ag^+、Zn^{2+}。

（2）通过实验废弃物的处理，培养学生的职业道德精神和关注环保及人体健康的意识。

2-5　铜、银、锌元素实验

二、实验试剂与仪器

1. 实验试剂

HCl（2 mol/L，6 mol/L），HNO_3（2 mol/L，6 mol/L），H_2SO_4（1 mol/L），NaOH（2 mol/L，6 mol/L），HAc 溶液（2 mol/L），氨水（2 mol/L，6 mol/L），$CuSO_4$（0.1 mol/L），$CuCl_2$ 溶液（1 mol/L），$AgNO_3$（0.1 mol/L），KI（0.1 mol/L），NaS_2O_3（0.1 mol/L），$ZnSO_4$ 溶液（0.1 mol/L），$K_4[Fe(CN)_6]$ 溶液（0.1 mol/L），KSCN 溶液，硫代乙酰胺溶液，葡萄糖溶液，Na_2S（0.5 mol/L），铜粉。

2. 实验仪器

滴管，试管，烧杯，玻璃棒，水浴锅。

三、实验原理

铜、银是元素周期系 IB 族元素，价电子层结构为 $(n-1)d^{10}ns^1$，在化合物中，铜的氧化数通常是+2，也有+1，银的氧化数通常是+1。锌是元素周期系 IIB 族元素，价电子层结构为 $(n-1)d^{10}ns^2$，在化合物中，锌的氧化数一般为+2。铜、银、锌的氢氧化物酸碱性及其脱水性见表2-32。

表2-32　铜、银、锌的氢氧化物性能

氢氧化物	颜色	酸碱性	脱水性（对热稳定性）	氧化物颜色
Cu（OH）$_2$	蓝色	两性偏碱性	受热脱水	CuO（黑色）
AgOH	白色	碱性	常温脱水	Ag$_2$O（棕色）
Zn（OH）$_2$	白色	两性	较稳定（高温脱水）	ZnO（白色）

Cu^{2+}、Ag^+、Zn^{2+} 易形成配合物，与氨水反应的配合物见表2-33。

表2-33　Cu^{2+}、Ag^+、Zn^{2+} 与氨水反应的配合物

金属离子	Cu^{2+}	Ag^+	Zn^{2+}
氨水（适量）	Cu$_2$（OH）$_2$SO$_4$（蓝色）	Ag$_2$O（棕色）	Zn（OH）$_2$（白色）
氨水（过量）	$[Cu(NH_3)_4]^{2+}$	$[Ag(NH_3)_2]^+$	$[Zn(NH_3)_4]^{2+}$
颜色	深蓝色	无色	无色

Cu^{2+}、Ag^+、Zn^{2+}离子与 H_2S 作用生成难溶的并具有不同颜色的硫化物：CuS（黑）、Ag_2S（黑）、ZnS（白）。由于硫化物的溶解度不同，可溶于不同的酸。

ZnS 溶解度较小，当用稀 HCl（非氧化性酸）溶解时，生成 H_2S，使溶液中 S^{2-} 离子浓度降低，致使溶液中 $c(Zn^{2+}) \cdot c(S^{2-}) < K_{sp}(ZnS)$，ZnS 溶解。

CuS、AgS 等这一类溶解度更小的硫化物，如单独用 HCl 溶解，则溶解 0.1 mol/L 的 CuS 所需 $c(H^+)$ 高达 10^6 mol/L，因此，HCl 无法溶解。但稀 HNO_3 可以溶解，HNO_3 作为一种氧化性酸（氧化剂），能将溶液中 S^{2-} 离子氧化为游离的 S，使溶液中 S^{2-} 离子浓度大大降低，从而使 $c(Cu^{2+}) \cdot c(S^{2-}) < K_{sp}(CuS)$、$c^2(Ag^+) \cdot c(S^{2-}) < K_{sp}(Ag_2S)$，CuS、$Ag_2S$ 溶解。

$$3CuS（s）+8HNO_3 = 3Cu（NO_3）_2+2NO（g）+3S（s）+4H_2O \tag{1}$$

$$3Ag_2S（s）+8HNO_3 = 6AgNO_3+2NO（g）+3S（s）+4H_2O \tag{2}$$

Cu^{2+}、Ag^+ 具有一定的氧化性。在水溶液中，Cu^{2+} 离子的氧化性不是很强，从（3）和（4）的 $E^{\ominus}$ 值来看，Cu^{2+} 似乎很难将 I^- 离子氧化成 I_2。

$$Cu^{2+}+e = Cu^+ \quad E^{\ominus} = 0.159\ V \tag{3}$$

$$I_2+2e = 2I^- \quad E^{\ominus} = 0.536\ V \tag{4}$$

然而，能发生反应（5）：

$$2Cu^{2+}+4I^- = 2CuI（s）+I_2 \tag{5}$$

这是由于 Cu^+ 与 I^- 离子反应生成难溶于水的 CuI 沉淀，使溶液中 Cu^+ 离子浓度变得很小，相对来说 Cu^{2+} 离子的氧化性增强了。即 $E^{\ominus}(Cu^{2+}/CuI) = 0.86\ V$，大于 $E^{\ominus}(Cu^{2+}/Cu^+)$，当然也大于 $E^{\ominus}(I_2/I^-)$，因此，Cu^{2+} 离子可以把 I^- 离子氧化。

另外，从铜的电势图（6）可以看出，$E^{\ominus}(Cu^+/Cu) > E^{\ominus}(Cu^{2+}/Cu^+)$。

$$Cu^{2+} \xrightarrow{0.159\ V} Cu^+ \xrightarrow{0.53\ V} Cu \tag{6}$$

Cu^+ 离子在溶液中能歧化为 Cu^{2+} 和 Cu：

$$2Cu^+ = Cu^{2+}+Cu, \quad u = 10^{6.12} \tag{7}$$

Cu^+ 离子歧化反应的 K 值较大，同样说明 Cu^+ 离子在水溶液中不稳定，但当 Cu^+ 离子形成配合物后，能较稳定地存在于溶液中，例如 $[CuCl_2]^-$ 配离子不易歧化为 Cu^{2+} 和 Cu，所以，$[CuCl_2]^-$ 在溶液中比较稳定。在实验中常利用 $CuSO_4$ 或 $CuCl_2$ 溶液与浓 HCl 和 Cu 屑混合，加热制备 $[CuCl_2]^-$ 配离子溶液。

$$Cu^{2+}+4Cl+Cu（s） \xrightarrow{\Delta} 2[CuCl_2]^- \tag{8}$$

$$CuCl_2+2HCl+Cu（s） \xrightarrow{\Delta} 2H[CuCl_2]^- \tag{9}$$

将制得的溶液倒入大量水中稀释，会有白色氯化亚铜 CuCl 沉淀析出。

$$[CuCl_2]^- = CuCl（s）+Cl^- \tag{10}$$

CuCl 沉淀也不易歧化为 Cu^{2+} 和 Cu，这同样可由电势图（11）得知：

$$Cu^{2+} \xleftarrow{0.509\ V} CuCl \xleftarrow{0.171\ V} Cu \tag{11}$$

Cu^{2+} 离子能与 $K_4[Fe(CN)_6]$ 反应生成红棕色 $Cu_2[Fe(CN)_6]$ 沉淀，这个反应可用来鉴定 Cu^{2+} 离子。但 Fe^{3+} 离子的存在会干扰结果，因为有 $K[Fe(CN)_6Fe]$ 蓝色沉淀生成。为消除干扰，可先加入氨水和 NH_4Cl 溶液，使 Fe^{3+} 生成 $Fe(OH)_3$ 沉淀，而 Cu^{2+} 则与氨水形成可溶性 $Cu[(NH_3)_4]^{2+}$ 配离子留在溶液中。

Ag^+能生成难溶性卤化物及形成氨配离子，可用于鉴定 Ag^+。

Zn^{2+}离子与二苯硫腙反应生成粉红色螯合物，可用于鉴定 Zn^{2+}。

四、实验步骤

1. 铜、银、锌氢氧化物的制备和性质

（1）用 0.1 mol/L 的 $CuSO_4$ 溶液制备 $Cu(OH)_2$，观察沉淀的颜色，测试 $Cu(OH)_2$ 的酸碱性。

（2）用 0.1 mol/L 的 $AgNO_3$ 和 0.1 mol/L 的 $ZnSO_4$ 溶液代替 $CuSO_4$ 溶液，重复上述实验，分别实验这些氢氧化物的酸碱性及脱水性。

通过以上实验，比较铜、银、锌的氢氧化物酸碱性及脱水性，并写出有关反应式。

2. Cu^{2+}、Ag^+、Zn^{2+} 的硫化物制备和性质

与 H_2S 反应：在 4 支试管中，分别加入 1~2 滴 0.1 mol/L 的 $CuSO_4$、$AgNO_3$、$ZnSO_4$ 溶液，然后加入 Na_2S 水溶液（0.5 mol/L），充分搅拌，并在水浴中加热，使沉淀凝聚，待沉淀沉降后，观察沉淀颜色。弃去上层清液，在每一种沉淀上加数滴 6 mol/L 的 HCl，试验沉淀能否溶于 HCl。如果有沉淀不溶，用吸管弃去 HCl，再用少量去离子水洗涤沉淀，用吸管弃去溶液，在沉淀上再加数滴 6 mol/L 的 HNO_3，观察有几种沉淀可以溶解，最后把不溶于 HNO_3 的沉淀与王水进行反应。分别写出反应式，并用溶度积原理解释上述现象。

3. Cu^{2+} 化合物的氧化性

（1）碘化亚铜 CuI 的生成：取 5 滴 0.1 mol/L 的 $CuSO_4$ 溶液，加入数滴 0.1 mol/L 的 KI 溶液，观察有何变化。为观察 CuI 沉淀的颜色，可滴加 0.1 mol/L 的 $Na_2S_2O_3$ 溶液，以除去反应中生成的 I_2，写出有关反应式。

（2）氯化亚铜 CuCl 的生成：在 10 滴 1 mol/L 的 $CuCl_2$ 溶液中，加入 10~15 滴浓 HCl，再加入少许 Cu 屑，加热煮沸数分钟，直至试管口出现较浓厚的白雾，并且溶液呈泥黄色才停止加热。将此溶液倾入盛有半杯水的小烧杯中，观察是否有白色沉淀产生，写出有关反应式。

4. Cu^{2+}、Ag^+、Zn^{2+} 离子的鉴定

（1）Cu^{2+} 离子的鉴定。取数滴 0.1 mol/L 的 $CuSO_4$ 溶液，加入几滴 $K_4[Fe(CN)_6]$ 溶液，如有红棕色沉淀生成，表示有 Cu^{2+} 存在。写出有关反应式。

（2）Ag^+ 离子的鉴定。在试管中加入数滴 0.1 mol/L 的 $AgNO_3$ 溶液，滴加 2 mol/L 的 HCl 至沉淀完全，弃去上层清液，然后在沉淀上加入 6 mol/L 的氨水，待沉淀溶解后，加入数滴 0.1 mol/L 的 KI 溶液，如有淡黄色 AgI 沉淀生成，表示 Ag^+ 离子存在，写出有关反应式。

（3）Zn^{2+} 离子的鉴定。自行设计，将设计方案写于实验方案记录页，并记录现象与结果，写出有关反应式。

五、注意事项

（1）在进行铜、银、锌元素实验时，应遵守实验室的安全规定，戴上实验室所需的个人防护装备，如实验手套、护目镜和实验服。

（2）实验中使用的化学品应符合实验要求，并按照正确的操作方法使用。避免直接接触

化学品，尤其是有毒、刺激性或腐蚀性的化学品。

（3）在操作过程中，应注意避免化学品的溅出。在将化学品加入容器中时，保持容器的稳定，避免倾斜或晃动。

六、实验方案及现象记录

实验方案设计写于实验方案记录页，实验现象记录于表2-34。

七、实验思考题

（1）$Cu(OH)_2$、$Zn(OH)_2$ 能否溶于酸或碱中？

（2）将氨水分别加入 $CuSO_4$、$AgNO_3$、$ZnSO_4$ 溶液中，会产生什么现象？

（3）用电极电势变化讨论为什么 Cu^{2+} 与 I^- 离子反应以及 Cu^{2+} 与浓 HCl 和 Cu 屑反应能顺利进行。

（4）怎样分离和鉴定 Cu^{2+} 和 Ag^+ 离子及 Fe^{3+}、Cu^{2+} 和 Cr^{3+} 离子？

（5）混合液中含有 Cu^{2+}、Ag^+、Zn^{2+} 离子，试把它们分离。

（6）Fe^{3+} 的存在对 Cu^{2+} 鉴定有干扰，如何消除这种干扰？

"铜、银、锌元素鉴定" 实验方案设计

姓名：_____班级：_____学号：_____专业：_____

表 2-34 "铜、银、锌元素鉴定" 实验现象记录表

姓名: _____ 班级: _____ 学号: _____ 专业: _____

时间	步骤	现象	备注

实验 22　植物中某些元素的分离与鉴定

一、实验目的

（1）能够应用沉淀、过滤等方法从植物中分离某些化学元素，并通过定性分析方法鉴定植物中分离的化学元素。

（2）能够应用滴定法或其他分析方法对分离的元素进行含量测定。

二、实验试剂与仪器

1. 实验试剂

浓硫酸，EDTA 标准溶液 $[c_{(1/2EDTA)} = 0.02 \text{ mol/L}]$，氢氧化钾溶液（20%，质量体积浓度），氨—氯化铵缓冲溶液（pH≈10），钙指示剂，铬黑 T 指示剂，高纯试剂配制的钙、镁、铁等元素的标准储备溶液，植物（可根据实际情况选择，如茶叶、海带、松枝等）。

2. 实验仪器

马弗炉，粉碎机，烧杯，布氏漏斗，移液管，锥形瓶，酸式滴定管。

三、实验原理

植物作为生命的一种重要形态，主要含有 C、O、N、H、P、I、S、Mg、Ca、Fe、Al 等元素，这些元素是维持其正常代谢所必需的。将植物炭化后，根据各种元素在酸中和水中的溶解度不同，可以实现分离和鉴定某些元素。本实验主要测定植物中的 Mg^{2+}、Ca^{2+}、Fe^{3+} 和 Al^{3+}。

四、实验步骤

1. 原料准备

将植物叶片用湿布擦净，置于 105 ℃ 的烘箱中 15 min，之后调整温度到 80 ℃，烘至恒重，用粉碎机粉碎后过 60 目筛子，打标后储存待用。

2. 混合样品炭化后在不同温度下灰化物提取与测定

（1）取 18 份植物叶片粉末混合样品，每份 5~10 g，置于坩埚中，盖上盖子，稍微留有缝隙。

（2）将坩埚置于电炉上加热，至无黑烟冒出，炭化完全。

（3）每 3 份样品为一组，分为 6 组，置于马弗炉中，分别升温至 350 ℃、400 ℃、450 ℃、500 ℃、550 ℃、600 ℃下灰化，在各温度下灰化 1 h，冷却至室温。

（4）用去离子水溶解灰分，过滤并洗涤沉淀，滤液转移至于 50 mL 容量瓶中，定容后待测定。

（5）自主设计方案鉴定滤液中的 Mg^{2+}、Ca^{2+}、Fe^{3+} 和 Al^{3+}，并利用滴定法测定 Mg^{2+}、Ca^{2+} 元素的含量（可参考实验 15）。

3. 酸性溶解液溶解炭化成分提取与测定

（1）称取样品 2.0 g，置于坩埚中，盖上盖子，稍微留有缝隙。

（2）将坩埚置于电炉上加热，至无黑烟冒出，炭化完全后冷却至室温。

（3）分别用 0、0.01 mol/L、0.05 mol/L、0.1 mol/L、0.2 mol/L、0.5 mol/L、1 mol/L、2 mol/L、3 mol/L 的盐酸溶液将炭化物溶解，充分搅拌。

（4）过滤，并用相应的酸溶液洗涤沉淀 2~3 次，将滤液移至 50 mL 的容量瓶中，定容后待测定。

（5）自主设计方案鉴定滤液中的 Mg^{2+}、Ca^{2+}、Fe^{3+} 和 Al^{3+}，并利用滴定法测定 Mg^{2+}、Ca^{2+} 元素的含量（可参考实验 15）。

五、注意事项

（1）由于植物中以上欲鉴定元素的含量一般都不高，所得滤液中这些离子浓度往往较低，鉴定时取量不宜太少，一般可取 1 mL 左右进行教学鉴定。

（2）如实验过程未能检测出需要分离或鉴定的元素，可适量增加植物粉末混合样品质量，再进行下一步实验。

六、实验方案设计及现象记录

实验方案设计记录于实验方案设计页，实验现象记录于表 2-35。

七、实验思考题

（1）本实验所使用的植物为什么要在不同温度下灰化？

（2）酸溶和水溶提取物是否相同？为什么？

（3）植物中还存在哪些元素？如何设计鉴别方法？

"植物中某些元素的分离与鉴定" 实验方案设计

姓名：_____ 班级：_____ 学号：_____ 专业：_____

表 2-35 "植物中某些元素的分离与鉴定"实验现象记录表

姓名：_____ 班级：_____ 学号：_____ 专业：_____

时间	步骤	现象	备注

实验 23　碱式碳酸铜的制备

一、实验目的

（1）探求碱式碳酸铜的制备条件，分析生成物颜色、状态。
（2）研究反应物的合理配料比，并确定制备反应适合的温度条件。
（3）通过查阅相关资料，独立设计实验的能力。

二、实验提示

碱式碳酸铜为天然孔雀石的主要成分，呈暗绿色或淡蓝绿色，加热至 200 ℃ 即分解，在水中的溶解度很小，新制备的试样在沸水中很易分解。将 $CuSO_4$ 和 Na_2CO_3 在不同的操作条件下混合可制得颜色不同的晶体。这是因为产物的组成与反应物组成、溶液酸碱度、温度等有关，从而使晶体颜色发生变化。

三、设计要求

（1）通过查阅资料，设计实验方案，写于实验方案设计纸中。实验方案要有理论依据和详细的实验步骤，同时综合考虑保护环境和节约成本等因素。实验方案交指导老师审查，经指导老师同意，方可进行实验。
（2）根据设计的实验方案，自行列出所需仪器、药品、材料的清单。预测实验中可能出现的问题，提出相应的处理方法。

四、实验方案设计及现象记录

实验方案设计记录于实验方案设计页，实验现象记录于表 2-36。

五、实验思考题

（1）怎样确定制备碱式碳酸铜的最佳条件？
（2）设计制备碱式碳酸铜的生产工艺时，应该注意哪些问题？

"碱式碳酸铜的制备" 实验方案设计

姓名：_____　班级：_____　学号：_____　专业：_____

表 2-36 "碱式碳酸铜的制备"实验现象记录表

姓名：_____ 班级：_____ 学号：_____ 专业：_____

时间	步骤	现象	备注

参考文献

［1］宋宵龙，黄艺，曹怡红，等.磺基水杨酸合铁（Ⅲ）配合物的组成及稳定常数的测定实验改进的研究［J］.当代化工研究，2023（22）：179-182.

［2］龙威，陈志龙.醋酸解离常数测定的实验改进与教学反思［J］.曲阜师范大学学报，2022，48（1）：122-128.

［3］李玥，周文吉，陈新丽，等.化学反应速率与活化能测定实验改进［J］.科技创新导报，2019，16（22）：105-107，109.

［4］秦振华，本美，程群鹏，等.化学反应速率和活化能测定中数据处理的探讨［J］.广东化工，2017，44（22）：154-155.

［5］李柏力，任武荣，崔辰放，等.面向工科专业的闭环式化学实验教学模式：化学反应速率常数与活化能的测定［J］.化学教育（中英文），2023，44（24）：82-86.

［6］南京大学《无机及分析化学实验》编写组.无机及分析化学实验［M］.北京：高等教育出版社，2015.

［7］王燕，张敏，徐志珍，等.大学基础化学实验（Ⅰ）［M］.3版.北京：化学工业出版社，2016.

［8］大学化学实验改革课题组.大学化学新实验［M］.杭州：浙江大学出版社，1990.

［9］朱田生，徐伟.《自来水的总硬度及钙镁含量的测定》实验综述报告［J］.科技视界，2016（5）：277-278.

［10］李政韬.水中钙离子含量的测定［J］.科技资讯，2018，16（31）：92-93.

［11］鲍升斌，田原.对商品双氧水中过氧化氢含量测定实验的改进［J］.十堰职业技术学院学报，2012，25（4）：102-103.

［12］宗雪，孙桂岩，蔡以兵，等.SiO_2纳米纤维的制备及其对亚甲基蓝染料的吸附性能［J］.化工新型材料，2014，42（9）：138-140.

［13］许志刚，杨玉明，刘智敏，等.基于二氧化硅纳米粒子的吸附分离材料及其应用［J］.昆明理工大学学报（自然科学版），2020，45（3）：76-86.

［14］甘瑞，彭富昌，吴佳，等.废水中Cr（Ⅵ）治理技术的研究现状及展望［J］.化工技术与开发，2021，50（11）：49-53，61.

［15］李银保，彭金年，彭湘君，等.不同提取方法对菟丝子总黄酮和金属元素锌的含量比较研究［J］.光谱实验室，2009，26（5）：1299-1302.

［16］Yang Weidong, Wang Yuyan, Zhao Fengliang, et al. Variation in copper and zinc tolerance and accumulation in 12 willow clones：implications for phytoextraction［J］. Journal of Zhejiang University-Science B（Biomedicine & Biotechnology），2014，15（9）：788-800.

［17］李煦，田鑫奥，倪睿杰，等.碱蓬植物盐提取工艺优化及其矿物质元素测定［J］.食品安全质量检测学报，2022，13（22）：7339-7347.

［18］倪建伟.白刺植物盐提取技术与制备工艺研究［D］.北京：中国林业科学研究院，2012.

141

第三章　有机化学实验

第一节　有机物的分离、提纯及鉴别

实验 24　烯烃、炔烃、卤代烃的鉴别

一、实验目的

（1）识记烯、炔、卤代烷类化合物的官能团性质及反应机理。

（2）掌握有机化合物常见官能团的鉴别方法，能够正确记录实验现象，并通过实验现象对烯烃、炔烃、卤代烷的鉴别原理进行分析，得出有效结论。

（3）能够在实验过程中正确处理废弃物，理解并遵守环境保护的社会责任。

二、实验试剂及仪器

1. 实验试剂

试剂 1、试剂 2、试剂 3（三种试剂分别为卤代烷，环己烯，3-丁炔-1-醇），稀硫酸、高锰酸钾（溴水），硝酸银，5%氢氧化钠溶液，氨水。

2. 实验仪器

滴管，透明试管。

三、实验原理

（1）烯烃分子中含 $C=C$ 双键，炔烃分子中含 $C\equiv C$ 叁键。可以利用不饱和键与溴加成而使溴水褪色的原理鉴别不饱和烃；也可以利用不饱和烃能被高锰酸钾溶液氧化，不饱和键被破坏，同时紫色高锰酸钾溶液褪色生成褐色的二氧化锰沉淀的原理鉴别不饱和烃。根据上述实验现象可以用来鉴别化合物是否有 $C=C$ 双键或 $C\equiv C$ 叁键。

$$RCH=CHR'+H_2O+KMnO_4（紫）\longrightarrow RCOOK+R'COOK+MnO_2（褐）\downarrow$$

（2）末端炔烃含有活泼氢，可与硝酸银氨溶液反应生成炔化银沉淀，借此可鉴别末端炔烃类化合物。

$$RC\equiv CH+2Ag（NH_3）_2NO_3\longrightarrow RC\equiv CAg\downarrow（白）+2NH_4NO_3+2NH_3$$

（3）卤代烃可以与硝酸银的醇溶液反应生成白色沉淀，进而判断类化合物。

$$RX+AgNO_3\longrightarrow AgX\downarrow+RONO_2$$

四、实验步骤

（1）配制酸性高锰酸钾溶液：取 100 mg 高锰酸钾定容于 100 mL 水中，滴入少量稀硫酸。

（2）配制银氨溶液：取少量的氢氧化钠溶解，配制 5% 氢氧化钠溶液。称取 2 g 硝酸银，加 100 mL 水溶解，逐滴加入氢氧化钠溶液，产生棕色的氧化银沉淀；然后滴加入 2% 的氨水，直至沉淀刚好完全溶解。

（3）取 A、B、C 三支滴管，在三支试管中分别加入 2~3 滴试剂 1、试剂 2、试剂 3 样品，再分别逐滴加入浓度为 0.1% 酸性高锰酸钾溶液（或溴水），边滴加边振荡，观察褪色情况。不能使酸性高锰酸钾溶液（或溴水）褪色的为卤代烷，并进行标记。

（4）取 E、F 两支洁净的试管，分别加入 2~3 滴未判断出的两种试剂，再分别加入 0.5 mL 的 2% 硝酸银氨溶液。能够产生银镜的为 3-丁炔-1-醇，无现象的为环己烯。

五、注意事项

（1）硫酸或其他强酸常用于催化或参与某些化学反应，具有强烈的腐蚀性，对皮肤和眼睛有害。

（2）银镜反应试剂（如硝酸银溶液）具有一定的腐蚀性和毒性作用，注意规范使用。

（3）用于鉴别卤代烷中的卤素，具有刺激性，对皮肤和眼睛有害。

六、实验现象及数据记录

（1）实验现象记录于表 3-1。

（2）本实验为鉴别实验，实验步骤及现象以实验流程图形式呈现，绘制烯烃、炔烃、卤代烷的鉴别流程于表 3-2。

七、实验思考题

（1）烯烃、炔烃和高锰酸钾溶液反应，反应条件不同，产物是否相同？

（2）能否用硝酸银的醇溶液鉴别不同种类的卤代烃？

表 3-1　"烯烃、炔烃、卤代烃的鉴别" 实验现象记录表

姓名：＿＿＿＿＿＿＿＿　班级：＿＿＿＿＿＿＿＿　学号：＿＿＿＿＿＿＿＿　专业：＿＿＿＿＿＿＿＿

时间	步骤	现象	备注

表 3-2　鉴别实验流程图

请将鉴别流程图绘制于框内，写出每一步反应方程式。

实验 25 茶叶中天然有机化合物的提取

一、实验目的

（1）综合运用萃取、旋转蒸发等基本操作提取茶叶中的天然有机化学物，并进行含量测定，处理实验数据，得出有效结论。

（2）能够应用茶多酚进行染色，与合成染料进行对比，培养对公众的安全健康和福祉，以及环境保护的社会责任感。

（3）掌握索氏提取器的基本原理和使用方法，以及易升华固体的提纯方法。

二、实验试剂及仪器

1. 实验试剂

茶叶，蒸馏水，乙醇（或氯仿），生石灰。

2. 实验仪器

天平，烧杯，冷凝管，玻璃棒，研钵，布氏漏斗，旋转蒸发仪，紫外—可见分光光度计，试管，移液枪（或移液管），棉布，索氏提取器（也称为脂肪提取器），沸石，瓷坩埚，小漏斗，磁力搅拌加热器，酒精灯。

三、实验原理

在茶树的鲜叶中，水分约占 75%，干物质约占 25%。目前，已知茶叶中的化学成分有七百多种，包括有机化合物和无机化合物两大类。各类有机化合物及其在茶叶干物质中所占比例大致如下：生物碱（3%~5%，主要成分为咖啡碱）、茶多酚类（18%~36%，主要成分为儿茶素）、蛋白质（20%~30%）、糖类（20%~25%）、有机酸（3%）、类脂（8%）、氨基酸（1%~4%）、色素（1%）、维生素（0.6%~1%）、芳香物质（0.005%~0.03%）等。

1. 茶多酚

茶多酚（tea polyphenol）是一类以儿茶素类为主体的多酚类化合物，在茶叶中含量一般为 8%~20%。茶多酚的酚性羟基易氧化提供质子 H^+，因而具有抗氧化和消除自由基功能，是一种安全无毒的天然抗氧化剂。

茶多酚在乙醇：水=3：7 的溶液中常温下有较高的溶解度，而茶叶不溶于乙醇和水的溶液，因此，可以根据溶解度的不同，用乙醇—水溶液从茶叶中提取茶多酚。旋转蒸发是用于减压条件下连续蒸馏易挥发性溶剂，由于蒸馏器在不断旋转，可免加沸石而不会暴沸。水和乙醇的溶液沸点随着压强的降低而降低，在压强较低时，可以实现低温快速蒸发，因此，可利用旋转蒸发技术浓缩茶多酚提取液，并通过紫外—可见分光光度计测定茶多酚的最大吸收波长。

在常温下，用提取的茶多酚溶液直接对棉织物进行染色，可赋予棉织物天然色彩。

2. 咖啡因

含结晶水的咖啡因系无色针状结晶，味苦，能溶于水、乙醇等。在 100 ℃ 时即失去结晶水，并开始升华，120 ℃时升华相当显著，至 178 ℃时升华很快。无水咖啡因的熔点为 234.5 ℃。

为了提取茶叶中的咖啡因，往往利用适当的溶剂（如乙醇、苯等）在脂肪提取器中连续萃取，然后蒸出溶剂，即得粗咖啡因。粗咖啡因中还含有一些生物碱和杂质，利用升华法可进一步纯化。

工业上咖啡因主要通过人工合成制得。它具有刺激心脏、兴奋大脑神经和利尿等作用，因此可作为中枢神经兴奋药。它也是复方阿司匹林（APC）等药物的组分之一。

咖啡因可以通过测定熔点及光谱法加以鉴别。此外，还可以通过制备咖啡因水杨酸盐衍生物进一步得到确证。咖啡因作为碱，可与水杨酸作用生成水杨酸盐，此盐的熔点为 137 ℃。

四、实验步骤

本实验可根据专业自行选择所需要提取的天然有机化合物，完成下面一种天然有机化合物的提取实验即可。

1. 茶多酚的提取及染色

称 10 g 干燥的茶叶，将茶叶粉碎，用研钵研至成粉末。将乙醇：水按体积比为 3∶7 的比例配制溶液。取配制好的乙醇水溶液 200 mL 于烧杯中，放入研磨后的茶叶末，浸渍 20 min，然后用布氏漏斗进行抽滤，得抽滤后的溶液，此溶液为含有茶多酚的乙醇水溶液，取 5 mL 溶液于试管中，其余溶液准备旋转蒸发。将抽滤得到的溶液进行旋转蒸发，蒸发到体积为原溶液的大约一半，倒入烧杯中备用。

将上述放入试管的溶液，用紫外—可见分光光度计在 200～750 nm 范围测定吸光度，确定其最大吸收波长。将剪好的棉布（3 cm×3 cm）放入烧杯中浸染 10 min，拿出自然风干，可得到染色后棉布，初步评价染色后的颜色和均匀性。

2-4 紫外—可见分光光度计的操作方法

2. 咖啡因的提取及提纯

先将滤纸做成与提取器大小相适应的套袋。称取 10 g 干燥的茶叶，略加粉碎，装入纸袋中，上下端封好，装入脂肪提取器中，烧瓶中加入 100 mL 乙醇及几粒沸石，用水浴加热，连续提取 8～10 次（提取时，溶剂蒸气从导气管上升到冷凝管中，被冷凝成液体后，滴入提取器中，萃取出茶叶中的可溶物，此时溶液呈深草青色，当液面上升到与虹吸管一样高时，提取液就从虹吸管流入烧瓶中，这为一次虹吸）。茶叶每次都能被纯粹的溶剂所萃取，使茶叶中的可溶物质富集于烧瓶中。待提取器中的溶剂基本上呈无色或微呈青绿色时，可以停止提取，但必须待提取器中的提取液刚刚虹吸下去后，停止加热。

稍冷，改成蒸馏装置，水浴加热，回收大部分溶剂，待剩下 3～5 mL 后，停止蒸馏，趁热将残液转入瓷蒸发皿中。在通风柜中，用蒸汽浴蒸出残液，不必蒸得太干，拌入 1～2 g 生石灰粉，用玻璃棒研细，在上覆盖面盖一个事先刺了许多小孔的滤纸和一个倒扣的玻璃漏斗，漏斗口用棉花塞住，将蒸发皿在石棉网上小火徐徐加热，进行升华 10～15 min，停止加热，让其自然冷却至不太烫手时，小心取下漏斗和滤纸，会看到在滤纸上附着有大量无色针状晶体。

五、注意事项

（1）粉碎前的茶叶应确保干燥。

（2）茶多酚易氧化，分离过程中注意避免高温、过酸或过碱，并尽量缩短提取时间。

（3）本实验既可选用氯仿也可选用乙醇作萃取剂。虽然咖啡因在氯仿中溶解度大，但氯仿对人有一定的毒性和麻醉作用，因此，可用乙醇替代氯仿作萃取剂。

（4）实验中用滤纸制作茶叶袋也很讲究。其高度不要超过虹吸管，否则提取时，高出虹吸管的那部分就不能浸在溶剂中，提取效果就不好。纸袋的粗细应和提取器内筒大小相适，太细，在提取时会漂起来；太粗，会装不进行去，即使强行装进去，由于装得太紧，溶剂不好渗透，提取效果不好，甚至不能虹吸。另外，茶叶袋的上下端也要包严，防止茶叶末漏出，堵塞虹吸管。

（5）咖啡因提取实验的关键是升华一步，一定要徐徐加热 10~15 min。如果加热太快，滤纸和咖啡因都会炭化变黑；如果升温太慢，会浪费时间，部分咖啡因还没有升华，影响收率。

六、实验现象及数据记录

实验现象及数据记录于表 3-3、表 3-4。

七、实验思考题

（1）抽滤时应注意哪些问题？
（2）如何测定提取的染液中茶多酚的浓度？
（3）实验中提取后的茶叶如何处理？染色后的废液如何处理？
（4）提取咖啡因时，选用氯仿和乙醇各自的优劣？
（5）提取咖啡因时，加入生石灰粉的作用是什么？
（6）升华方法适应哪些物质的纯化？如何改进升华的实验方法？

表 3-3　"茶叶中天然有机化合物的提取" 实验现象记录表

姓名： _____　　班级： _____　　学号： _____　　专业： _____

时间	步骤	现象	备注

表 3-4 "茶叶中天然有机化合物的提取" 实验数据记录表

序号	项目	数据记录或状态描述
1	称取茶叶质量/g	
2	浓缩后茶多酚溶液颜色	
3	最大吸收波长/nm	
4	染色前棉布颜色	
5	染色后棉布颜色	
6	染色均匀性评价	
1′	称取茶叶质量/g	
2′	提取咖啡因质量/g	
3′	提取咖啡因颜色状态	
4′	提取咖啡因的产率/%	

实验 26　黄连中黄连素的提取

一、实验目的

（1）综合运用萃取、抽滤、减压蒸馏、重结晶等基本操作，从天然产物中提取有机化合物——生物碱。

（2）掌握索氏提取器的使用方法和减压过滤操作方法。

（3）通过中草药黄连中提取生物碱实验，树立中华传统文化自信。

二、实验试剂及仪器

1. 实验试剂

黄连，95%乙醇，10%乙酸，浓盐酸，浓硝酸，丙酮，20%氢氧化钠溶液。

2. 实验仪器

索氏提取器，圆底烧瓶，蒸馏头，冷凝管，铁架台，牛角管，温度计，布氏漏斗，抽滤瓶，红外电炉。

三、实验原理

黄连素（也称小檗碱），属于生物碱，是中草药黄连的主要有效成分。其中含量可达 4%～10%。除了黄连中含有黄连素以外，黄柏、白屈菜、伏牛花、三颗针等中草药中也含有黄连素，其中以黄连和黄柏中含量最高。

黄连素是一种抗菌药物，用于治疗细菌性痢疾、肠炎、上呼吸道感染和抗疟疾等。我国现用合成法生产医用黄连素药物。

黄连素为黄色针状体（熔点 145 ℃），微溶于水和乙醇，较易溶于热水和热乙醇中，几乎不溶于乙醚。黄连素的盐酸盐、氢碘酸盐、硫酸盐、硝酸盐均难溶于冷水，易溶于热水，故可用水对其进行重结晶，从而达到纯化目的。黄连素存在三种互变异构体，但自然界多以季铵碱的形式存在。结构如下：

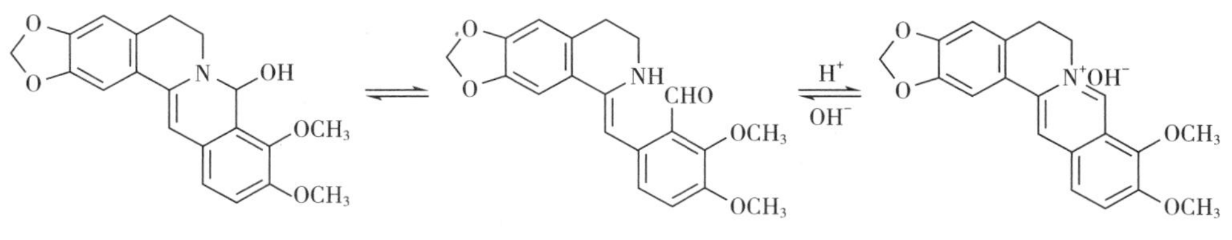

从黄连中提取黄连素，需要采用适当的溶剂（如乙醇、水、硫酸等）。在索氏提取器中连续抽提，然后浓缩，再用乙酸进行酸化，得到相应的盐。粗产品可以采取重结晶等方法进一步提纯。

四、实验步骤

1. 浸提

称取 10 g 用研钵磨细的中药黄连，装入索氏提取器的滤纸套筒内，烧瓶内加入 100 mL

95%乙醇，加热萃取 2~3 h，至回流液体颜色很淡为止。

2. 蒸馏

改成蒸馏装置，用水浴加热蒸馏，回收乙醇。蒸馏至瓶内残留液体呈棕红色糖浆状（5~10 mL），停止蒸馏（不可蒸干）。

3. 热过滤

向浓缩液里加入 30 mL 10%乙酸溶液，加热溶解，趁热过滤，除去固体杂质。

4. 沉淀析出

将滤液倒入 200 mL 烧杯中，滴加浓盐酸至溶液 pH 为 2~3（约需 10 mL）。将烧杯置于冰水浴中充分冷却后，黄连素盐酸盐呈黄色晶体析出，抽滤，所得固体用冰水洗涤两次，可得黄连素盐酸盐的粗产品。

5. 重结晶

将滤饼放入 100 mL 烧杯中，先加少量水，用石棉网、红外电炉缓慢加热，边搅拌边补加水至晶体在受热情况下恰好溶解。停止加热，稍冷后，将烧杯放入冰水浴中充分冷却，抽滤结晶，并用冰水洗涤两次，再用少量丙酮洗涤一次，压紧抽干，称量，计算提取率。

6. 产品检验

方法一：取盐酸黄连素少许，加浓硫酸 2 mL，溶解后加几滴浓硝酸，即呈樱红色溶液。

方法二：取盐酸黄连素约 50 mg，加蒸馏水 5 mL，缓缓加热，溶解后加 20%氢氧化钠溶液 2 滴，显橙色，冷却后过滤，滤液加丙酮 4 滴，即发生浑浊。放置后生成黄色的丙酮黄连素沉淀。

五、注意事项

（1）本实验也可利用简单回流装置进行 2~3 次加热回流，每次约 30 min，回流液体合并使用即可。

（2）得到纯净的黄连素晶体比较困难。将黄连素盐酸盐加热水至刚好溶解，煮沸，用石灰乳调节 pH 为 8.5~9.8，冷却后滤去杂质，滤液继续冷却到室温以下，即有针状体的黄连素析出，抽滤，将结晶 50~60 ℃下干燥。

（3）如果得到的黄连素晶形不好，可再用水重结晶一次。

六、实验现象及数据记录

实验现象及数据记录于表 3-5、表 3-6。

七、实验思考题

（1）黄连素为何种生物碱类的化合物？

（2）为何要用石灰乳来调节 pH 值，可用强碱氢氧化钾或氢氧化钠替代吗？

表 3-5　"黄连中黄连素的提取"实验现象记录表

姓名：＿＿＿＿＿＿＿＿＿　　班级：＿＿＿＿＿＿＿＿＿　　学号：＿＿＿＿＿＿＿＿＿　　专业：＿＿＿＿＿＿＿＿＿

时间	步骤	现象	备注

表 3-6 "黄连中黄连素的提取"实验数据记录表

序号	项目	数据记录或状态描述
1	黄连粉末质量/g	
2	提取的黄连素质量/g	
3	提取率/%	

实验 27　花椒挥发油的提取

一、实验目的

（1）熟练掌握水蒸气蒸馏等实验操作技术，以及利用水蒸气蒸馏法从花椒籽中提取花椒挥发油的原理和方法。

（2）能够正确分析水蒸气蒸馏的关键影响因素，并得出有效结论。

（3）能够如实、准确地记录并分析实验现象；在实验过程中能够正确处理废弃物，养成良好的环境保护素养。

（4）树立食品安全防范意识，传递正确使用有机化学知识的价值取向。

二、实验试剂及仪器

1. 实验试剂

花椒粉 20 g，乙醚 60 mL，无水硫酸钠，沸石。

2. 实验仪器

圆底烧瓶，分水器，球形冷凝管，铁架台，万向夹，分液漏斗，红外电炉，三角瓶，乳胶管。

三、实验原理

花椒为芸香科灌木，果实带红色，含挥发油，性热，味辛，具有温中止痛和杀虫的功效，常用作调味料或杀虫剂。花椒中挥发油对粮食害虫具有较强的驱避和毒杀作用，其中杀虫活性最强的是 β-水芹烯和里那醇，β-水芹烯的含量最高，其结构式如图 3-1 所示。

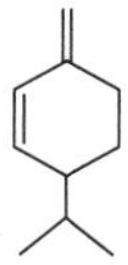

图 3-1　β-水芹烯分子结构式

根据花椒的品种、产地和新鲜程度不同，花椒挥发油的提取率相差很大，一般为 1%~4%。由于花椒挥发油中的活性物质 β-水芹烯和里那醇的结构特殊，易在高温下氧化和聚合，且含量低，并有大量固形物包裹，因此，本实验利用花椒中的挥发油难溶于水的性质，通过水蒸气蒸馏，使挥发油在低于 100 ℃ 的温度下被蒸馏出来。

四、实验步骤

（1）以 250 mL 三口圆底烧瓶作为蒸馏瓶，称取 20 g 花椒粉置于蒸馏瓶中，加入 100 mL 热水，摇匀。按图 3-2 搭建改进后的水蒸气蒸馏装置。红外电炉加热，进行水蒸气蒸馏，若分水器中水面快要达到支管处，打开底部活塞放出蒸馏液；若烧瓶中水过少，通过滴液漏斗补加水。水蒸气蒸馏至无油状物馏出时停止蒸馏（约蒸出 200 mL 馏分）。

（2）将馏出液移入分液漏斗中，用 60 mL 乙醚萃取（20 mL×3 次）。萃取完毕，合并有机相，并用无水硫酸钠干燥，过滤后将干燥过的乙醚溶液转入蒸馏烧瓶中，水浴蒸出乙醚（尽量将乙醚蒸馏完全），残留物即为花椒挥发油，为无色或淡黄色油状物，有花椒气味。

（3）称量提取物，计算提取率。

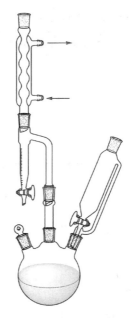

图 3-2　花椒挥发油提取实验装置图

五、注意事项

（1）本实验也可采用传统水蒸气蒸馏装置进行蒸馏，注意检查水蒸气发生装置的气密性，以及安全管的畅通。

（2）水蒸气蒸馏结束时，冷凝管的管壁尾端可能有白色固体物质，此物质为挥发物中的胡椒酮。

六、实验现象及数据记录

实验现象及数据记录于表 3-7、表 3-8。

七、实验思考题

（1）水蒸气蒸馏中需要注意哪些问题？

（2）水蒸气蒸馏的适用范围？

（3）在用乙醚萃取时产物层是在上层还是下层？

（4）花椒挥发油的提取率跟什么有关？

（5）如何检测提取的挥发油成分？

表 3-7 "花椒挥发油的提取" 实验现象记录表

姓名：_____ 班级：_____ 学号：_____ 专业：_____

时间	步骤	现象	备注

表 3-8　"花椒挥发油的提取"实验数据记录表

序号	项目	数据记录或状态描述
1	花椒粉质量/g	
2	提取的花椒挥发油质量/g	
3	提取率/%	

第二节 有机物合成实验

实验28 环己烯的合成

一、实验目的

（1）识记在硫酸氢钠催化下醇脱水制取烯烃的基本原理和实验方法。

（2）能够识别和分析环己烯制备的关键影响因素，得出有效结论。

（3）巩固分液漏斗的使用方法和分馏操作技能，能够正确选择合适的干燥剂干燥液体。

（4）在实验过程中能够正确处理废弃物，理解并遵守环境保护的社会责任。

二、实验仪器及试剂

1. 实验试剂

环己醇，氯化钠，5%碳酸氢钠溶液，无水氯化钙，硫酸氢钠。

2. 实验仪器

磁力加热搅拌器，圆底烧瓶（50 mL），冷凝管，梨形分液漏斗（50 mL），蒸馏头，牛角管，锥形瓶（50 mL），温度计，沸石，铁架台，万向夹，阿贝折光仪。

三、实验原理

环己烯是一种无色透明液体，不溶于水，混溶于乙醇、乙醚、石油醚、四氯化碳等，主要用于有机合成、油类萃取和作为常见有机溶剂。在实验中，主要由醇脱水和卤代烷脱卤化氢两种方法制备烯烃。

1. 制备原理

本实验由环己醇在硫酸氢钠作催化剂的条件下脱水制备环己烯。此反应是一个可逆反应，可以利用一边反应一边分馏的方法，将环己烯不断蒸出，从而使平衡向右移动，提高反应产率。环己烯的制备反应如图3-3所示。

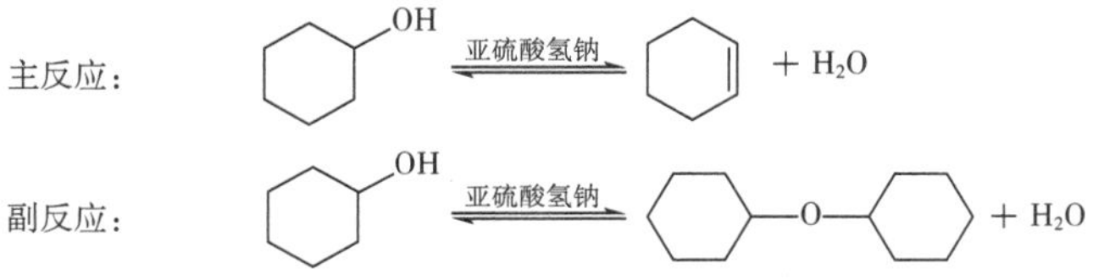

图3-3 环己烯制备反应

一般认为该反应历程为消除反应 E_1 历程，整个反应是可逆的。酸使醇羟基质子化，使其易于离去而生成正碳离子，后者失去一个质子，生成烯烃（图3-4）。

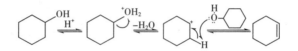

图3-4 环己烯制备反应机理

2. 试剂的物理常数

环己醇、环己烯、水等物性常数见表3-9，边反应边蒸出反应生成的环己烯和水形成的二元共沸物（沸点70.8 ℃，含水10%）。然而，原料环己醇也能和水形成二元共沸物（沸点97.8 ℃，含水80%）。为了使产物以共沸物的形式蒸出反应体系，而又不夹带原料环己醇，本实验采用分馏装置，并控制柱顶温度不超过73 ℃。

表3-9 环己醇、环己烯与水形成的共沸物的组成及沸点

项目	沸点/℃	共沸物沸点/℃	共沸物的组成/%
环己醇	161.5	97.8	~20.0
水	100.0		~80.0
环己烯	83.0	70.8	90.0
水	100.0		10.0

四、实验步骤

1. 投料

在50 mL干燥的圆底烧瓶中加入10 g环己醇、1 g亚硫酸氢钠和几粒沸石，充分摇振使之混合均匀，安装反应装置（图3-5）。

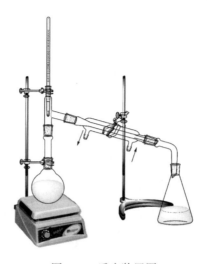

图3-5 反应装置图

2. 加热回流、蒸出粗产物

电磁搅拌下，加热至 180~190 ℃，采用边反应、边蒸馏的收集产物方式，控制分馏柱顶部的温度不超过 73 ℃，馏出液为带水的混浊液。当烧瓶中只剩下很少残液并出现阵阵白雾时，即可停止蒸馏。

3. 分离并干燥粗产物

将馏出液用氯化钠（约 1 g）盐析，然后加入 5 mL 的 5% 的碳酸钠溶液中和微量的酸。将液体转入分液漏斗中，振摇（注意放气操作）后静置分层，打开上口玻璃塞，再将活塞缓缓旋开，下层液体从分液漏斗的活塞放出，产物从分液漏斗上口倒入一干燥的小锥形瓶中，用 1~2 g 无水氯化钙干燥约 20 min。

1-7　萃取分离

4. 蒸出产品

待溶液完全清亮透明后，小心滤入干燥的小烧瓶中，投入几粒沸石后用水浴蒸馏，收集 80~85 ℃ 的馏分于一已称量的小锥形瓶中。

5. 产品检出

称重，用阿贝折光仪并测量产物的折光率，判断其纯度。

五、注意事项

（1）反应、干燥、蒸馏过程所涉及的器皿都应充分干燥。

（2）环己醇的黏度较大，尤其室温低时，量筒内的环己醇若倒不干净，会影响产率。

（3）用无水氯化钙干燥时，氯化钙用量不能太多，必须使用粒状无水氯化钙。粗产物干燥好后再蒸馏，蒸馏装置要预先干燥，否则前馏分多（环己烯—水共沸物），降低产率。不要忘记加沸石，温度计位置要正确。

（4）加热反应一段时间后再逐渐蒸出产物，调节加热速度，保持反应速度大于蒸出速度才能使分馏连续进行。

（5）柱顶温度稳定在 71 ℃ 不波动为宜。

六、实验现象及数据记录

实验现象及数据记录于表 3-10、表 3-11。

七、实验思考题

（1）哪些因素会影响环己烯的产率？

（2）如何确定制备的是环己烯？

表 3-10　"环己烯的合成"实验现象记录表

姓名：＿＿＿＿＿＿＿＿＿　班级：＿＿＿＿＿＿＿＿＿　学号：＿＿＿＿＿＿＿＿＿　专业：＿＿＿＿＿＿＿＿＿

时间	步骤	现象	备注

表 3-11 "环己烯的合成" 实验数据记录表

序号	项目	数据记录或状态描述		
1	环己醇质量/g			
2	理论合成环己烯质量/g			
3	实际合成环己烯质量/g			
4	环己烯产率/%			
5	折光度	数值	平均值	相对标准偏差

实验 29　1-溴丁烷的合成

一、实验目的

（1）掌握以溴化钠、浓硫酸和正丁醇制备 1-溴丁烷的原理与方法。
（2）掌握回流及有害气体吸收装置的安装与操作过程。
（3）巩固洗涤、干燥、蒸馏等液体产品的纯化操作。
（4）透过实验现象把握事物内在规律，培养崇尚真理、求真务实的科研精神。

二、实验试剂及仪器

1. 实验试剂

正丁醇 9.2 mL（约 7.4 g，0.10 mol），无水溴化钠 13 g（0.13 mol），浓硫酸，氢氧化钠溶液，饱和碳酸氢钠水溶液，无水氯化钙。

2. 实验仪器

圆底烧瓶，球形冷凝管，铁架台，万向夹，分液漏斗，电炉，三角瓶，乳胶管。

三、实验原理

本实验主反应为可逆反应，为了提高产率，一方面采用 HBr 过量，另一方面使用 NaBr 和 H_2SO_4 代替 HBr，使 HBr 边生成边参与反应，这样可提高 HBr 的利用率，同时 H_2SO_4 还起到催化脱水作用。反应中，为防止反应物正丁醇及产物 1-溴丁烷逸出反应体系，反应采用回流装置。由于 HBr 有毒且其气体难以冷凝，为防止 HBr 逸出，污染环境，需安装气体吸收装置。回流后再进行粗蒸馏，一方面，使生成的产品 1-溴丁烷分离出来，便于后面的分离提纯操作；另一方面，粗蒸过程可进一步使醇与 HBr 的反应趋于完全。

本实验中 1-溴丁烷是由正丁醇与溴化钠、浓硫酸共热而制得。

主反应：

$$NaBr+H_2SO_4 \longrightarrow HBr+NaHSO_4$$
$$n C_4H_9OH+HBr \longrightarrow n C_4H_9Br+H_2O$$

副反应：

$$2C_4H_9OH \longrightarrow C_4H_9OC_4H_9+H_2O$$
$$C_4H_9OH \longrightarrow CH_2=CHCH_2CH_3+H_2O$$
$$2HBr+H_2SO_4 \longrightarrow Br_2+SO_2+2H_2O$$

因此，反应完毕后，除得到主产物 1-溴丁烷外，还有正丁醚、1-丁烯等副产物，反应中产生的无机物硫酸氢钠需用蒸馏的方法除去。

四、实验步骤

1. 实验前准备

以石棉网覆盖电炉为热源，按图 3-6 安装回流装置，含气体吸收部分，以 5% 的氢氧化钠溶液做吸收剂，可不加干燥剂。注意玻璃漏斗不能完全浸没在溶液中，防止碱液倒吸。

2. 投料

在 100 mL 圆底烧瓶中加入 10 mL 水，再慢慢加入 14 mL 浓硫酸，混合均匀并冷至室温后，再依次加入 9.2 mL 正丁醇和 13 g 溴化钠，充分振荡后加入几粒沸石。硫酸在反应中与溴化钠作用生成氢溴酸，氢溴酸与正丁醇发生取代反应生成 1-溴丁烷。硫酸用量和浓度过大，会加大副反应进行；若硫酸用量和浓度过小，不利于主反应，即生成氢溴酸和正溴丁烷的反应发生。

图 3-6　实验装置图

3. 加热回流

投料后立即加上回流管，小心加热至沸，调整圆底烧瓶底部与石棉网的距离，以保持沸腾而又平稳回流，反应 30~40 min。

4. 分离粗产物

待反应液冷却后，改回流装置为蒸馏装置（用直形冷凝管冷凝），蒸出粗产物，至冷凝管中无油状物为止，烧瓶中的残液趁热倒入废液回收瓶中。

5. 洗涤粗产物

将馏出液移至分液漏斗中，加入等体积的水洗涤，静置分层后，将产物转入另一干燥的分液漏斗中，用等体积的浓硫酸洗涤除去粗产物中的少量未反应的正丁醇及副产物正丁醚、1-丁烯、2-丁烯。尽量分去硫酸层（下层）。有机相依次用等体积的水（除硫酸）、饱和碳酸钠溶液（中和未除尽的硫酸）和水（除残留的碱）洗涤后，转入干燥的锥形瓶中，加入 1~2 g 的无水氯化钙干燥，间歇摇动锥形瓶，直到液体清亮为止。

6. 收集产物

将干燥好的产物移至圆底烧瓶中，加热蒸馏，收集 99~103 ℃的馏分。

五、注意事项

（1）投料时，应严格按顺序进行，投料后一定要混合均匀。

（2）反应时，保持回流平稳进行，防止导气管发生倒吸。

（3）粗蒸馏液中除含有 1-溴丁烷，常含有水、正丁醇、正丁醚，也有一些溶解的丁烯，有时也含有少量的溴而使液体显色。

（4）洗涤粗产物时，注意正确判断产物的上下层关系。

六、实验现象及数据记录

实验现象及数据记录于表 3-12、表 3-13。

七、实验思考题

（1）加料时先使 NaBr 与浓硫酸混合，然后加正丁醇和水，可以吗？为什么？

（2）反应后的产物可能含有哪些杂质？各步洗涤的目的何在？用浓硫酸洗涤时为什么要用干燥的小锥形瓶？

（3）本实验有哪些副反应？如何减少副反应？

表 3–12　"1–溴丁烷的合成"实验现象记录表

姓名：_____　班级：_____　学号：_____　专业：_____

时间	步骤	现象	备注

表 3-13 "1-溴丁烷的合成" 实验数据记录表

序号	项目	数据记录或状态描述
1	溴化钠质量/g	
2	正丁醇体积/mL	
3	理论 1-溴丁烷质量/g	
4	实际 1-溴丁烷质量/g	
5	1-溴丁烷产率/%	

实验 30　苯乙醚的合成

一、实验目的

（1）掌握威廉姆逊（Williamson）法合成苯乙醚的原理及方法。

（2）巩固回流、分液、洗涤、蒸馏等基本实验操作。

（3）知晓纸层析法判断有机物是否反应完全的方法。

3–1　威廉姆逊合成法

（4）通过引导查阅文献资料，解读国内外科学家在苯乙醚合成方面的重大突破，树立敢于尝试的科学精神。

二、实验试剂与仪器

1. 实验试剂

苯酚（7.5 g，0.080 mol），溴乙烷 8.9 mL（13.0 g，0.120 mol），氢氧化钠（5.0 g，0.125 mol），无水乙醇，食盐，无水氯化钙。

2. 实验仪器

磁力加热搅拌器，三口烧瓶，冷凝管，烧杯，滴液漏斗，铁架台，万向夹，分液漏斗，温度计，温度计套管，三角瓶，乳胶管。

三、实验原理

苯乙醚是一种重要的化工原料，广泛用作合成香料、染料、医药的中间体、溶剂及有机合成等领域。苯乙醚是芳香混醚，混醚通常用威廉姆逊合成法制备，由于芳香卤代烃发生亲核取代反应活性很低，一般由脂肪族卤代烃和酚钠在乙醇钠溶液中反应得到（图 3-7）。

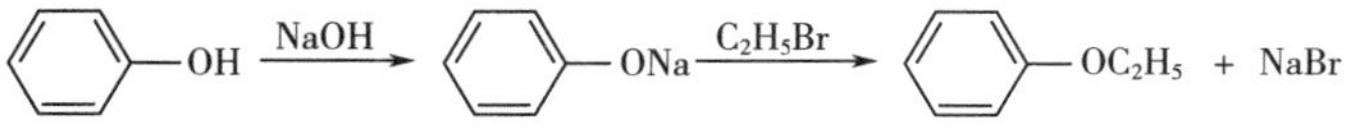

$$\text{（苯酚）}-OH \xrightarrow{NaOH} \text{（苯酚钠）}-ONa \xrightarrow{C_2H_5Br} \text{（苯乙醚）}-OC_2H_5 \ + \ NaBr$$

图 3-7　威廉姆逊合成法制备苯乙醚

卤代烃以溴化物为适宜，酚钠可用酚和氢氧化钠作用制得。一般认为，反应是酚氧负离子与溴代烷进行的双分子亲核取代反应（S_N2）。可能的副反应有溴乙烷的水解和消除反应。

四、实验步骤

1. 苯乙醚的合成

在装有回流冷凝管和滴液漏斗的 50 mL 三口瓶中，加入 7.5 g 苯酚、5 g 氢氧化钠和 4 mL 水，加入磁子，开动磁力搅拌。水浴加热，调节水温度在 80~90 ℃，使固体全部溶解。然后慢慢滴加 8.9 mL 溴乙烷和无水乙醇的混合液，滴加完毕，继续搅拌 1 h。反应完成后，改蒸馏装置，蒸出乙醇。冷却后，向反应瓶中加入 20 mL 左右蒸馏水，使溴化钠溶解。实验装置如图 3-8 所示。

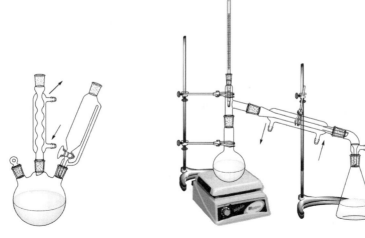

图 3-8　实验装置图

2. 苯乙醚的分离纯化

将反应液转入分液漏斗中，静置分层，分出水相。有机相用5%氢氧化钠、饱和食盐水洗涤两次，分出有机相，用无水氯化钙干燥，过滤干燥剂，得到无色透明液体即产物。称量，计算产率。

纯苯乙醚为无色油状液体，有芳香气味，沸点 170.6 ℃，$d_4^{20} = 0.9666$，$n_D^{20} = 1.5076$。

五、注意事项

（1）本实验所用的滴液漏斗必须是干燥的。

（2）苯酚熔点为 43 ℃，量取时注意皮肤上不要沾染苯酚，因为苯酚有较强的腐蚀性，如不慎碰到，应立即用大量水冲洗，再用少许乙醇擦洗。

（3）实验中先回流生成苯酚钠，再加入溴乙烷与之反应，效果较好。

（4）溴乙烷的沸点低，回流时冷却水流量要大，以保证有足够量的溴乙烷参与反应。

（5）溴乙烷的沸点为 38.2 ℃，若控制不好滴速，在 80~90 ℃的水浴中很容易沸腾呈气态，导致反应不完全。

（6）加热回流中，如果因温度较高使溶剂挥发过多，而发生液体分层或结块现象，可停止滴加溴乙烷，待充分搅拌后或补加少量无水乙醇后继续滴加。

六、实验现象及数据记录

实验现象及数据记录于表 3-14、表 3-15。

七、实验思考题

（1）在制备苯乙醚时，无水乙醇的作用是什么？为什么不用普通的 95%乙醇？

（2）反应完毕后，为什么要尽量将乙醇蒸出？

（3）制得的苯乙醚中可能有哪些副产物？

（4）粗苯乙醚为什么要用氢氧化钠溶液洗涤？

表 3-14　"苯乙醚的合成"实验现象记录表

姓名：_____　班级：_____　学号：_____　专业：_____

时间	步骤	现象	备注

表 3-15 "苯乙醚的合成" 实验数据记录表

序号	项目	数据记录或状态描述
1	苯酚质量/g	
2	溴乙烷体积/mL	
3	理论苯乙醚质量/g	
4	实际苯乙醚质量/g	
5	苯乙醚产率/%	

实验 31　乙酸乙酯的合成

一、实验目的

（1）识记常见酯化反应的基本原理，熟悉酯化反应所需实验仪器种类、作用、具体操作步骤。

（2）巩固回流搅拌、萃取分离、洗涤、干燥、蒸馏等实验装置的安装及具体操作方法。

（3）能够正确分析酯化反应的关键影响因素，并得出有效结论。

（4）识记废弃药品的处理方法，培养学生关注环保和人体健康的意识及职业道德规范。

二、实验试剂及仪器

1. 实验试剂

无水乙醇，冰醋酸，浓硫酸，饱和碳酸钠，饱和食盐水，饱和氯化钙，无水硫酸镁，pH试纸，沸石。

2. 实验仪器

磁力加热搅拌器，圆底烧瓶，蒸馏头，冷凝管，铁架台，万向夹，牛角管，温度计，温度计套管，三角瓶，乳胶管。

三、实验原理

乙酸乙酯由乙醇和乙酸在少量浓硫酸催化下制备而得。

主反应：

$$CH_3COOH + CHCH_2OH \underset{\triangle}{\overset{\text{浓} H_2SO_4}{\rightleftharpoons}} CH_3COOCH_2CH_3 + H_2O \tag{1}$$

副反应：

$$CH_3CH_2OH \xrightarrow[170\ ℃]{\text{浓} H_2SO_4} CH_2 = CH_2 + H_2O \tag{2}$$

$$2CH_3CH_2OH \xrightarrow[140\ ℃]{\text{浓} H_2SO_4} (CH_3CH_2)_2O + H_2O \tag{3}$$

其中，浓硫酸除了起到催化剂的作用，还能吸收反应生成的水，有利于酯的合成。如果反应过程温度过高，会促进副反应的发生，生成乙醚。本实验可通过增加醇的用量、加大浓硫酸用量或不断将产物（酯和水）蒸出的方法，使平衡向右移动，提高乙酸乙酯产率。

四、实验步骤

（1）在50 mL圆底烧瓶中加入9.5 mL无水乙醇和6 mL冰醋酸，再小心加入2.5 mL浓硫酸，混匀后，加入沸石，然后装上冷凝管，实验装置如图3-9所示。

（2）小心加热反应瓶，并保持回流30 min，待瓶中反应物冷却后，将回流装置改成蒸馏装置，接收瓶用冷水冷却。加热蒸出乙酸乙酯，直到馏出液体积约为反应物总体积的1/2为止。

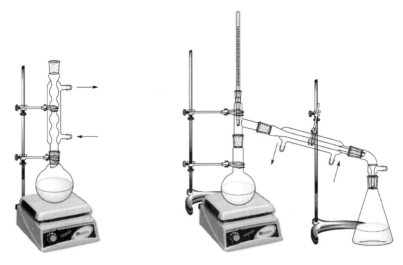

图 3-9 乙酸乙酯制备回流装置和蒸馏装置

（3）在馏出液中缓慢加入饱和碳酸钠溶液，并不断振荡，直到不再产生气体为止（用 pH 试纸测试不呈酸性），然后将混合液转入分液漏斗，分去下层水溶液。

（4）将所得的有机层倒入小烧杯中，用适量无水硫酸镁干燥，将干燥后的溶液进行蒸馏，收集 73~78 ℃的馏分。

五、注意事项

（1）加浓硫酸时，必须慢慢加入并充分振荡烧瓶，使其与乙醇均匀混合，以免在加热时因局部酸过浓引起有机物碳化等副反应。

（2）反应瓶里的反应温度可用滴加速度来控制，温度接近 125 ℃，适当滴加快点，温度落到接近 110 ℃，可滴加慢点，落到 110 ℃停止滴加，待温度升到 110 ℃以上时，再滴加。

（3）蒸馏装置的装配方法遵从"由下往上，从左向右"的顺序，并保证蒸馏装置中的接收器部分靠近水池。整个装置仪器的轴线应在一个平面上，且此平面应与实验台桌边平行。

（4）蒸馏头的支管和冷凝管相连，用水冷凝时，冷凝管的外套中通水上端的出水口应向上，可保证内套中充满水，使蒸汽在冷凝管中充分冷凝为液体。冷凝管下端与牛角管相连。

六、实验现象及数据记录

实验现象及数据记录于表 3-16、表 3-17。

七、实验思考题

（1）什么是回流？本实验为什么要进行回流？

（2）蒸出的粗乙酸乙酯中主要有哪些杂质？如何除去？

（3）能否用氢氧化钠代替浓碳酸钠来洗涤？为什么？

（4）如何计算乙酸乙酯的产率？

表 3-16 "乙酸乙酯的合成"实验现象记录表

姓名：_____ 班级：_____ 学号：_____ 专业：_____

时间	步骤	现象	备注

表 3-17 "乙酸乙酯的合成"实验数据记录表

序号	项目	数据记录或状态描述
1	无水乙醇体积/mL	
2	冰醋酸体积/mL	
3	理论乙酸乙酯质量/g	
4	实际乙酸乙酯质量/g	
5	乙酸乙酯产率/%	

实验 32　己二酸的合成

一、实验目的

（1）识记常见工业原料己二酸的合成方法，以及氧化反应的基本原理。

（2）明晰氧化反应的具体操作步骤、所需实验仪器种类和作用。

（3）巩固回流搅拌、重结晶、减压抽滤、干燥等实验装置安装及操作流程。

二、实验试剂及仪器

1. 实验试剂

环己醇，浓硝酸，碳酸钠，高锰酸钾，滤纸。

2. 实验仪器

电炉，水浴锅，抽滤瓶，布氏漏斗，恒压滴液漏斗，烧瓶，三口连接管，温度计，万向夹，玻璃棒，铁架台。

三、实验原理

己二酸，又称肥酸，是有机合成的中间体，主要用于合成纤维，如尼龙66合成过程用到己二酸的量，大约占己二酸酯总量的70%。己二醇是己二酸的前体，可通过氧化反应转化为己二酸。常用的氧化剂有硝酸、重铬酸钾（或钠）的硫酸溶液、高锰酸钾、过氧化氢等。本实验采用环己醇在高锰酸钾的酸性条件行发生氧化反应，然后酸化得到己二酸。

3-2　己二酸

$$\text{\large$\bigcirc$}\!-\!OH + 8KMnO_4 + H_2O \longrightarrow 3HOOC(CH_2)_4COOH + 8MnO_2 + 8KOH$$

四、实验步骤

（1）按图 3-10 装好实验装置。在三颈瓶中加入 6 g 高锰酸钾、1.9 g 碳酸钠和 17.5 mL 水，温水加热使反应物的温度约为 40 ℃，并不断搅拌，使固体几乎全部溶解。

（2）移去水浴，在搅拌下，从恒压漏斗中滴入 4~5 滴环己醇，反应开始，然后慢慢滴入剩余的环己醇，控制滴加速度，使瓶内温度维持 40~60 ℃，温度过高时则用冷水浴冷却，温度低于 40 ℃ 时则用温水浴加热。

（3）环己醇加完后，继续搅拌约 10 min，然后在 60~70 ℃ 的水浴中加热约 20 min，高锰酸钾紫色完全褪去，同时有大量的褐色二氧化锰生成，冷却。

（4）滤渣用 60~70 ℃ 的热水洗涤三次（每次 2 mL），将滤液

图 3-10　己二酸合成
装置图

浓缩至 10 mL 左右。在搅拌下慢慢滴入浓硫酸至 pH = 2，析出白色晶体。冷却、抽滤、少量水洗、烘干、称重、计算产率。纯己二酸为白色晶体。

五、注意事项

（1）该反应为放热反应，反应一旦开始，则会放出大量的热，开始时温度不能超过 40 ℃，否则不易控制。

（2）滴加环己醇的速度必须控制 1~2 滴/s，否则反应速率太快不易控制。

（3）用玻璃棒蘸取反应混合物，滴到滤纸上做点滴实验，滤纸上有棕色的一点及一圆形水环，水环上没有紫色表明反应完全。

（4）酸化必须充分（pH = 2），且加浓硫酸速度不要太快。

六、实验现象及数据记录

实验现象及数据记录于表 3-18、表 3-19。

七、实验思考题

（1）试阐述还有哪些方法可以制备己二酸？

（2）为什么环己醇要缓慢逐滴加入？

（3）反应中加入碳酸钠有什么作用？可否用氢氧化钠代替碳酸钠？

（4）如果反应很久高锰酸钾的紫色也不退去，可能是什么原因？怎样处理？

表 3-18　"己二酸的合成"实验现象记录表

姓名：_____　班级：_____　学号：_____　专业：_____

时间	步骤	现象	备注

表 3-19　"己二酸的合成"实验数据记录表

序号	项目	数据记录或状态描述
1	环己醇体积/mL	
2	高锰酸钾质量/g	
3	理论己二酸质量/g	
4	实际己二酸质量/g	
5	己二酸产率/%	

实验 33　苯甲醇和苯甲酸的制备

一、实验目的

（1）识记工业常用原料苯甲醇和苯甲酸的制备方法。

（2）识记歧化反应的基本原理和具体操作步骤。

（3）巩固回流搅拌、萃取、重结晶、洗涤、减压抽滤、干燥等实验操作方法，掌握有机反应中废弃物的正确处理方法。

二、实验仪器及试剂

1. 实验试剂

苯甲醛，氢氧化钠，乙酸乙酯（或正丁醇、乙醚），亚硫酸氢钠，碳酸钠，无水硫酸镁，醋酸，蒸馏水。

2. 实验仪器

三口烧瓶，回流冷凝管，电动搅拌装置，冷凝管，梨形分液漏斗（50 mL），蒸馏头，牛角管，锥形瓶（50 mL），温度计，沸石，铁架台，万向夹，刚果红试纸。

三、实验原理

苯甲醇又称苄醇，是常用定香剂，用于配制香皂、日用化妆香精等，在自然界中以酯的形式存在于香精油中。在工业化学品生产中，苄醇用途广泛，如用于涂料溶剂、聚氯乙烯稳定剂、纤维或塑料薄膜的干燥剂、防腐剂等。

苯甲酸是最简单的芳香酸，最初由安息香胶制得，也称安息香酸。苯甲酸主要用于制备苯甲酸钠防腐剂、合成药物或染料，还用于制备增塑剂、媒染剂、杀菌剂和香料等。本实验利用康尼扎罗（Cannizzaro S）反应由苯甲醛制备苯甲醇和苯甲酸。

康尼扎罗反应是指无 α-活泼氢的醛类在浓的 NaOH 或 KOH 水或醇溶液作用下发生的歧化反应。此反应的特征是醛自身同时发生氧化及还原作用，一分子醛被氧化成羧酸（在碱性溶液中成为羧酸盐），另一分子醛则被还原成醇。主反应如下：

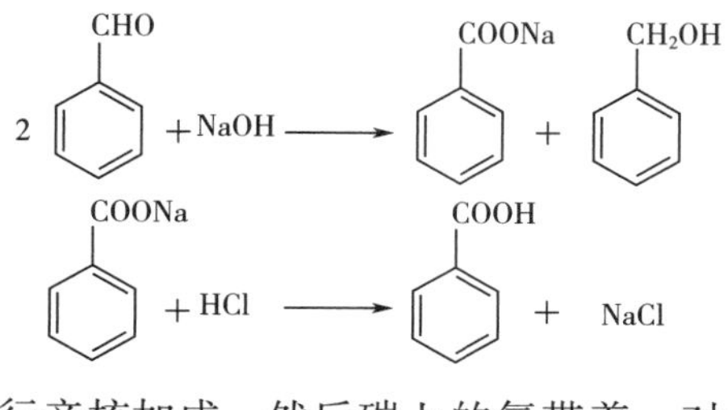

机理：醛首先和 OH^- 进行亲核加成，然后碳上的氢带着一对电子以氢负离子的形式转移到另一分子羰基的碳原子上，其反应式如下：

$$C_6H_5-\overset{O}{\overset{\|}{C}}-H \;+\; OH^- \;\rightleftharpoons\; C_6H_5-\overset{H}{\underset{O^-}{\overset{|}{\underset{|}{C}}}}-O^- \;+\; OH^- \;\xrightarrow{-H_2O}\; C_6H_5-\overset{O^-}{\underset{O^-}{\overset{|}{\underset{|}{C}}}}-H$$

$$C_6H_5-\overset{O^-}{\underset{O^-}{\overset{|}{\underset{|}{C}}}}-H \;+\; C_6H_5-\overset{O}{\overset{\|}{C}}-H \;\rightleftharpoons\; C_6H_5-\overset{O}{\overset{\|}{C}}-O^- \;+\; C_6H_5-\overset{H}{\underset{H}{\overset{|}{\underset{|}{C}}}}-O^-$$

$$C_6H_5-\overset{H}{\underset{H}{\overset{|}{\underset{|}{C}}}}-O^- \;+\; H_2O \;\rightleftharpoons\; C_6H_5-\overset{H}{\underset{H}{\overset{|}{\underset{|}{C}}}}-OH \;+\; OH^-$$

$$C_6H_5-\overset{O}{\overset{\|}{C}}-O^- \;+\; H^+ \;\rightleftharpoons\; C_6H_5-\overset{O}{\overset{\|}{C}}-OH$$

四、实验步骤

1. 歧化反应

往锥形瓶中加入 18 g 氢氧化钠和 18 mL 水，放在磁力搅拌器上搅拌，使氢氧化钾溶解并冷至室温。在搅拌的同时分批加入新蒸过的苯甲醛，每次加入 2~3 mL，共加入 21.8 mL（约 21 g）。之后应塞紧瓶口，若锥形瓶内温度过高，需适时冷却。继续搅拌 60 min，直至反应混合物变成白色蜡糊状。

2. 苯甲醇的制备

向反应瓶中加入适量水（约 70 mL），使反应混合物中的苯甲酸盐溶解，转移至分液漏斗中，用 60 mL 乙酸乙酯分三次萃取苯甲醇，合并乙酸乙酯萃取液。同时，保存水溶液留用。依次用 10 mL 的饱和亚硫酸氢钠溶液、10 mL 的 10%碳酸氢钠溶液及 10 mL 水洗涤乙酸乙酯溶液，用无水硫酸镁干燥。蒸去乙酸乙酯后，继续蒸馏（图 3-11），收集产品，沸程 204~206 ℃，产率可达 75%，纯苯甲醇为有苦杏仁味的无色透明液体。

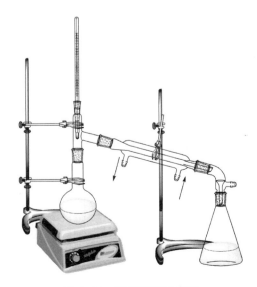

图 3-11　蒸馏装置示意图

3. 苯甲酸的制备

在不断搅拌下，往上述保存的水溶液中加入醋酸酸化，加入的酸量以能使刚果红试纸由红变蓝为宜。充分冷却抽滤，得粗产物。粗产物用水重结晶后晾干，产率可达 80%。纯苯甲酸为白色片状或针状晶体。

五、注意事项

（1）用分液漏斗分液时，水层从活塞放出，乙酸乙酯层从上口倒出，否则会影响后面的操作。注意提取过的水层要保存好，供下步制苯甲酸使用。

（2）乙酸乙酯层用无水硫酸镁干燥时，振摇后要静置片刻至澄清，并充分静置干燥约 30 min。干燥后的乙酸乙酯层慢慢滤入干燥的蒸馏烧瓶中。

（3）蒸馏不能蒸干，留小部分乙酸乙酯以防萘在蒸馏瓶中结晶，无法收集。乙酸乙酯蒸完后立即回收。

（4）本实验可用氢氧化钾替换氢氧化钠进行歧化反应，乙醚替代乙酸乙酯进行萃取。

六、实验现象及数据记录

实验现象及数据记录于表 3-20、表 3-21。

七、实验思考题

（1）为什么苯甲醛需要分批加入？

（2）苯甲酸和苯甲醇制备时的白色糊状物是什么？

（3）为什么可以用乙酸乙酯萃取苯甲醇？

（4）亚硫酸氢钠溶液洗涤的作用是什么？

（5）碳酸钠溶液的作用是什么？

（6）在利用坎尼扎罗反应制备苯甲酸、苯甲醇的实验中，为什么苯甲醇产率会过低？

（7）什么是萃取？什么是洗涤？指出两者的异同点。

表 3-20 "苯甲醇和苯甲酸的制备" 实验现象记录表

姓名：＿＿＿＿＿＿＿ 班级：＿＿＿＿＿＿＿ 学号：＿＿＿＿＿＿＿ 专业：＿＿＿＿＿＿＿

时间	步骤	现象	备注

表 3–21 "苯甲醇和苯甲酸的制备" 实验数据记录表

序号	项目	数据记录或状态描述
1	苯甲醛质量/g	
2	氢氧化钠质量/g	
3	盐酸质量/g	
4	理论苯甲醇质量/g	
5	实际苯甲醇质量/g	
6	苯甲醇产率/%	
7	理论苯甲酸质量/g	
8	实际苯甲酸质量/g	
9	苯甲酸产率/%	

实验 34　乙酰苯胺的合成

一、实验目的

（1）掌握苯胺乙酰化反应的原理和实验操作技能，以及氨基的保护方法。

（2）训练有机物的过滤、溶解、洗涤、脱色、重结晶、干燥等纯化技术。

（3）通过乙酰苯胺的发展历程，激发学生勇于探索、崇尚真知的科学精神，培养学生的创新思维。

二、实验试剂及仪器

1. 实验试剂

5 mL 苯胺，冰醋酸（或醋酸酐、乙酰氯）等乙酰化试剂，活性炭，0.1 g 锌粉。

2. 实验仪器

圆底烧瓶，锥形瓶，刺形分馏柱，温度计，直形冷凝管，尾接管，电炉，保温漏斗，标准磨口仪器。

三、实验原理

芳香族酰胺通常用伯或仲芳胺与酸酐或羧酸反应制备，例如，苯胺与冰醋酸、醋酸酐、乙酰氯等作用可制备乙酰苯胺，其活性顺序为：乙酰氯>醋酸酐>冰醋酸。因为酸酐的价格较高，所以一般制备芳香族酰胺选择羧酸。本实验采用冰醋酸为原料，与苯胺进行反应，生成乙酰苯胺。

$$\text{\Large\bigcirc}-NH_3 + CH_3COOH \xrightleftharpoons{\text{Zn粉}} \text{\Large\bigcirc}-NHCOCH_3 + H_2O$$

此反应是可逆的，为提高平衡转化率，加入过量的冰醋酸，同时不断地把生成的水移出反应体系，可以使反应右移。为了让生成的水蒸出，又尽可能地让沸点接近的醋酸少蒸出，本实验采用较长的分馏柱进行分馏。实验中加入少量的锌粉，是为了防止反应过程中苯胺被氧化。

四、实验步骤

（1）酰化。在 100 mL 圆底烧瓶中，加入 5 mL 苯胺、8 mL 冰醋酸和 0.1 g 锌粉。立即装上刺形分馏柱、蒸馏头、温度计、直形冷凝管和尾接管（图 3-12），然后缓慢加热至反应物沸腾，保持微沸约 15 min，然后逐渐升高温度，当温度读数达到约 100 ℃时开始有馏分馏出。维持温度在 100~110 ℃约 1.5 h，这时冰乙酸和反应所生成的水基本蒸出。此时温度计的读数不断下降，反应达到终点，即可停止加热。

（2）结晶抽滤。在烧杯中加入 100 mL 冷水，将反应液趁热以细流倒入水中，边倒边不断搅拌，此时有细粒状固体析出。冷却后抽滤，并用少量冷水洗涤固体，得到白色或带黄色的乙酰苯胺粗品。

（3）纯化。将粗产品转移到盛有 150 mL 热水的烧杯中，加入煮沸，待油珠完全溶解后，再多加 20% 热水。稍冷，加入 0.2 g 活性炭，煮沸几分钟，趁热用保温漏斗过滤，冷却滤液，待析出晶体后，抽滤，将固体产品转移至预先称重的表面皿，晾干（或烘干）后，称重，计算产率。纯乙酰苯胺为无色有闪光的小叶状固体或白色结晶性粉末。

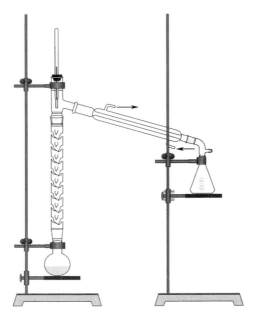

图 3-12　精馏装置图

五、注意事项

（1）反应所用玻璃仪器必须干燥。

（2）锌粉的作用是防止苯胺氧化，只要少量即可。加得过多，会出现不溶于水的氢氧化锌。

（3）反应时分馏温度不能太高，以免大量乙酸蒸出而降低产率。

（4）冰醋酸具有强烈刺激性，要在通风橱内取用。

（5）久置的苯胺因为氧化而颜色较深，使用前要重新蒸馏。因为苯胺的沸点较高，蒸馏时选用空气冷凝管冷凝，或采用减压蒸馏。

（6）若让反应液冷却，则乙酰苯胺固体析出，沾在烧瓶壁上不易倒出。

六、实验现象及数据记录

实验现象及数据记录于表 3-22、表 3-23。

七、实验思考题

（1）用乙酸酰化制备乙酰苯胺方法如何提高产率？

（2）反应温度为什么控制在 105 ℃左右？过高或过低对实验有什么影响？

表 3-22　"乙酰苯胺的合成"实验现象记录表

姓名：_____　班级：_____　学号：_____　专业：_____

时间	步骤	现象	备注

表 3-23 "乙酰苯胺的合成"实验数据记录表

序号	项目	数据记录或状态描述
1	苯胺体积/mL	
2	冰醋酸体积/mL	
3	理论乙酰苯胺质量/g	
4	实际乙酰苯胺质量/g	
5	乙酰苯胺产率/%	

实验 35　己内酰胺的制备

一、实验目的

（1）学习环己酮肟制备的基本原理和方法。

（2）通过环己酮肟的贝克曼重排，学习己内酰胺的制备方法。

（3）通过介绍我国煤制己内酰胺技术增强爱国情怀、民族自豪感，坚定走中国特色社会主义道路的自信。

二、实验试剂及仪器

1. 实验试剂

盐酸羟胺，醋酸钠，环己酮，85%硫酸，20%氨水。

2. 实验仪器

循环水真空泵，电磁加热搅拌器或水浴锅，滴液漏斗，石蕊试纸，标准磨口仪器。

三、实验原理

己内酰胺是重要的有机化工原料之一，主要用途是通过聚合生成聚酰胺切片（通常叫尼龙6切片或锦纶6切片），可进一步加工成锦纶、工程塑料、塑料薄膜。

3-3　己内酰胺

醛、酮类化合物能与羟胺反应生成肟，肟在酸性试剂作用下发生分子重排生成酰胺，这种由肟变成酰胺的重排叫作贝克曼（Beckmann）重排。不对称的酮肟或醛肟进行重排时，通常羟基总是和在反式位置的烃基进行互换位置，即为反式位移。在重排过程中，烃基的迁移与羟基的离去是同时发生的反应，即同步反应。

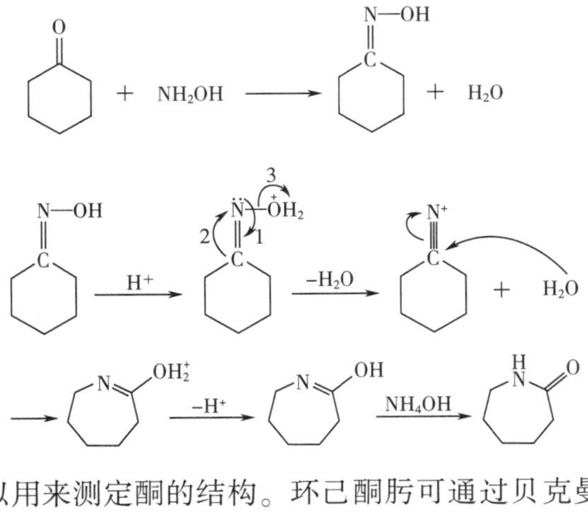

贝克曼重排反应可以用来测定酮的结构。环己酮肟可通过贝克曼重排制备己内酰胺，后者再经开环聚合便可得到尼龙6。

四、实验步骤

1. 环己酮肟的制备

在 100 mL 圆底烧瓶中加入 4.9 g 盐酸羟胺和 7 g 醋酸钠，用 15 mL 水溶解，将溶液加热至 35~40 ℃，停止加热，每次 1 mL，分批加入共 5.1 mL 环己酮，边加边振荡，即有白色固体析出。加完环己酮以后，用橡胶塞塞紧瓶口，激烈振荡，白色粉状结晶析出表明反应完全。冷却后抽滤，并用少量水洗涤，干燥后称重。

2. 己内酰胺粗品的制备

在 250 mL 烧杯中加入 5 g 制备的环己酮肟和 5 mL 85% 硫酸，使两者充分混溶。在烧杯内放置一支 200 ℃ 的温度计，用小火加热，当开始有气泡时（110~120 ℃）立即移去热源，此时反应强烈放热，温度迅速上升，可达 160 ℃，反应在数秒内便可完成，此时形成一棕色略黏稠液体。

稍冷后，将此混合液转入 100 mL 三颈烧瓶中，在冰水浴中冷却，安装电磁搅拌器和滴液漏斗。当温度下降至 0~5 ℃ 时，在搅拌下小心滴加 20% 氨水溶液。控制温度在 20 ℃ 以下，以免己内酰胺在较高温度下发生水解，直至溶液恰对石蕊试纸呈碱性，得己内酰胺粗产品。

3. 提纯

将粗产物倒入分液漏斗，分去水层。油层转入锥形瓶，加 0.5 g 无水硫酸镁干燥，过滤除去硫酸镁，进行减压蒸馏操作，得到无色结晶。计算产率。纯己内酰胺为白色粉末或白色片状固体。

五、注意事项

（1）环己酮肟与硫酸的反应为放热反应，反应一旦开始，则会放出大量的热，为避免飞溅，在烧杯上放置一个表面皿或蒸发皿。

（2）减压蒸馏己内酰胺，温度/压力为 127~133 ℃/0.93 kPa 或 137~140 ℃/1.6 kPa 或 140~144 ℃/1.87 kPa。

六、实验现象及数据记录

实验现象及数据记录于表 3-24、表 3-25。

七、实验思考题

（1）制备环己酮肟的实验中，加入醋酸钠的作用是什么？

（2）环己酮为什么要分批加入？加完以后，为什么要激烈振荡？

（3）如何判断滴加 20% 氨水溶液的终点？

表 3-24 "己内酰胺的制备"实验现象记录表

姓名：_____ 班级：_____ 学号：_____ 专业：_____

时间	步骤	现象	备注

表 3–25　"己内酰胺的制备"实验数据记录表

序号	项目	数据记录或状态描述
1	环己酮体积/mL	
2	盐酸羟胺质量/g	
3	理论己内酰胺质量/g	
4	实际己内酰胺质量/g	
5	己内酰胺产率/%	

实验 36 对位红的合成

一、实验目的

（1）掌握硝化、水解、重氮化、偶合等反应的基本原理和实验方法。
（2）熟悉氨基保护在有机合成中的实际应用。
（3）掌握根据产物的不同性质分离邻、对位异构体的方法。
（4）通过化工染料的介绍，激发学习兴趣、培养对科研严谨认真、对国家和人民负责的态度。

3-4 "禁用"的对位红

二、实验试剂及仪器

1. 实验试剂

乙酰苯胺 5 g（0.037 mol），冰醋酸 5 mL，浓硝酸 2.2 mL，浓硫酸 23.4 mL，碳酸钠，20%氢氧化钠，β-萘酚，亚硝酸钠 0.6 g，碘化钾—淀粉试纸。

2. 实验仪器

圆底烧瓶（100 mL），球形冷凝管，锥形瓶（50 mL），锥形瓶（250 mL），烧杯（250 mL），布氏漏斗（60 mL），抽滤瓶（250 mL），温度计。

三、实验原理

对位红，又称偶氮酚红，化学式为 $C_{16}H_{11}N_3O_3$，分子量为 293.28，是不溶性偶氮染料。其分子结构中包含一个偶氮基团和一个酚羟基，具有鲜艳的红色和良好的耐光、耐水性能。对位红广泛应用于织物染色、油墨、颜料等领域，因此合成对位红有其特殊的意义。本实验以乙酰苯胺为原料，经过硝化、水解、重氮化后与 β-萘酚偶合成染料对位红。

1. 硝化和水解

由于苯胺很容易被氧化，对硝基苯胺不能由苯胺直接硝化制得，而以乙酰苯胺为原料，先硝化再水解脱乙酰基而制得。乙酰苯胺的硝化反应除生成主产物对硝基产物外，还生成副产物邻硝基产物，其反应式如下：

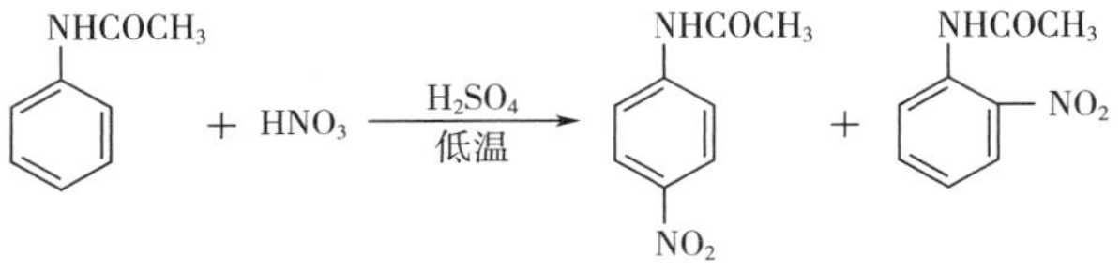

为了减少邻位产物的生成，选用乙酸为反应溶剂，并控制反应温度在 5 ℃ 以下。利用邻硝基乙酰苯胺在碱性条件下易水解而对硝基乙酰苯胺不水解，将邻位产物除去。其反应过程如下：

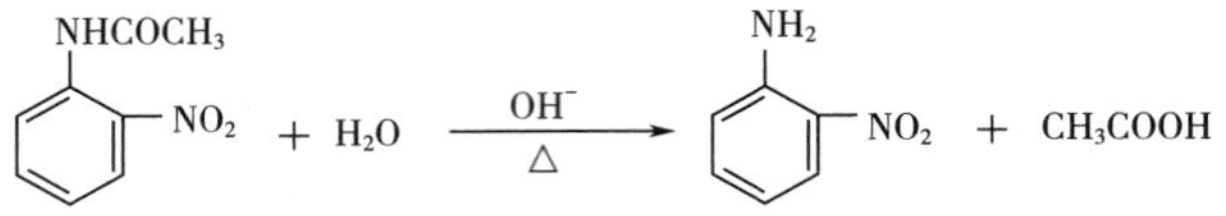

得到的对硝基乙酰苯胺，再在强酸性条件下水解得到对硝基苯胺，其反应式如下：

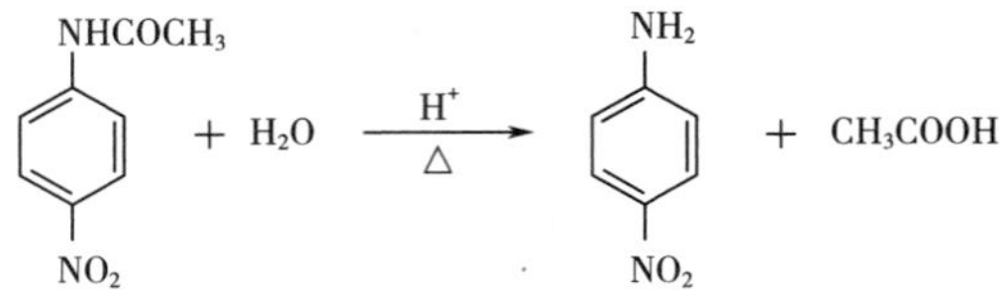

2. 重氮化和偶合

对硝基苯胺与亚硝酸钠在酸性条件下生成相应的重氮盐，由于重氮盐极不稳定，一般反应在 0~5 ℃ 进行。其反应式如下：

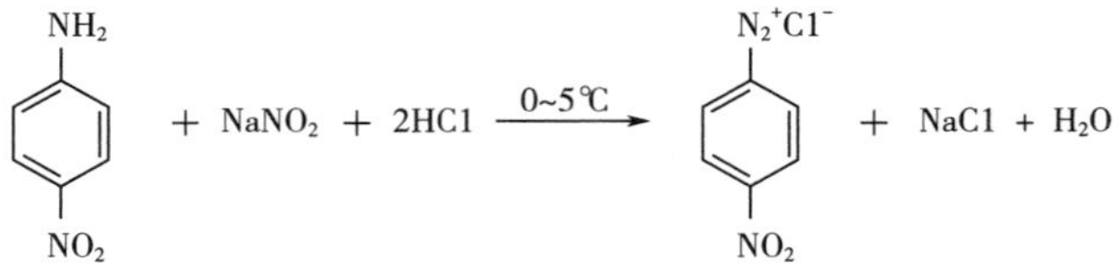

生成的重氮盐立即与 β–萘酚在碱性介质中偶合生成对位红，其反应式如下：

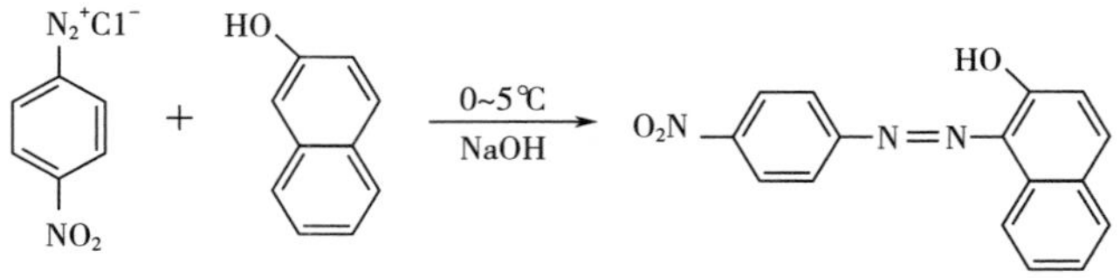

四、实验步骤

1. 硝化和水解

在干燥的 50 mL 锥形瓶中加入 5 g（0.037 mol）乙酰苯胺和 5 mL 冰乙酸，振荡，混合均匀，边摇动锥形瓶，边分批慢慢加入 10 mL 浓硫酸，冷却备用。

在冰水浴中，将 2.2 mL（0.032 mol）浓硝酸和 1.4 mL 浓硫酸配制成混酸，冷却后用一次性滴管慢慢滴加到上述乙酰苯胺的酸性溶液中，其间保持反应温度不超过 5 ℃。滴加完毕，取出锥形瓶于室温下放置 20~30 min，间歇振荡，得到橙黄色液体。

在 250 mL 烧杯中加入 20 mL 水和 20 g 碎冰，将反应液以细流慢慢倒入冰水中，边倒边搅拌，有固体析出，继续搅拌 5 min，冷却后抽滤。用 10 mL 水重复洗涤固体三次，抽干得黄色固体。粗产品加到盛有 20 mL 水的 250 mL 锥形瓶中，在不断搅拌下慢慢加入碳酸钠粉末至混合物呈碱性（使酚酞变红）。混合物加热至沸腾 5 min 后，冷却至 50 ℃，迅速抽滤，放表面皿上晾干，得到淡黄色固体，约 4 g。

将制得的粗对硝基乙酰苯胺放入 100 mL 圆底烧瓶中。另取一锥形瓶，在振荡和冷却下，把 12 mL 浓硫酸小心地以细流加到 9 mL 冷水中，得到 20 mL 70%硫酸，将此硫酸溶液加到上述烧瓶中，投入沸石，装上回流冷凝管，加热回流 15 min，得到一透明溶液。将反应液倒入盛有 100 mL 冷水的 500 mL 烧杯中，搅拌，慢慢加入 20%氢氧化钠至溶液呈碱性，有沉淀析出。对硝基苯胺完全析出后，冷却抽滤，固体滤饼用少量水洗涤三次至中性，取出，在水中进行重结晶，得到黄色针状晶体，约 2.5 g。

纯对硝基苯胺为黄色针状晶体，熔点 147.5 ℃。

2. 重氮化和偶合

将制得的 1 g（0.007 mol）对硝基苯胺和 6 mL 20%盐酸加入 250 mL 烧杯中，水浴加热使之溶解，冷却后加入 7 g 碎冰，所得溶液置于冰水浴中冷至 0~5 ℃。取 10%亚硝酸钠溶液倒入对硝基苯胺的稀盐酸溶液中（在冰水浴中进行），用 pH 试纸检验溶液是否呈酸性，并充分搅拌至碘化钾—淀粉试纸显色。将反应物在冰水浴中放置 15 min 后，抽滤以除去沉淀物。将滤液用冰水稀释至 70 mL，所得淡黄色透明的重氮盐溶液保存在冰水浴中。

将研细的 1 g β-萘酚、6 mL 10%氢氧化钠溶液加入 100 mL 烧杯中，充分振荡使之溶解，搅拌下将此溶液以细流状倒入上述冰水浴中备用的重氮盐溶液中，保持温度在 5 ℃以下，继续搅拌 15 min，抽滤。用水将滤饼洗至中性，抽干。取出产物放在干净的表面皿中晾干，得到红色对位红粒状晶体。

五、注意事项

（1）加入冰醋酸的目的是帮助乙酰苯胺溶解。

（2）硝化反应中所用的玻璃仪器要干燥洁净，以免原料水解或产生有色杂质。

（3）硝化反应应控制在 5 ℃以下，产物以对位红为主。如果温度过高，邻位副产物和多取代产物将增加。

（4）在碱性水解过程中，反应液的 pH 不可调得过高，水解时间也不能太长，否则对硝基乙酰苯胺也会部分水解。

（5）如果第一步硝化产物较少，以后各步的实际试剂用量均需相应减少。

（6）重氮化和偶合反应均需在 0~5 ℃的低温下进行，各试剂的浓度和用量必须准确。

（7）对硝基苯胺的碱性较弱，不易与无机酸成盐，生成的盐却易水解为芳胺，这样溶液中芳胺的浓度较大，因此重氮化的速度也会较大，可采取将亚硝酸钠一次迅速倒入的重氮化方法。

（8）重氮化反应中反应液呈酸性，亚硝酸钠不得过量，以减少副反应。

（9）用碘化钾—淀粉检验时，若在 15~20 s 内试纸变蓝，说明亚硝酸钠用量已够。

六、实验现象及数据记录

实验现象及数据记录于表 3-26、表 3-27。

七、实验思考题

（1）实验中，为什么不能用苯胺直接硝化生成对硝基苯胺？

（2）分离邻、对位硝化异构体还可以用什么办法？

（3）为什么对硝基苯胺要采取快速重氮化法进行？

（4）本实验中的偶合反应为何要在碱性介质中进行？

（5）在重氮化反应中，如果亚硝酸钠过量了怎么办？

表 3-26　"对位红的合成"实验现象记录表

姓名：_____　班级：_____　学号：_____　专业：_____

时间	步骤	现象	备注

表 3-27 "对位红的合成" 实验数据记录表

序号	项目	数据记录或状态描述
1	乙酰苯胺质量/g	
2	理论对硝基苯胺质量/g	
3	实际对硝基苯胺质量/g	
4	对硝基苯胺产率/%	
5	β-萘酚质量/g	
6	理论对位红质量/g	
7	实际对位红质量/g	
8	对位红产率/%	

第三节　综合设计类实验

实验 37　绿色植物中色素的提取与分离

一、实验目的

（1）掌握绿色植物天然色素的提取与分离的基本原理和实验操作技能。

（2）通过天然色素的提取与分离实验，培养绿色环保和可持续发展的意识。

二、实验试剂及仪器

1. 实验试剂

新鲜菠菜叶片，乙醇，二氧化硅，碳酸钙，层析液。

2. 实验仪器

研钵，定性滤纸，玻璃毛细管，透明冻存管。

3-5　天然植物色素

三、实验原理

1. 绿色植物中的常见天然色素

绿色植物如菠菜叶中含有叶绿素（绿色）、胡萝卜素（橙色）和叶黄素（黄色）等多种天然色素。叶绿素存在两种结构相似的形式，即叶绿素 a（$C_{55}H_{72}O_5N_4Mg$）和叶绿素 b（$C_{55}H_{70}O_6N_4Mg$），其差别仅是 a 中一个甲基被 b 中的甲酰基所取代（图 3-13）。二者均为吡咯衍生物与金属镁的络合物，是植物进行光合作用所必需的催化剂。植物中叶绿素 a 的含量通常是叶绿素 b 的 3 倍。尽管叶绿素分子中含有一些极性基团，但大的烃基结构使它易溶于石油醚等一些非极性溶剂。

胡萝卜素（$C_{40}H_{56}$）是具有长链结构的共轭多烯（图 3-14）。它有三种异构体，即 α-胡萝卜素、β-胡萝卜素和 γ-胡萝卜素，其中 β 异构体含量最多，也最重要。在生物体内，β-胡萝卜素受酶催化氧化即形成叶绿素 a。目前 β-胡萝卜素已可进行工业生产，可作为叶绿素 a 使用，也可作为食品工业中的色素。叶黄素（$C_{40}H_{56}O_2$）是胡萝卜素的羟基衍生物，它在绿叶中的含量通常是胡萝卜素的两倍。与胡萝卜素相比，叶黄素较易溶于醇而在石油醚中溶解度较小。

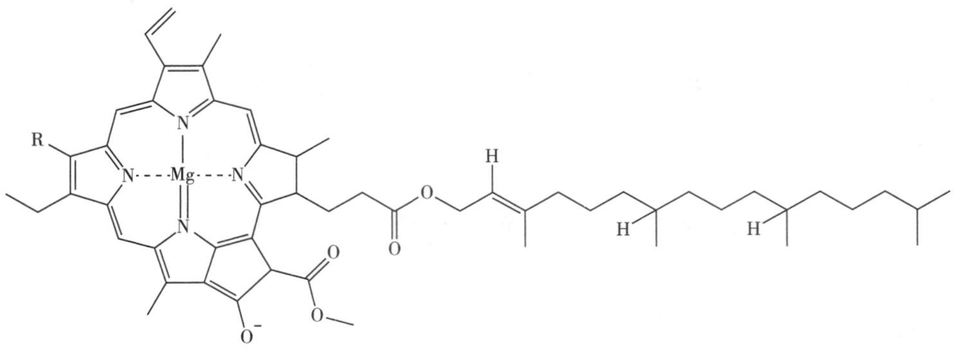

图 3-13　叶绿素 a 和 b 结构式

注：当 R=CH₃ 时为叶绿素 a，R=CHO 时为叶绿素 b。

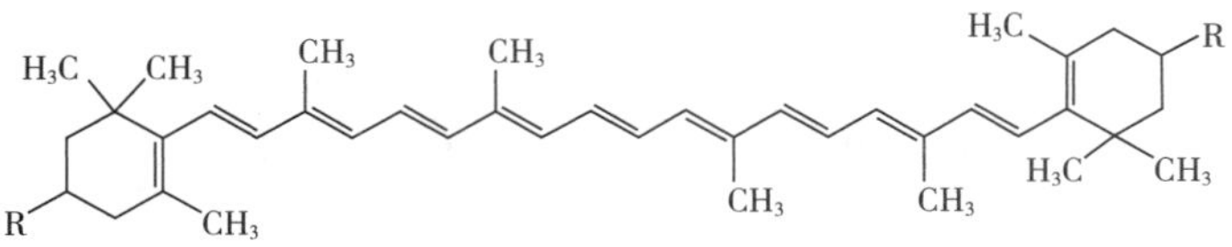

图 3-14　β-胡萝卜素和叶黄素结构式

注：当 R=H 时为 β-胡萝卜素，当 R=OH 时为叶黄素。

2. 色素分离原理

本实验采用纸层析法对混合色素进行分离，依据极性相似相溶原理，以滤纸纤维的结合水为固定相，而以有机溶剂作为流动相，在毛细拉力作用下，层析液能不断由下向上流动，层析液上升流经色素滤液细线时，滤液细线上的色素就相继融入层析液，随着层析液上升，并发生分配，即有一部分色素从层析液分配溶解到固定相中，直到平衡。由于分配系数的不同，最终导致形成不同的色带，实现色素的分离。

四、实验步骤

1. 提取绿色叶片中的色素

将除去叶柄和粗叶脉的 5 g 左右新鲜菠菜叶片和同质量泛黄的菠菜叶片，分别剪碎放入研钵中，加入少许二氧化硅和碳酸钙，进行充分的研磨，当研磨成糊状时，再加入 5 mL 乙醇，用杵棒迅速搅动后，静置 3~5 min，就可看到乙醇提取液为深绿色，再将澄清的提取液直接收集到棕色的小广口瓶中（不经过滤）。乙醇具有一定的挥发性，在进行实验操作时尽量少吸入乙醇，搅动后静止时，用纸或塑料薄膜盖在研钵上。

2. 纸层析分离色素

取一张预先干燥处理过的定性滤纸，将滤纸剪成长 8~9 cm，宽约 1 cm 的滤纸条，再将滤纸条的一端对折剪去两角。用毛细吸管蘸取有色小广口瓶中滤液，沿铅笔线处小心均匀地画出一条滤液细线，画的线条要细而齐（直），而且待滤液干燥后，继续重复画 5 遍。之后，倒入层析冻存管 2~3 mL 层析液，适当调节层析液液面，以放入滤纸条后样品线稍高出滤液为宜。将滤纸条尖端朝下略微斜靠烧杯内壁，轻轻插入层析液，旋紧盖子。具体装置如图 3-15 所示。

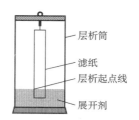

　　图 3-15　纸层析分离色素装置图

层析 4~5 min 后，滤纸条上便清楚地呈现出色素带，表明利用纸层析法能够较有效的对色素进行分离。根据色素在层析液中的溶解度大小分析判断叶绿素 a、叶绿素 b、胡萝卜素、叶黄素等组分。

五、注意事项

（1）因为叶绿体中的各种色素都是脂类化合物，不溶于水，只溶于酒精、乙烷、丙酮、石油醚等有机溶剂中，且用丙酮或乙醇的效果相对较好。本实验根据实验药品管理规定，选择了乙醇作为萃取剂，加入乙醇的目的是快速提取色素。

（2）加入二氧化硅是为了加速叶片的研磨破碎，但不宜太多，否则过滤难度较大。

（3）加入碳酸钙是为了防止叶绿素变性，因为叶绿体中的色素所处的环境具有微碱性，实验中由于研磨会使细胞结构遭到破坏，细胞液（具有微酸性）流出，酸性的细胞液就会直接与叶绿体中的色素接触，致使叶绿素的分子结构遭到破坏，使叶绿素失去镁离子而变成呈黄褐色。碳酸钙是强碱弱酸盐，在水中的溶解度很小，但还是有一部分溶解后呈弱碱性，中和细胞液的酸性，保护了细胞中的色素。碳酸钙的加入量也不能过多，否则会有大量的碳酸钙不能溶解，增加过滤负担。

（4）制备滤纸条时，要将滤纸条的一端剪去两角。这样可以使色素在滤纸条上扩散均匀，便于观察实验结果。滤液细线需要等到干燥后再重复画线，是为了尽量确保色素量的充足且在层析后能够形成相对整齐的色带。

（5）叶绿体色素分离通常采用条形纸层析法和圆形滤纸层析法。条形滤纸层析法存在分离色素带窄、滤纸条边缘扩散过快等现象影响色素带分布。

六、实验现象及数据记录

实验现象及数据记录于表 3-28、表 3-29。

七、实验思考题

（1）研磨过程中加入少量碳酸钙的目的是什么？

（2）试阐述各种色素在光合作用过程中的作用是什么？

表 3-28 "绿色植物中色素的提取与分离" 实验现象记录表

姓名：＿＿＿＿＿＿＿ 班级：＿＿＿＿＿＿＿ 学号：＿＿＿＿＿＿＿ 专业：＿＿＿＿＿＿＿

时间	步骤	现象	备注

表 3-29　"绿色植物中色素的提取与分离"实验数据记录表

请将纸层析分离法所用滤纸贴于框内，并表明各色素带为何种植物中提取的天然色素。

实验 38　乙酰水杨酸（阿司匹林）的合成

一、实验目的

（1）掌握酸酐作为酰基化试剂和醇反应制备酯的基本原理和实验方法。

（2）知晓有机反应中可能存在的副反应，掌握产物提纯的方法，判断反应进度是否完全的方法。

（3）能够运用所学有机化学理论及其他化学知识正确处理实验数据，对结果进行有效分析和解释。

二、实验仪器及试剂

1. 实验试剂

水杨酸，乙酸酐，磷酸，三氯化铁，碳酸氢钠，浓盐酸，滤纸。

2. 实验仪器

磁力加热搅拌器，烧杯，布氏漏斗，抽滤瓶，水循环真空泵，玻璃棒，温度计。

三、实验原理

乙酰水杨酸即阿司匹林（Aspirin），作为一种解热镇痛药，于 1899 年问世，应用已经过百年，成为医药史上三大经典药物之一。水杨酸与乙酸酐在酸催化下反应生成乙酰水杨酸（ASA），酸催化剂能破坏水杨酸分子内氢键，同时活化酸酐羰基，使酯化反应顺利进行。水杨酸分子有酚羟基，与 Fe^{3+} 可发生颜色反应，因此可用 $FeCl_3$ 溶液检验反应液来判断反应终点，也可用来检验产物 ASA 是否含有水杨酸。其反应式如下：

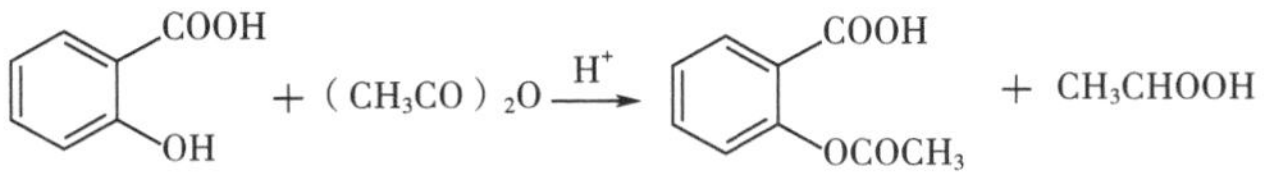

此反应的副产物是乙酰水杨酸酐。粗产物乙酰水杨酸与饱和碳酸氢钠溶液反应生成钠盐溶于水，其中副产物不溶于碳酸氢钠溶液，可过滤除去，滤液再酸化沉淀得到产物乙酰水杨酸。

四、实验步骤

1. 粗产品的制备

在干燥的锥形瓶中放入称量好的水杨酸 2 g、乙酸酐 5 mL，滴入 8 滴 85% 磷酸，轻轻摇荡锥形瓶使其溶解，在 70 ℃水浴中加热 10～13 min，用 $FeCl_3$ 检测体系中是否有水杨酸，如果没有水杨酸，则达到反应终点。

$FeCl_3$ 溶液检验，反应达到终点后，从水浴中移出锥形瓶，趁温热时慢慢滴入 1.5 mL 水，50 ℃搅拌 10 min，再加入 40 mL 水，用冰水浴冷却，并用玻棒不停搅拌，使结晶完全析出。抽滤，用少量冰水洗涤两次，得乙酰水杨酸粗产物。

2. 粗产品的纯化

将乙酰水杨酸的粗产物移至另一锥形瓶中，加入 25 mL 饱和 $NaHCO_3$ 溶液，搅拌，直至无 CO_2 气泡产生，抽滤，用少量水洗涤，将洗涤液与滤液合并，弃去滤渣。

在滤液中分批加入 8 mL 的盐酸（4 mol/L），每次加入盐酸搅拌至无气泡产生再加下一批。冰水冷却令结晶完全析出，抽滤，冷水洗涤，压干滤饼，干燥。

3. 产品纯度的检验

纯乙酰水杨酸为白色针状或片状晶体，熔点 135~136 ℃，但由于它受热易分解，因此熔点很难测准。

将制备的产品配成溶液，用 $FeCl_3$ 溶液检验其纯度。如果是无色，说明产品较纯；如果是紫色，说明含水杨酸。

五、注意事项

（1）酰化反应时，要用手压住瓶塞，以防反应蒸气冲出。反应过程中应不断振摇，确保反应进行完全。

（2）控制好酰化反应温度，否则将增加副产物的生成。

（3）将反应液转移到水中时，要充分搅拌，将大的固体颗粒搅碎，以防重结晶时不易溶解。

（4）乙酸酐具有强烈刺激性，要在通风橱内取用，注意不要粘在皮肤上。

六、实验现象及数据记录

实验现象及数据记录于表 3-30、表 3-31。

七、实验思考题

（1）制备乙酰水杨酸时，加入浓磷酸的目的是什么？
（2）反应中有哪些副产物？如何除去？
（3）本实验能否用乙酸来替代乙酸酐来制备乙酰水杨酸？
（4）为什么控制反应温度在 70 ℃ 左右？

表 3-30 "乙酰水杨酸（阿司匹林）的合成"实验现象记录表

姓名：＿＿＿＿＿＿＿＿ 班级：＿＿＿＿＿＿＿＿ 学号：＿＿＿＿＿＿＿＿ 专业：＿＿＿＿＿＿＿＿

时间	步骤	现象	备注

表 3-31 "乙酰水杨酸（阿司匹林）的合成" 实验数据记录表

序号	项目	数据记录或状态描述
1	水杨酸质量/g	
2	乙酸酐质量/g	
3	实际乙酰水杨酸质量/g	
4	理论乙酰水杨酸质量/g	
5	乙酰水杨酸产率/%	

实验 39　洗涤剂——肥皂的制备

一、实验目的

（1）识记羧酸衍生物的水解反应，以及降低乳化反应的基本原理和实验方法。
（2）理解盐析的基本原理和方法，掌握肥皂的去污原理。

二、实验仪器及试剂

1. 实验试剂
植物油，氢氧化钠，乙醇，食盐。
2. 实验仪器
烧杯，量筒，温度计，恒温水浴锅，刻度吸量管，吸耳球，电子天平，磁力加热搅拌器。

3-6　肥皂的去污原理

三、实验原理

脂肪或油脂和强碱在一定温度下水解产生脂肪酸钠盐和甘油的混合物，把氯化钠加入反应混合物中，通过盐析作用，可把产生的脂肪酸钠分离出来。皂化反应的反应式如下：

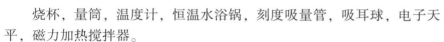

$$
\begin{array}{l}
H_2C\!-\!OOCR \\
\ \ |\\
HC\!-\!OOCR \ + \ 3NaOH \ \longrightarrow
\end{array}
\quad
\begin{array}{l}
CH_2OH \\
\ \ |\\
CHOH \ + \ 3RCOONa \\
\ \ |\\
CH_2OH
\end{array}
$$

注：R 基可能不同，但生成的 R—COONa 都可以做肥皂。常见的 R 有：$C_{17}H_{33}$—（十七碳烯基），R—COOH 为油酸；$C_{15}H_{31}$—（正十五烷基），R—COOH 为软脂酸；$C_{17}H_{35}$—（正十七烷基），R—COOH 为硬脂酸。

四、实验步骤

（1）将 5 mL 植物油加入小烧杯中，加热至 60 ℃左右。
（2）配制 30%氢氧化钠溶液，将 5 mL 30%氢氧化钠溶液缓慢地倒入植物油中，同时用磁力搅拌器搅拌，直到混合物变得浓稠。
（3）将混合物加热至 80 ℃左右，再加入 3 mL 乙醇，继续搅拌 20 min。
（4）把盛有混合物的烧杯在冷水中冷却，然后加入 150 mL 氯化钠饱和溶液，充分搅拌，静置，冷却，将混合物上层固体取出，用水洗净，风干。

五、注意事项

（1）皂化反应时要保持混合液的原有体积，不能让烧杯里的混合液煮干或者溅溢到烧杯外面。
（2）加热时若不用水浴，则需用小火。
（3）在盐析过程，可加入 1~2 滴香料，赋予肥皂香味。

六、实验现象及数据记录

实验现象及数据记录于表 3-32、表 3-33。

七、实验思考题

（1）植物油的主要成分是什么？肥皂的成分是什么？

（2）本实验加入乙醇的目的是什么？加入氢氧化钠的作用是什么？

（3）在实验过程中加入饱和氯化钠溶液的作用是什么？原因是什么？

（4）如何判断皂化反应是否完全？

（5）肥皂的去污原理是什么？

表 3-32　"洗涤剂——肥皂的制备"实验现象记录表

姓名：_____　班级：_____　学号：_____　专业：_____

时间	步骤	现象	备注

表 3-33 "洗涤剂——肥皂的制备"实验数据记录表

序号	项目	数据记录或状态描述
1	植物油质量/g	
2	实际所得肥皂质量/g	
3	理论肥皂质量/g	
4	肥皂产率/%	
5	制备肥皂状态	

实验 40　染化料——酸性蓝黑的合成

一、实验目的

（1）识记常见单偶氮染料、双偶氮染料合成的基本原理和实验方法。

（2）能够运用所学有机化学理论及其他化学知识，分析 pH 对偶合位置的影响。

二、实验仪器及试剂

1. 实验试剂

对硝基苯胺，苯胺，盐酸，亚硝酸钠，H 酸，磷酸二氢钠，氢氧化钠，碳酸钠，氯化钠，间苯二酚溶液（1%）。

2. 实验仪器

磁力加热搅拌器，温度计，三口烧瓶，烧杯，量筒，布氏漏斗，吸滤瓶，表面皿，酸度计。

三、实验原理

对硝基苯胺重氮化后在酸性条件下与 H 酸偶合生成单偶氮染料，再与苯胺重氮盐在碱性条件下二次偶合制得双偶氮染料，其反应式如下：

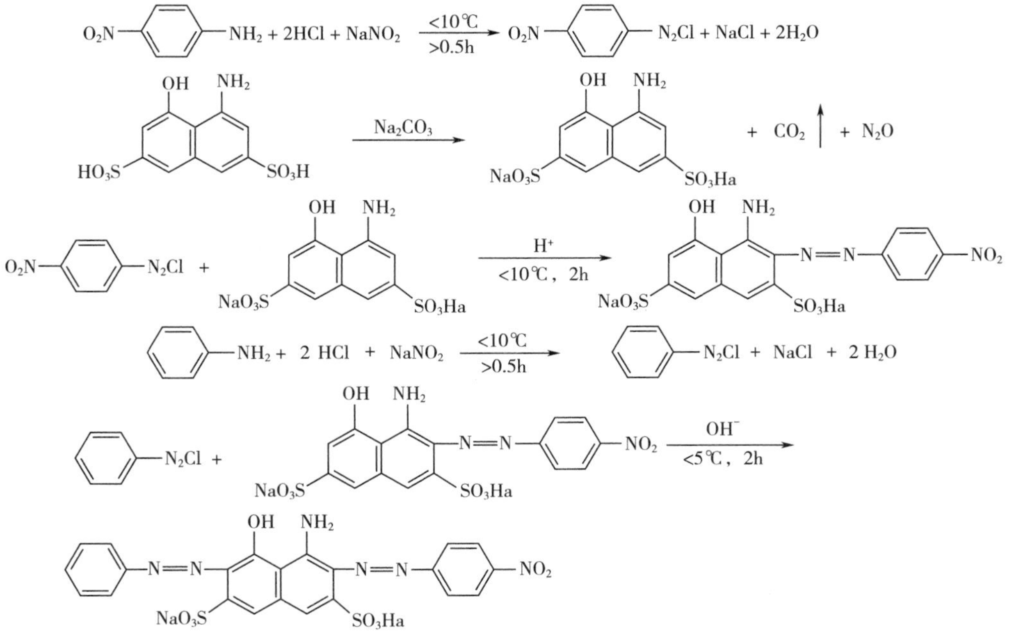

四、实验步骤

1. 对硝基苯胺的重氮化

在 250 mL 的三口烧瓶中加入 3.6 mL 的浓盐酸和 25 mL 水，再加入 1.38 g 对硝基苯胺，加热至 70 ℃使其溶解，冰浴下迅速加入少量碎冰于溶液中，析出对硝基苯胺细颗粒。称量 0.7 g 的亚硝酸钠于小烧杯中，加入 5 mL 水搅拌溶解，冰浴下将亚硝酸钠溶液一次性迅速加入上述对硝基苯胺盐酸溶液中，然后不断用 pH 试纸及淀粉—碘化钾试纸检查，保持介质酸性和有微过量亚硝酸存在，在 10 ℃以下保持反应 10 min。

2. 单偶氮染料的制备

将 3.41 g 的 H 酸配成 15%～20%的溶液，用碳酸钠调节 pH 为 7～8，然后将配制好的 H 酸溶液慢慢滴加到已制备好的对硝基苯胺重氮盐中，加入 2 g 磷酸二氢钠，保持介质酸性，在 10 ℃左右反应至用间苯二酚溶液做渗圈试验有微量重氮盐，用对硝基苯胺重氮盐检查无 H 酸存在为止。

3. 苯胺的重氮化

在 50 mL 的烧杯（或锥形瓶）中加入 10 mL 水、3 mL 浓盐酸，再慢慢加入 1 mL 苯胺（用移液枪精准量取，避免挥发），搅拌 10 min 后加入少量碎冰降温至 0 ℃左右。称量 0.7 g 亚硝酸钠溶于 5 mL 水，冰浴搅拌下，将亚硝酸钠溶液慢慢滴加到苯胺的酸溶液中。不断用 pH 试纸、淀粉—碘化钾试纸检查，体系呈强酸性，淀粉—碘化钾试纸应始终保持微蓝以保证亚硝酸微过量，当亚硝酸钠全部加完后，在 5 ℃以下保持反应 10 min。

4. 双偶氮染料的制备

在单偶氮染料的溶液中加入 8 mL 的 30%氢氧化钠溶液及少量碎冰，在搅拌下于 15 min 左右加入苯胺重氮盐溶液，偶合温度在 10 ℃以下，保持介质 pH=8.4～8.7，如达不到，可用 10%碳酸钠溶液调节 pH，反应用间苯二酚溶液做渗圈试验检查无苯胺重氮盐后，再搅拌 1 h，按体积加 13%的氯化钠盐析，过滤，滤饼在 90 ℃左右干燥。

五、注意事项

（1）本实验的反应是一种自身偶合反应，是不可逆的，一旦偶氮化合物生成，即使补加酸液也无法使偶氮化合物转变为重氮盐，因此，会使重氮盐溶液含有杂质，产率降低；当酸量不足时，重氮盐还容易分解，温度越高分解越快。因此，进行重氮化反应时，酸的用量一定要控制好，使介质的 pH 小于 3。

（2）苯胺重氮化时，只要控制好亚硝酸钠稍过量及滴加速度，温度控制在 5 ℃以下，反应即可正常进行。

六、实验现象及数据记录

实验现象及数据记录于表 3-34、表 3-35。

七、实验思考题

（1）第一次偶合时，为什么要将 H 酸向重氮盐中滴加？

（2）如果 H 酸先在碱性介质中偶合，结果如何？

（3）对硝基苯胺与苯胺的重氮化反应速率有明显差别，重氮化时亚硝酸钠的加入速度也完全不同，为什么？

（4）酸性蓝黑合成过程中是否有其他染料生成？写出可能的结构式。

表 3-34　"染化料——酸性蓝黑的合成"实验现象记录表

姓名：_____　班级：_____　学号：_____　专业：_____

时间	步骤	现象	备注

表 3-35 "染化料——酸性蓝黑的合成" 实验数据记录表

序号	项目	数据记录或状态描述
1	对硝基苯胺质量/g	
2	实际酸性蓝黑质量/g	
3	理论酸性蓝黑质量/g	
4	酸性蓝黑产率/%	

请将渗圈试验的滤纸贴于下框内，并进行分析。

实验41　染化料——甲基橙的制备及染色

一、实验目的

（1）掌握重氮盐制备的基本原理和方法。

（2）掌握重氮盐与芳胺、酚生成偶氮化合物的基本原理和实验方法。

（3）知晓染色废液的处理方法，树立环境保护意识和可持续发展意识。

二、实验仪器及试剂

1. 实验试剂

对氨基苯磺酸（2 g），亚硝酸钠（0.8 g），5%氢氧化钠溶液，浓盐酸，N,N-二甲基苯胺，冰醋酸，10%氢氧化钠溶液，饱和氯化钠，乙醇（少量），元明粉，羊毛。

2. 实验仪器

磁力加热搅拌器，烧杯，量筒，玻璃棒，滴管，表面皿，循环水真空泵，淀粉—碘化钾试纸。

三、实验原理

甲基橙的化学式是 $C_{14}H_{14}N_3SO_3Na$，常用作酸碱指示剂时，变色范围在 pH 3.1~4.4。当 pH≤3.1 时呈红色，pH 在 3.1~4.4 时呈橙色，pH≥4.4 时呈黄色。

甲基橙是一种偶氮染料，具有阳离子结构，可用于印染纺织品。甲基橙为红色固体，可通过亚硝基酸钠和二甲胺的反应生成亚硝基化合物，并在碱性条件下，发生胺反应后生成。本实验主要运用了芳香伯胺的重氮化反应（diazotization）及重氮盐的偶联反应（coupling reaction）合成甲基橙，反应过程具体如下：

各种试剂的物理常数见表3-36。

表3-36　试剂的物理常数

化合物	试剂摩尔质量/(g/mol)	性状	熔点/℃	沸点/℃
对氨基苯磺酸	173.84	白色或灰白色晶体	280	—
亚硝酸钠	69.05	白色或微带浅黄色晶体	271	320

化合物	试剂摩尔质量/(g/mol)	性状	熔点/℃	沸点/℃
N,N-二甲基苯胺	121.18	淡黄色油状液体	2.45	194
甲基橙	327.34	橙黄色鳞片状结晶	772	—

四、实验步骤

1. 对氨基苯磺酸重氮盐的制备

（1）在 100 mL 烧杯中加入 2 g 对氨基苯磺酸晶体，加入 10 mL 5%氢氧化钠，热水浴温热溶解。

（2）冷至室温，加 0.80 g 亚硝酸钠，在搅拌下将其溶解，分批滴入装有 13 mL 冰水和 2.5 mL 浓盐酸的烧杯中，用淀粉—碘化钾试纸检验，如果试纸不显色，需补充亚硫酸钠溶液。

（3）使温度保持在 5 ℃以下，待反应结束后，冰浴放置 15 min。

2. 偶合

（1）在反应容器中加入 1.3 mL N,N-二甲基苯胺和 1 mL 冰醋酸，震荡混合。

（2）在搅拌下，将该混合液慢慢加入上述冷却的对氨基苯磺酸重氮盐中，搅拌 10 min。

（3）冷却搅拌，慢慢加入 15 mL 的 10%氢氧化钠至溶液变为橙色。

（4）将反应物加热至沸腾，溶解后，稍冷，置于冰水浴中冷却，使甲基橙全部结晶出来，抽滤收集结晶。

（5）用饱和氯化钠清洗烧杯两次，每次 10 mL，并用水冲洗洗涤产品。

3. 精制

（1）将甲基橙结晶连同滤纸移到 75 mL 热水中，微热搅拌，全溶后，冷却至室温，冰浴冷却至甲基橙结晶全部析出，抽滤。

（2）依次用少量乙醇洗涤产品，干燥称重，记录数据并计算产率。

4. 染色步骤

甲基橙染羊毛工艺处方见表 3-37。

表 3-37 甲基橙染羊毛工艺处方

处方及工艺条件	数值
甲基橙	2%（owf）
75%硫酸	2 mL/L
硫酸钠	5 g/L
羊毛	2 g
浴比	1∶50

（1）准确称取甲基橙染料 2.5 g，用温水调浆溶解，移入 250 mL 容量瓶内并稀释到刻度，

备用。

（2）按处方中甲基橙用量，用刻度吸管吸取相应染液加入染杯中。

（3）按浴比用水补满染浴量，再加入规定量的元明粉，搅拌均匀，加硫酸，测染液 pH = 2~4，然后加热到 40 ℃时，投入预先用温水润湿好并挤干的羊毛，开始计时染色。

（4）每分钟升温 2 ℃，30 min 升至 100 ℃，保温 40 min。

（5）染色结束后取出羊毛，水洗，晾干，评价染色效果。

五、注意事项

（1）对氨基苯磺酸为两性化合物，酸性强于碱性，它能与碱作用生成盐，而不能与酸作用生成盐。

（2）重氮化过程中，应严格控制温度，反应温度若高于 5 ℃，生成的重氮盐易水解为酚，降低产率。

（3）若试纸不显色，需补充亚硝酸钠溶液。

（4）重结晶操作要迅速，否则由于产物呈碱性，在温度高时易变质，颜色变深，用乙醇洗涤的目的是使其迅速干燥。

（5）N,N-二甲基苯胺是有毒物品，要在通风橱内进行，接触后马上洗手。

（6）在第二次准备抽滤甲基橙结晶时，有鳞片状甲基橙析出，可以搅拌使整个烧杯中液体都冷却。

（7）N,N-二甲基苯胺有毒，实验时应小心使用，接触后马上洗手。

六、实验现象及数据记录

实验现象及数据记录于表 3-38、表 3-39。

七、实验思考题

（1）在本实验中，制备重氮盐时为什么要把对氨基苯磺酸转化为钠盐？如把实验步骤改成先将对氨基苯磺酸与盐酸混合，再滴加亚硝酸钠溶液进行重氮化反应，可以吗？为什么？

（2）什么是重氮化反应？什么是偶联反应？结合本实验讨论偶联反应的条件。

（3）用化学反应方程式表示甲基橙在酸碱介质中变色的原因。

表 3-38 "染化料——甲基橙的制备及染色"实验现象记录表

姓名：＿＿＿＿＿＿＿＿　班级：＿＿＿＿＿＿＿＿　学号：＿＿＿＿＿＿＿＿　专业：＿＿＿＿＿＿＿＿

时间	步骤	现象	备注

表 3-39 "染化料——甲基橙的制备及染色"实验数据记录表

序号	项目	数据记录或状态描述
1	对氨基苯磺酸质量/g	
2	实际甲基橙质量/g	
3	理论甲基橙质量/g	
4	甲基橙产率/%	

请将甲基橙染色后羊毛贴于下框内，并对染色效果进行描述和分析。

实验 42　高分子单体——双酚 A 的制备

一、实验目的

（1）掌握双酚 A 制备的原理和方法。

（2）训练有机化合物分离和减压过滤等操作。

（3）通过双酚 A 的广泛应用，培养崇尚真理、求真务实的信念，以及团队精神和环保意识。

二、实验提示

双酚 A（2,2-二对羟基苯基丙烷）可作塑料和油漆用抗氧剂，是聚氯乙烯的热稳定剂，也是聚碳酸酯、环氧树脂、聚砜及聚苯醚等树脂的合成原料。反应过程中应加入分散剂，以防止结块，双酚 A 可由苯酚和丙酮缩合制备，其反应式如下：

$$2 \bigcirc{-}OH + CH_3COCH_3 \xrightarrow{80\%H_2SO_4} HO{-}\bigcirc{-}\underset{CH_3}{\overset{CH_3}{C}}{-}\bigcirc{-}OH + H_2O$$

三、设计要求

（1）查阅相关资料，调研工业上和实验室中制备双酚 A 的具体方法。设计实验方案，写于实验方案设计纸中。实验方案要有理论依据和详细的实验步骤，同时综合考虑保护环境和节约成本等因素。实验方案交指导老师审查，经指导老师同意，方可进行实验。

（2）根据设计的实验方案，自行列出所需仪器、药品、材料之清单。预测实验中可能出现的问题，提出相应的处理方法。

四、实验方案设计及现象记录

实验方案设计记录于实验方案设计页，实验现象记录于表 3-40。

五、实验思考题

（1）两分子苯酚与一分子丙酮在硫酸催化下缩合，除了生成主产物双酚 A 外，还能产生哪些副产物？试写出结构式。

（2）苯酚与丙酮在酸催化下发生缩合反应的机理是什么？

"高分子单体——双酚 A 的制备" 实验方案设计

姓名：_____　班级：_____　学号：_____　专业：_____

表 3-40 "高分子单体——双酚 A 的制备" 实验现象记录表

姓名：_____ 班级：_____ 学号：_____ 专业：_____

时间	步骤	现象	备注

实验 43　汽车抗震剂——甲基叔丁基醚的制备

一、实验目的

（1）通过自行设计实验掌握甲基叔丁基醚的制备原理和方法。

（2）熟悉和掌握分馏和蒸馏等基本操作。

（3）引入汽油抗震剂的发展历程，用所学知识积极服务于国家与社会。

二、实验提示

甲基叔丁基醚（methyl tert-butylether，MTBE），熔点-109 ℃，沸点55.2 ℃，是一种无色、透明、高辛烷值的液体，具有醚样气味。甲基叔丁基醚具有优良的抗震性能，毒性小，是汽油中用于增强汽车抗震性能的四乙基铅的绿色替代品。它不仅能有效提高汽油辛烷值，而且能改善汽车性能，降低排气中 CO 含量，同时降低汽油生产成本，作为汽油添加剂已经在全世界范围内普遍使用。

三、设计要求

（1）查阅相关文献，选择合理的反应路线合成目标产物，设计实验方案，写于实验方案设计纸中。实验方案主要包括实验目的、实验原理以及有关化学反应式、实验仪器、操作步骤和预期结果几个部分，包括对产物的制备、分离、提纯及鉴定，要求制得的产品约 3 g，产率达到 50%。实验方案交指导老师审查，经指导老师同意，方可进行实验。

（2）列出实验所需要的仪器、可能出现的问题及对应的处理方法。对某些特殊药品的使用和保管方法应在实验前特别注意，试剂的配制方法应查阅有关手册。

四、实验方案设计及现象记录

实验方案设计记录于实验方案设计页，实验现象记录于表3-41。

五、实验思考题

（1）如何判断反应已经比较完全？

（2）醚化反应中，伴随的副产物有哪些？如何对甲基叔丁基醚进行提纯？

（3）甲基叔丁基醚的制备与正丁醚的制备在实验操作上有什么不同？

"汽车抗震剂——甲基叔丁基醚的制备" 实验方案设计

姓名： _____　班级： _____　学号： _____　专业： _____

表 3-41 "汽车抗震剂——甲基叔丁基醚的制备" 实验现象记录表

姓名：_____ 班级：_____ 学号：_____ 专业：_____

时间	步骤	现象	备注

实验 44　实用香料——乙基香兰素的合成

一、实验目的

（1）熟知乙基香兰素的结构及合成方法。

（2）通过自行设计实验，熟悉蒸馏、过滤、提纯等操作。

（3）通过香料合成实验，体会有机化学实验的社会价值，树立科学美化生活的信念，自觉承担推动科学进步的使命。

二、实验提示

乙基香兰素，又称乙基香草醛，是白色至微黄色鳞片结晶性粉末，有甜巧克力香气及香兰素特有的芳香气，基本上无毒害，是世界上最重要的合成香料之一，在食品、药品、日用化妆品行业有着广泛的应用，具有很高的经济附加值和研究价值，其结构如图 3-16 所示。

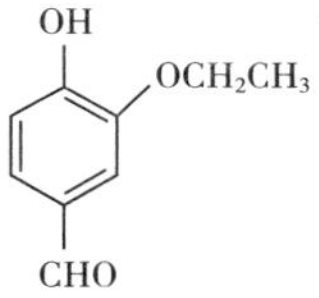

图 3-16　乙基香兰素结构式

乙基香兰素的化学合成方法有黄樟素法、乙醛酸法、二氯卡宾法、木酚亚硝化法、甲醛法等。国内合成乙基香兰素采用木酚亚硝化法，该工艺因流程长、产品收率低、废液不能生化处理等缺点，已经被国外淘汰。目前，国际市场上的乙基香兰素大部分采用邻乙氧基苯酚—乙醛酸法生产。邻乙氧基苯酚—乙醛酸法合成乙基香兰素具有易控制、收率高、污染少、萃取剂易再生、氧化剂易再生等优点。目前关于邻乙氧基苯酚—乙醛酸法合成乙基香兰素的研究报道中工艺条件具有较大的差异，但普遍存在收率低、污染严重、成本高等问题。设计实验方案时，应该考虑合成的收率和遵循绿色化学原则。

三、设计要求

（1）查阅相关文献，选择合理的反应路线合成目标产物。设计实验方案，写于实验方案设计纸中。实验方案要有理论依据和详细的实验步骤，同时综合考虑保护环境和节约成本等因素。实验方案交指导老师审查，经指导老师同意，方可进行实验。

（2）列出实验所需要的仪器、可能出现的问题及对应的处理方法。对某些特殊药品的使用和保管方法应在实验前特别注意，试剂的配制方法应查阅有关手册。

四、实验方案设计及现象记录

实验方案设计记录于实验方案设计页，实验现象记录于表 3-42。

五、实验思考题

（1）纯净的乙基香兰素为白色晶体，若合成的产品不纯，可以通过什么方法对粗产物进行提纯？在用此方法对有机化合物进行提纯时应注意什么？

（2）提纯后的产品，可采用哪些鉴定方法确定其是目标产品乙基香兰素？

"实用香料——乙基香兰素的合成" 实验方案设计

姓名：＿＿＿＿＿＿＿＿＿　班级：＿＿＿＿＿＿＿＿＿　学号：＿＿＿＿＿＿＿＿＿　专业：＿＿＿＿＿＿＿＿＿

表 3-42 "实用香料——乙基香兰素的合成"实验现象记录表

姓名：_____ 班级：_____ 学号：_____ 专业：_____

时间	步骤	现象	备注

实验 45　防腐剂——对羟基苯甲酸乙酯的合成

一、实验目的

（1）识记酯化反应特征，熟悉酯化反应的操作。

（2）通过自行设计实验，熟练掌握带分水器蒸馏、提纯等基本操作。

（3）通过进行防腐剂合成设计训练，培养从经济、安全、健康等方面综合分析问题的能力和绿色环保意识。

二、实验提示

对羟基苯甲酸酯（尼泊金酯类）是广泛用于食品、化妆品和医药制品的防腐剂，它具有毒性低、防腐作用强、无刺激性、可在较宽的 pH 范围内使用等特点。其中对羟基苯甲酸乙酯（防腐剂尼泊金 A）使用最为广泛，它是以对羟基苯甲酸和乙醇为原料，在酸性催化剂的存在下，通过酯化反应合成的，结构式如图 3-17 所示。

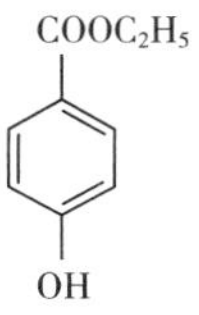

图 3-17　对羟基苯甲酸乙酯结构式

酯化反应是一个典型的、酸催化的可逆反应，实验设计中可以考察不同的酸性催化剂对反应的影响。为了使反应平衡向右移动，可以用过量的醇或羧酸，也可以把反应中生成的酯或水及时蒸出，或者两者并用。在实验中应注意控制好反应物的温度、滴加原料的速度和蒸出产品的速率，使反应能进行得比较完全。

三、设计要求

（1）查阅相关文献，选择合理的反应路线合成目标产物。设计实验方案，写于实验方案设计纸中。合成路线应包含以下几个方面：

①根据反应原理选择合适的实验装置。

②合适的原料配比。

③反应温度、时间等条件的控制。

④选择合适的分离手段。

⑤产物结构的表征方法和确证。

实验方案交指导老师审查，经指导老师同意，方可进行实验。

（2）列出实验所需要的仪器、可能出现的问题及对应的处理方法。对某些特殊药品的使用和保管方法应在实验前特别注意，试剂的配制方法应查阅有关手册。

（3）对合成的对羟基苯甲酸乙酯进行结构确定。

四、实验方案设计及现象记录

实验方案设计记录于实验方案设计页，实验现象记录于表3-43。

五、实验思考题

（1）本实验采用什么措施可以提高对羟基苯甲酸乙酯的产率？

（2）反应过程中浓硫酸的作用是什么？有什么弊端？本实验可以用什么试剂替代它以达到环保要求？

（3）对羟基苯甲酸酯化反应时，可能发生的副反应有哪些？副产物有哪些？采用什么方法对产物进行提纯？

"防腐剂——对羟基苯甲酸乙酯的合成" 实验方案设计

姓名：_____　班级：_____　学号：_____　专业：_____

表 3-43 "防腐剂——对羟基苯甲酸乙酯的合成" 实验现象记录表

姓名：_____ 班级：_____ 学号：_____ 专业：_____

时间	步骤	现象	备注

参考文献

［1］ 程绍玲，解洪祥，张环．经典实验改进与教学设计：乙酰水杨酸的制备［J］．化学教育，2023，44（14）：55-60.

［2］ 廖业欣，韦伟婷，李媚，等．融合 OBE 理念和 BOPPPS 教学模式的本科有机化学实验课程教学方案的设计探究：以《乙酰水杨酸的制备》实验为例［J］．广东化工，2022，49（471）：205-207.

［3］ 刘媛，白蓝，吴凯群．合成方法学在本科有机实验中的教学实践［J］．实验科学与技术，2021，19（3）：93-98.

［4］ 姚志湘，马鑫，张景清，等．阿司匹林合成过程在线分析实验教学实践［J］．大学化学，2022，37（12）：133-141.

［5］ 田德美．乙酰水杨酸（阿司匹林）的制备及纯化实验教学研究［J］．大学化学，2021，36（2）：127-132.

［6］ 康永锋，马晨晨，裴蓉．乙酰水杨酸绿色合成实验新方法研究［J］．实验技术与管理．2016，33（10）：41-44.

［7］ 刘玲，王海滨，强根荣．由苯甲醇合成苯甲酸乙酯综合制备实验的课程思政设计［J］．大学化学，2024，39（2）：94-98.

［8］ 张琴芳，张红素，任小雨．对苯甲酸和苯甲醇制备实验的改进［J］．实验室科学，2021，24（1）：4-7.

［9］ 周雄，施丽莉，顾露莹，等．苯甲醇和苯甲酸制备实验改革［J］．实验科学与技术，2009，7（4）：27-29.

［10］ 强根荣，金红卫，范铮，等．苯甲醇与苯甲酸制备实验的改进［J］．实验室研究与探索，2003，22（4）：100.

［11］ 吴云英，杨彩云，陈文静，等．脂皂化制备肥皂与固体酒精的实验教学整合［J］．玉溪师范学院学报，2021，37（6）：122-125.

［12］ 文艳霞，肖梦媛．环己醇氧化制备己二酸实验工艺改进探究［J］．化学教育，2018，39（22）：27-31.

［13］ 徐翔宇．高锰酸钾氧化制备己二酸的实验改进［J］．实验技术与管理，2011，28（7）：263-264.

［14］ 王志娟，汪义丰．环己醇制备己二酸的实验改进［J］．高等函数学报：自然科学版，2002，15（5）：36-37.

［15］ 李继忠，石向林．用高锰酸钾氧化环己醇制备己二酸方法的改进［J］．延安大学学报（自然科学版），1997，16（4）：91-92.

［16］ 王乾晓，李诗勉，王琨，等．甲基橙制备实验的衍生与探索［J］．大学化学，2020，35（9）：132-140.

［17］ 盛野，王海晶，吕蕾．甲基橙制备实验教学的探索与实践［J］．广州化工，2013，41（4）：202-203.

［18］ 王建平，田欣哲，王建革，等．甲基橙制备实验的绿色化研究［J］．洛阳师范学院学报，2003，5：127-128.

［19］ 施林妹，莫建军．制备甲基橙实验的改进［J］．丽水师专学报．1998，20（5）：63-64.

［20］ 王玉良．有机化学实验［M］．北京：科学出版社，2020.

［21］ 张奇涵．有机化学实验［M］．3 版．北京：北京大学出版社，2022.

［22］ 叶彦春．有机化学实验［M］．北京：北京理工大学出版社，2018.

［23］ 赵龙涛，刘建，高玉梅，等．化学化工实验［M］．北京：化学工业出版社，2013.

［24］ 兰州大学．有机化学实验［M］.3 版．北京：高等教育出版社，2010.

［25］ 吕丹，厉安昕，吴晓艺．大学化学实验（Ⅲ）［M］．北京：化学工业出版社，2021.

第四章　物理化学实验

第一节　化学热力学实验

实验46　静态法测定乙醇的饱和蒸气压

一、实验目的

（1）识记液体饱和蒸气压的概念及测定基本原理。

（2）理解纯液体饱和蒸气压与温度间的关系。

（3）掌握静态法测定纯液体在不同温度下饱和蒸气压的方法，并通过实验求出所测温度范围的平均摩尔汽化焓。

1-4　液体的饱和蒸气压

二、实验试剂及仪器

1. 实验试剂

无水乙醇（分析纯）。

2. 实验仪器

恒温槽，真空系统，测温测压计，U 型等位计，烧杯。

三、实验原理

在一定温度下与纯液体处于平衡状态时的蒸气压力，称为该温度下此纯液体的饱和蒸气压。在某一温度下被测液体处于密封容器中，液体分子从表面逃逸成蒸气，同时蒸气分子因碰撞容器表面凝结成液体，当两者的速率相同时，就达到了动态平衡状态，此时气相中的蒸气密度不再改变，因而具有一定的饱和蒸气压。当饱和蒸气压等于外界气压时，液体即处于沸腾状态。

测定饱和蒸气压常用的方法有动态法和静态法。动态法常用的有饱和气流法，即通过一定体积的已被待测溶液所饱和的气流，用某物质完全吸收，然后称量吸收物质增加的质量，求出蒸气的分压力。相比之下，静态法测定更为直接，即把待测物质放在一个封闭体系中，在不同的温度下，直接测量蒸气压或在不同外压下测定流体的沸点。

液体的饱和蒸气压与液体的性质和温度等因素有关，对于任何纯物质的气液两相平衡体系，体系的温度 T（K）与饱和蒸气压 P（Pa）的关系符合克拉佩龙（Clapeyron）方程：

$$\frac{\mathrm{d}P}{\mathrm{d}T} = \frac{\Delta_{vap}H_m}{T\Delta_{vap}V_m} \tag{1}$$

式中：$\Delta_{vap}H_m$ 为该液体的摩尔蒸发焓；$\Delta_{vap}V_m$ 为液相转化为气相的体积差。

由于气相体积远大于液相体积，因此 $\Delta_{vap}V_m$ 可近似为气相体积，同时假设蒸汽为理想气体，则有 $\Delta_{vap}V_m = \frac{RT}{P}$，其中 R 为理想气体常数。将其为带入式（1）可得关系：

$$\frac{\mathrm{d}\ln P}{\mathrm{d}T} = \frac{\Delta_{vap}H_m}{RT^2} \tag{2}$$

两边积分可得如下关系：

$$\ln P = -\frac{\Delta_{vap}H_m}{RT} + C \tag{3}$$

因此，实验测得 $\ln P$ 和 $1/T$ 的关系，通过线性拟合则可由斜率 k 确定 $\Delta_{vap}H_m$，由截距确定常数 C。

四、实验步骤

（1）向等位计中注入乙醇，使乙醇充满试液球体积的 2/3 和 U 形等位计的大部分，并保持等压计垂直，同时按图 4-1 用橡胶管将各仪器连接成饱和蒸气压的实验装置，打开数字测压计，采零。

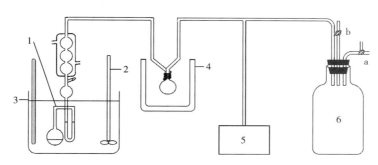

图 4-1　饱和蒸气压系统装置示意图

1—等位计　2—搅拌器　3—温度计　4—冷阱　5—数字测压计　6—稳压瓶

（2）接通冷却水，设定玻璃恒温水浴温度为 25 ℃，打开搅拌器开关，将回差处于 0.2。当水浴温度达到 25 ℃时，将真空泵接到进气阀上，关闭阀 a 与 b 后，开启真空泵，打开气阀 a 使体系中的空气被抽出（压力计上显示 −90 kPa 左右）。当 U 形等位计内的乙醇沸腾 3～5 min 时，关闭气阀 a 和真空泵，缓缓打开阀 b，漏入空气，当 U 形等位计中两臂的液面平齐时关闭阀 b。若等位计液柱再变化，再打开阀 b 使液面平齐，待液柱不再变化时，记下恒温槽温度和压力计上的压力值。若液柱始终变化，说明空气未被抽净，应重复上面步骤。

（3）如上面方法测定 30 ℃、35 ℃、40 ℃、45 ℃、50 ℃时乙醇的蒸气压，并记录。需要注意，测定过程中如不慎使空气倒灌入试液球，则需重新抽真空后方能继续测定。如升温过程中，U 形等位计内液体发生暴沸，可缓缓打开阀 b，漏入少量空气，防止管内液体大量挥发而影响实验进行。实验结束后，慢慢打开进气活塞，使压力计恢复零位。用虹吸法放掉恒温槽内的热水，关闭冷却水。拔去所有的电源插头，放回实验设备。

五、注意事项

（1）实验系统必须密闭，一定要仔细检漏。

（2）必须让 U 形等位计中的试液缓缓沸腾 3~4 min 后方可进行测定。

（3）升温时可预先漏入少许空气，以防止 U 形等位计中液体暴沸。

（4）液体的蒸气压与温度有关，所以测定过程中须严格控制温度。

（5）漏入空气必须缓慢，否则 U 形等位计中的液体将冲入试液球中。

（6）必须充分抽净 U 形等位计中的全部空气。U 形等位计必须放置于恒温水浴中的液面以下，以保证试液温度的准确度。

六、实验现象及数据记录

（1）实验现象及数据记录于表 4-1、表 4-2。

（2）作 $\ln P$—$1/T$ 关系图，线性拟合，若线性关系良好，计算直线斜率 k。

（3）由 k 计算乙醇的平均摩尔蒸发焓 $\Delta_{vap}H_m$。

（4）确定直线截距 C。

（5）计算标准压力下乙醇的正常沸点 T_b。

七、实验思考题

（1）静态法测蒸气压的原理是什么？

（2）能否在加热情况下检查是否漏气？

（3）如何判断等压计中试样球与等压计间空气已全部排出？如未排尽空气，对实验有何影响？

（4）实验时抽气和漏入空气的速度应如何控制？为什么？

（5）升温时如液体急剧汽化，应作何处理？

（6）每次测定前是否需要重新抽气？

（7）等压计的 U 形管内所储液体起到何作用？

表 4-1　"静态法测定乙醇的饱和蒸气压"实验现象记录表

姓名：＿＿＿＿＿＿＿＿＿　班级：＿＿＿＿＿＿＿＿＿　学号：＿＿＿＿＿＿＿＿＿　专业：＿＿＿＿＿＿＿＿＿

时间	步骤	现象	备注

表 4-2　不同温度下乙醇蒸气压的测定

$T/℃$	25	30	35	40	45	50
$1/T/(\text{K}^{-1})$						
$\Delta P/\text{kPa}$						
$P = P_0 - \Delta P/\text{kPa}$						
$\ln P$						
$\Delta_{\text{vap}}H_{\text{m}}/(\text{kJ/mol})$						

注　P_0 为大气压，ΔP 为压力测量仪上读数。室温：_____ ℃，大气压力：_____ kPa。

实验 47　凝固点降低法测定分子的摩尔质量

一、实验目的

（1）掌握凝固点降低法测定分子摩尔质量的原理和方法。

（2）理解凝固点降低值与溶质间的关系，加深对稀溶液依数性的理解。

二、实验试剂及仪器

1. 实验试剂

蔗糖（AR），食盐（分析纯），蒸馏水。

2. 实验仪器

SWC-LG 凝固点测量仪，贝克曼温度计仪，制冰机，电子天平，酒精温度计（-30～50 ℃，分度为 1 ℃），玻璃管 2 根（包括内管、外管），玻璃搅拌棒，保温瓶，1 L 大烧杯，25 mL 移液管，洗耳球，称量纸，毛巾。

三、实验原理

当溶剂与溶质不生成固溶体，形成二组分稀溶液时，溶液的凝固点低于纯溶剂的凝固点。当确定了溶剂的种类和数量后，凝固点降低值只与所含溶质分子的数目有关，与溶质的本性无关（稀溶液的依数性之一）。

稀溶液的凝固点降低公式：

$$\Delta T_f = T_f^* - T_f = K_f b_B \tag{1}$$

式中，ΔT_f 为稀溶液的凝固点降低值；T_f^* 为纯溶剂的凝固点；T_f 为稀溶液的凝固点；K_f 为质量摩尔凝固点降低系数（或凝固点降低系数），其值只与溶剂性质有关；b_B 为溶质 B 的质量摩尔浓度。

若溶液中溶剂的质量为 m_A，溶质的质量为 m_B，以 M_B 表示溶质的摩尔质量，则可表示为：

$$b_B = \frac{m_B / M_B}{m_A} \tag{2}$$

将此式代入式（1）可得：

$$M_B = K_f \frac{m_B}{\Delta T_f m_A} \tag{3}$$

若已知溶剂的 K_f 和凝固点降低值 ΔT_f（可通过实验测量），则可利用式（3）计算溶质的摩尔质量 M_B。

溶液浓度稍高时，已不是稀溶液，则测得的摩尔质量随浓度的不同而变化。为了获得比较准确的相对分子质量数据，常用外推法，即以公式中所求得的摩尔质量为纵坐标，以溶液浓度为横坐标作图，外推至浓度为零而求得较准确的摩尔质量。

显然，本实验的成功与否主要归结为凝固点的精确测量。而凝固点可通过步冷曲线（或称冷却曲线）的转折点得到。步冷曲线是指冷却过程中系统温度随时间的变化曲线。纯液体和溶液的步冷曲线如图 4-2 所示。

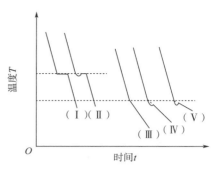

图 4-2　步冷曲线及凝固点校正示意图

1. 对于纯液体

纯液体的凝固点是指在一定外压下，液体逐渐冷却至开始析出固体时的平衡温度。既然凝固点是液—固平衡时的温度，那么它便是一个确定值。从理论上讲，在步冷曲线上是一水平线段，如图 4-2（Ⅰ）所示。但要获得这一水平线段，需要两个条件。

其一，环境温度不能太低。如果环境温度太低，则环境从系统吸热的速率将大于液体凝为固体时的放热速率，将不能获得热平衡，也就测量不到一个稳定的温度。实验中，为获得热平衡，可使用空气套管间接冷却，使环境从系统吸热的速率缓慢。

其二，需要避免过冷现象产生。过冷现象是指按照相平衡条件，液体应当凝固而未凝固的现象。因液体开始凝固时析出的总是微小晶粒，而微小晶粒的凝固点低，故凝固时经常发生过冷现象。图 4-2（Ⅱ）步冷曲线转折点表示过冷现象不太严重时，液体的温度要降到凝固点以下才能析出固体，随后温度再上升到凝固点。理论上，在恒压条件下，只要两相共存就可达到平衡温度。实际上，只有固—液两相的接触面相当大时（即固相充分分散到液相中），才能达到平衡。所以，在凝固过程中，若液相中产生大片状固体时，测量到的凝固点温度不稳定；若液相中产生大量固体小颗粒时，则能精确地测量到凝固点。

2. 对于溶液

其凝固点是指从溶液中析出固态纯溶剂的温度，此凝固点与外压、溶液浓度有关。所以，与纯液体不同，溶液的步冷曲线为一条折线，折点即是凝固点，如图 4-2（Ⅲ）所示。由于部分溶剂凝固析出，剩余溶液的浓度则逐渐增大，因而剩余溶液与溶剂固相平衡共存的温度也逐渐下降。图 4-2（Ⅳ）表示过冷现象不严重时，对相对分子质量的测定无明显影响；图 4-2（Ⅴ）表示过冷现象太严重时，测得的凝固点偏低，会影响相对分子质量的测定。因此在凝固点测定过程中必须设法控制过冷程度，一般可通过控制冷剂的温度、搅拌速度等方法实现。

四、实验步骤

1. 准备

接线，打开电源开关和计算机开关。

2. 安装凝固点测量装置

按图 4-3 安装凝固点测量装置，将适量自来水、碎冰加入保温瓶中，打开温差测量仪，将温度测量传感器插入保温瓶中，用食盐和碎冰调节冰水的温度，使冷剂的温度调至 -3 ~ -2 ℃，用玻璃棒搅拌。

用烧杯从加水口向冰浴槽中加入冷剂（约占浴槽体积 2/3），将温度测量传感器插入冰浴槽，拉动搅拌杆，搅拌时要避免搅拌杆与器壁及感温探头摩擦。实验时冷剂应经常搅拌，并间断地补充少量的碎冰或食盐，及时吸出盐水，从而保持冷剂温度基本不变。

3. 纯水凝固点的测定

（1）设置软件参数。洗净并干燥凝固点冷冻管（内管），用移液管准确移取 25.00 mL 蒸馏水，加入凝固点冷冻管（内管）中。将冷冻管直接放入冷剂中，把电动搅拌桨和温差测量传感器放入冷冻管中，然后将搅拌开关置于慢挡，打开机电一体化装置开关，搅拌桨转动，且箱内灯亮，溶剂逐渐冷却。将温度温差测量仪置零。

（2）开始用软件记录数据。当有固体析出时，关闭机电一体化装置开关，从冷剂中取出冷冻管，迅速将管外冰水擦干，放入空气套管（外管）中，空气套管入冷剂中，再打开开关，缓慢而均匀地搅拌之，观察读数，直至读数稳定，此乃蒸馏水的近似凝固点。

（3）取出冷冻管，用手温热之，使管中的固体完全融化。打开机电一体化装置开关，再将冷冻管直接放入冷剂中缓慢搅

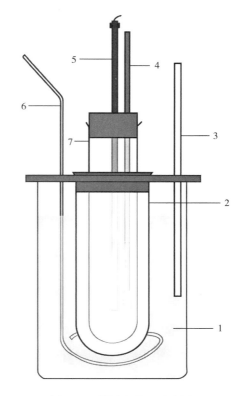

图 4-3　凝固点装置示意图
1—冰浴槽　2—空气套管　3—温度测量传感器
4—电动搅拌桨　5—温差测量传感器　6—玻璃搅拌器
7—冷冻管

拌，使溶剂较快地冷却。当溶剂温度降至高于近似凝固点 0.3~0.7 ℃时，关闭机电一体化装置开关，迅速取出冷冻管，擦干冰水后放入空气套管中，空气套管放入冷剂中。打开机电一体化装置开关，并缓慢搅拌，使蒸馏水温度均匀降低，当温度低于近似凝固点温度参考值 0.2 ℃时，将调速开关拨到快挡，防止过冷使固体析出。当固体析出时，温度迅速回升，立即把调速开关拨到慢挡，注意观察读数直到稳定，记录温度，此即蒸馏水的凝固点。关闭机电一体化装置开关，重复测定三次，要求平均误差小于±0.006 ℃。

4. 溶液凝固点的测定

取出冷冻管，使冰融化，加入准确称量的 1 g 的蔗糖，待其完全溶解后，重复步骤 3，测出溶液的凝固点。重复测定两次，要求平均误差小于±0.006 ℃。

5. 实验完毕

将电源开关置于"断"的位置，排出冷剂，倒出溶液样品，清洗玻璃管、玻璃缸、传感器和搅拌桨。擦干传感器、搅拌桨。关闭仪器开关。

五、注意事项

（1）在测量过程中，析出的固体越少越好，以减少溶液浓度的变化，才能准确测定溶液的凝固点。若过冷太甚，溶剂凝固越多，溶液的浓度变化太大，使测量值偏低。在过程中可

通过加速搅拌、控制过冷温度，加入晶种等控制过冷度。

（2）搅拌速度的控制和温度温差仪的粗细调的固定是做好本实验的关键，每次测定应按要求的速度搅拌，并且测溶剂与溶液凝固点时搅拌条件要完全一致。温度-温差仪的粗细调一经确定，整个实验过程中不能再变。

（3）纯水过冷度 0.7~1 ℃（视搅拌快慢），为了减少过冷度，而加入少量晶种，每次加入晶种大小应尽量一致。

（4）冷却温度对实验结果也有很大影响，过高会导致冷却太慢，过低则测不出正确的凝固点。

（5）实验所用的凝固点管必须洁净、干燥。

六、实验现象及数据记录

（1）实验现象及数据记录于表 4-3~表 4-5。

（2）绘出纯溶剂和溶液的步冷曲线，通过外推法确定 T_f^*、T_f 和 ΔT_f（图 4-4），将所得数据列入表 4-5 中。

（3）计算蔗糖的摩尔质量。

七、实验思考题

（1）凝固点降低法测定溶质分子摩尔质量的公式在什么条件下才能适用？

（2）什么原因可能造成过冷太甚？若过冷太甚，所测溶液凝固点偏低还是偏高？由此所得的摩尔质量偏低还是偏高？

（3）在冷却过程中，冷冻管内固、液相之间和冷剂之间有哪些热交换？它们对凝固点的测定有何影响？

（4）加入溶剂中的溶质的量应如何确定？加入量过多或过少将会有何影响？

（5）当溶质在溶液中有解离、缔合和生成配合物的情况时，对摩尔质量测定值有何影响？

（6）影响凝固点精确测量的因素有哪些？

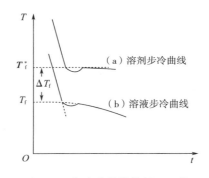

图 4-4　作步冷曲线推得 ΔT_f 值

表 4-3 "凝固点降低法测定分子的摩尔质量"实验现象记录表

姓名：_____ 班级：_____ 学号：_____ 专业：_____

时间	步骤	现象	备注

表 4-4　溶液步冷曲线数据

t/s							
T/K							

表 4-5　溶液凝固点降低值

物质	质量/mg	凝固点/K		凝固点降低值 $\Delta T_f/K$
		测量值	平均值	
水		1		
		2		
		3		
蔗糖		1		
		2		
		3		

室温：_____℃，大气压力：_____kPa，冷剂温度：_____℃。

实验 48　双液系的气液平衡相图

一、实验目的

（1）通过回流冷凝法测定气液两相组成，绘制双液系温度—组成（T—X）相图。在相图中确定恒沸点混合物的组成和恒沸点的温度，理解混合物的性质和相变规律为化工生产中的分离、提纯和反应控制提供理论依据。

（2）掌握使用沸点仪测定沸点的方法，知晓不同液体的沸点与其组成之间的关系。

（3）能够使用阿贝折光仪测量液体混合物的组成。

二、实验试剂及仪器

1. 实验试剂

脱脂棉，丙酮，无水乙醇，环己烷。

2. 实验仪器

沸点仪，阿贝折射仪，温度计（50~100 ℃，0.1 ℃分度）一支，玻璃漏斗，细长滴管，恒温槽。

4-1　双液系的
气液平衡相图

三、实验原理

在一定外压下，单组分液体的沸点是固定值。然而，双液系溶液的沸点不仅受外压影响，还与其组成相关。双液系理想溶液与拉乌尔定律的偏差较小，通过精馏可以将两种组分互相分离［图 4-5（a）］。但在实际溶液中，由于 A、B 两组分的相互影响，可能会使拉乌尔定律产生较大偏差。这可能导致在 T—X 或 P—X 图中出现最高点或最低点，称为恒沸点，相应的溶液称为恒沸点混合物。例如，盐酸—水溶液是具有最高恒沸点的溶液［图 4-5（b）］，而苯与乙醇的体系则是具有最低恒沸点的溶液［图 4-5（c）］。当对恒沸点混合物进行蒸馏时，气相和液相的组成相同，因此无法通过精馏的方法将 A 和 B 物质完全分开。

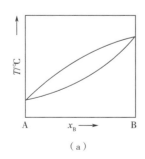
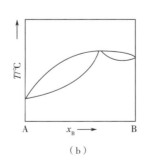
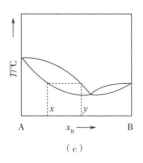

（a）　　　　　　　　　（b）　　　　　　　　　（c）

图 4-5　完全互溶双液系的相图

本实验的目标是在恒定压力下，绘制环己烷—乙醇双液体系的温度—组成（T—X）图，并确定恒沸点混合物的组成及相应的恒沸点温度。首先，通过测定混合物溶液的沸点来绘制环己烷—乙醇的 T—X 相图，然后分析气相和液相的组成。在本实验中，使用沸点仪进行沸点测定，其示意图如图 4-6 所示。

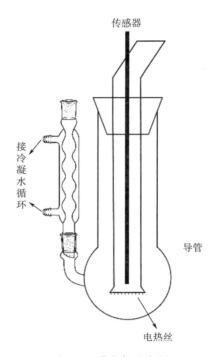

图 4-6　沸点仪示意图

当气相和液相达到平衡状态，即温度计读数稳定，开始观察到小球内液体经过反复回流后排出的现象（大约持续 5 min），可以使用吸管分别取样进行组成分析。

本实验所采用的分析仪器是阿贝折光仪。首先，使用阿贝折光仪测定已知组成混合物的折光率，并绘制出折光率与组成之间的工作曲线。通过这条曲线，可以根据样品的折光率确定其相应的组成。

四、实验步骤

1. 实验前准备

调节恒温槽的温度，使其比室温高 5 ℃左右。安装并连接沸点仪，确保传感器插入正确位置，避免与加热丝接触。

2. 测定环己烷—乙醇体系的沸点

（1）取 20 mL 乙醇从侧管加入蒸馏瓶内，并使传感器和加热丝浸入溶液内。打开电源开关，调节"加热电源调节"旋钮，（电压为 12 V 即可）。打开冷却水，将液体加热使其缓慢沸腾。最初冷凝管下端小槽内的冷凝液不能代表平衡时的气相组成，为加速达到平衡，需要连同支架一起倾斜蒸馏瓶，使小槽内的最初气相冷凝液体倾回蒸馏器，并反复 2~3 次（注意：加热时间不宜太长，以免物质挥发）。待温度读数稳定后，记录下乙醇的沸点和室内大气压。停止加热，稍冷，测乙醇的折光率。

（2）通过侧管加 0.5 mL 环己烷于蒸馏瓶中，加热至沸腾，待温度变化缓慢时，同上法回流三次，温度基本不变时记下沸点，停止加热（电压调至 0），稍冷，分别取出气相、液相样品，测其折光率。

（3）依次加入 1 mL、2 mL、4 mL、12 mL 环己烷，同上法测定溶液的沸点和平衡时气相、液相的折光率。

（4）实验完毕，将溶液从侧口先倒入烧杯，再倒入回收瓶，蒸馏瓶底部残余少量溶液用滴管吸出，然后用吹风机或吸耳球吹干蒸馏瓶。

（5）从侧管加入 20 mL 环己烷于蒸馏瓶内，重复操作步骤（1），测其沸点和折光率。

（6）再依次加入 0.2 mL、0.4 mL、0.8 mL、1.0 mL、2.0 mL 乙醇，同上法测定溶液的沸点和平衡时气相、液相的折光率。

（7）实验完毕，关闭仪器和冷凝水，将溶液倒入回收瓶［操作同步骤（4）］。

五、注意事项

（1）测定沸点时，需要注意防止溶液的暴沸和过热。

（2）沸点仪中冷凝管与圆底烧瓶之间的距离应适中，过长可能导致分馏，而太短则会导致液相中的液体随气泡冲出液面，进入储有气相的冷凝小槽中，从而引起误差。

（3）沸点仪中若未加入溶液，绝对不能通电加热，会引起沸点仪炸裂。

（4）所有玻璃仪器不能用水清洗。

六、实验现象及数据记录

（1）实验现象及数据记录于表 4-6、表 4-7。

（2）将气相和液相样品的折光率根据折光率对组成工作曲线查得相应组成。若为 25 ℃，也可通过表 4-8 查得。

（3）根据相应沸点的气相、液相组成在坐标纸上绘制出环己烷—乙醇的气液平衡相图。

（4）由相图确定最低恒沸点百分组成。

七、实验思考题

（1）在测定时有过热或分馏作用，将使测得相图形状有何变化？如何正确判断气相、液相已达到平衡状态？

（2）液体的折光率与哪些因素有关？使用阿贝折光仪测定溶液折光率应注意哪几点？

（3）本实验用测定沸点和气相、液相的折光率来绘制相图有哪些优点？

（4）混合物的沸点与纯液体沸点有何异同？

表 4-6　"双液系的气液平衡相图"实验现象记录表

姓名：_____　班级：_____　学号：_____　专业：_____

时间	步骤	现象	备注

表 4-7　环己烷—乙醇体系的沸点与气、液相组成

组别	沸点	液相		气相	
		折光率	组成	折光率	组成
1					
2					
3					
4					
5					
6					
7					
8					
9					
10					
11					
12					

表 4-8　25 ℃时环己烷—乙醇体系的折光率—组成关系

$X_{乙醇}$	$X_{环己烷}$	n_D^{25}
1.00	0.0	1.35935
0.8992	0.1008	1.36867
0.7948	0.2052	1.37766
0.7089	0.2911	1.38412
0.5941	0.4059	1.39216
0.4983	0.5017	1.39836
0.4016	0.5984	1.40342
0.2987	0.7013	1.40890
0.2050	0.7950	1.41356
0.1030	0.8970	1.41855
0.00	1.00	1.42338

实验 49　燃烧热的测定

一、实验目的

（1）掌握燃烧热的定义，知晓恒压燃烧热与恒容燃烧热的差别及相互关系。

（2）熟记热量计中主要部件的原理和作用。

（3）掌握氧弹热量计的实验技术，能够运用氧弹热量计测定苯甲酸和萘的燃烧热。

（4）能够运用雷诺图解法校正温度改变值。

二、实验试剂及仪器

1. 实验试剂

苯甲酸（分析纯），萘（分析纯）。

2. 实验仪器

氧弹热量计，万用表，数字式精密温差测量仪，案秤（10 kg）、氧气钢瓶，温度计（0~50 ℃），氧气减压阀，小台钟，压片机，烧杯（1000 mL），电炉（500 W），分析天平，塑料桶，剪刀，直尺，引燃专用铁丝。

三、实验原理

1. 燃烧与量热

根据热化学的定义，1 mol 物质完全氧化时的反应热称作燃烧热。所谓完全氧化，对燃烧产物有明确的规定。例如，有机化合物中的碳氧化成一氧化碳不能认为是完全氧化，只有氧化成二氧化碳才是完全氧化。

燃烧热的测定，除了有其实际应用价值外，还可以用于求算化合物的生成热、键能等。

量热法是热力学的一种基本实验方法。在恒容或恒压条件下可以分别测得恒容燃烧热 Q_V 和恒压燃烧热 Q_p。由热力学第一定律可知，Q_V 等于体积内能变化 ΔU；Q_p 等于其焓变 ΔH。若把参加反应的气体和反应生成的气体都作为理想气体处理，则它们之间存在以下关系：

$$\Delta H = \Delta U + \Delta(pV) \tag{1}$$

$$Q_p = Q_V + \Delta nRT \tag{2}$$

式中：Δn 为反应前后反应物和生成物中气体的物质的量之差；R 为摩尔气体常数；T 为反应时的热力学温度。

2. 氧弹热量计

热量计的种类众多，本实验所用的氧弹热量计是一种环境恒温式的热量计。氧弹热量计测量装置如图 4-7 所示，氧弹剖面图如图 4-8 所示。

氧弹热量计的基本原理是能量守恒定律。样品完全燃烧后所释放的能量使得氧弹本身及其周围的介质和热量计有关附件的温度升高，则测量介质在燃烧前后体系温度的变化值，就可求算该样品的恒容燃烧热。其关系式如下：

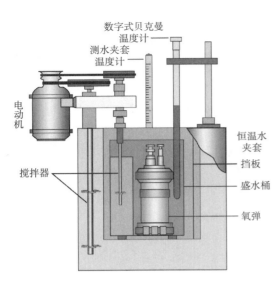

图4-7　氧弹热量计测量装置示意图

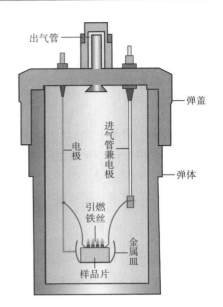

图4-8　氧弹剖面图

$$-\frac{m_样}{M}Q_V - l \cdot Q_1 = （m_水 C_水 + C_计）\Delta T \tag{3}$$

式中：$m_样$ 和 M 分别为样品的质量和摩尔质量；Q_V 为样品的恒容燃烧热；l 和 Q_1 是引燃用铁丝的长度和单位长度燃烧热；$m_水$ 和 $C_水$ 是以水作为测量介质时，水的质量和比热容；$C_计$ 为热量计的水当量，即除水之外，热量计升高 1 ℃所需的热量；ΔT 为样品燃烧前后水温的变化值。

为了保证样品完全燃烧，氧弹中须充以高压氧气或其他氧化剂。因此氧弹应有很好的密封性能，耐高压且耐腐蚀。氧弹应放在一个与室温一致的恒温套壳中。盛水桶与套壳之间有一个高度抛光的挡板，以减少热辐射和空气的对流。

3. 雷诺温度校正图

实际上，热量计与周围环境的热交换无法完全避免，它对温度测量值的影响可用雷诺（Renolds）温度校正图校正。具体方法：称取适量待测物质，估计其燃烧后可使水温上升1.5~2.0 ℃。预先调节水温使其低于室温 1.0 ℃左右。按操作步骤进行测定，将燃烧前后观察所得的一系列水温和时间关系作图。可得如图4-9所示的曲线。图中 H 点意味着燃烧开始，热传入介质；D 点为观察到的最高温度值；从相当于室温的 J 点作水平线交曲线于 I，过 I 点作垂线 ab，再将 FH 线和 GD 线分别延长并交 ab 线于 A、C 两点，其间的温度差值即为经过校正的 ΔT。图中 AA' 为开始燃烧到体系温度上升至室温这一段时间 Δt_1 内，由环境辐射和搅拌引进的能量所造成的升温，故应予以扣除。CC' 是由室温升高到最高点 D 这一段时间 Δt_2 内，热量计向环境的热漏造成的温度降低，计算时必须考虑在内。故可认为，AC 两点的差值较客观地表示了样品燃烧引起的升温数值。

在某些情况下，热量计的绝热性能良好，热漏很小，而搅拌器功率较大，不断引进的能量使曲线不出现极高温度点，如图4-10所示。其校正方法与前述相似。

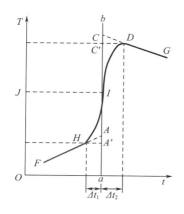 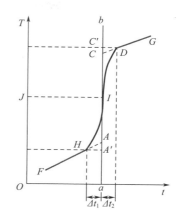

图 4-9　绝热稍差情况下的雷诺温度校正图　　　图 4-10　绝热良好情况下的雷诺温度校正图

本实验采用数字式精密温差测量仪来测量温度差。

四、实验步骤

1. 测定热量计的水当量

（1）样品制作。用药物天平称取大约 1 g 的苯甲酸，在压片机上稍用力压成圆片。用镊子将样品在干净的称量纸上轻击二三次，除去表面粉末后再用分析天平精确称量。

（2）装样并充氧气。拧开氧弹盖，将氧弹内壁擦干净，特别是电极下端的不锈钢丝更应擦干净。搁上金属小器皿，小心将样品片放置在小器皿中部。剪取 18 cm 长的引燃铁丝，在直径约 3 mm 的铁钉上，将引燃铁丝的中段绕成螺旋形 5~6 圈。将螺旋部分紧贴在样品片的表面，两端如图 4-11 所示固定在电极上。注意引燃铁丝不能与金属器皿相接触。用万用电表检查两电极间电阻值，一般应不大于 20 Ω。旋紧氧弹盖，卸下进气管口的螺栓，换接上导气管接头。导气管的另一端与氧气钢瓶上的减压阀连接。打开钢瓶阀门，向氧弹中充入 2 MPa 的氧气。

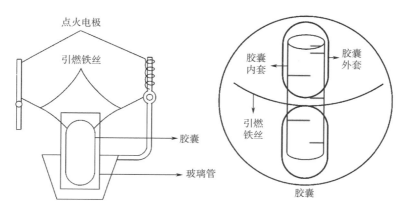

图 4-11　胶囊套于玻璃管装样示意图

旋下导气管，关闭氧气瓶阀门，放掉氧气表中的余气。将氧弹的进气螺栓旋上，再次用万用表检查两电极间的电阻。如阻值过大或电极与弹壁短路，则应放出氧气，开盖检查。

（3）测量。用案秤准确称取已被调节到低于室温 0.5~1.0 ℃ 的自来水 3 kg 于盛水桶内。将氧弹放入水桶中央，装好搅拌马达，把氧弹两电极用导线与点火变压器相连接，盖上盖子后，先将数字式精密温差测量仪的探头插入恒温水夹套中测出环境温度（即雷诺温度校正图中的 J 点），然后打向温差档，按下"采零"键。开动搅拌马达，待温度稳定上升后，每隔 1 min 读取一次温度（准确读至 0.001 ℃）。10~12 min 后，按下变压器上电键通电 4~5 s 点火。自按下电键后，温度读数改为每隔 15 s 一次，直至两次读数差值小于 0.002 ℃，读数间隔恢复为 1 min 一次，继续 10~12 min 后方可停止实验。

关闭电源后，取出数字式精密温差测量仪的探头，再取出氧弹，打开氧弹出气口放出余气。旋开氧弹盖，检查样品燃烧是否完全。氧弹中应没有明显的燃烧残渣。若发现黑色残渣，则应重做实验。测量未燃烧的铁丝长度，并计算实际燃烧掉的铁丝长度。最后擦干氧弹和盛水桶。

样品点燃及燃烧完全与否，是本实验最重要的一步。

2. 萘的燃烧热测定

称取 0.6 g 左右的萘，按上述方法进行测定。

五、注意事项

（1）氧弹热量计是一种较为精确的经典实验仪器，在生产实际中仍广泛用于测定可燃物的热值。

有些精密的测定，需对实验用的氧气中所含氮气的燃烧值做校正。为此，可预先在氧弹中加入 5 mL 蒸馏水。燃烧后，将所生成的稀 HNO_3 溶液倒出，再用少量蒸馏水洗涤氧弹内壁，一并收集到 150 mL 锥形瓶中，煮沸片刻，用酚酞作指示剂，以 0.1 mol/L 的 NaOH 溶液标定。每毫升碱液相当于 5.98 J 的热值。这部分热能应从总的燃烧热中扣除。

（2）本实验装置也可用来测定可燃液体样品的燃烧热。以药用胶囊作为样品管，并用内径比胶囊外径大 0.5~1.0 mm 的薄壁软玻璃管套住，装样示意如图 4-11 所示。胶囊的平均燃烧热值应预先标定以便扣除。

（3）若用本实验装置测出苯、环己烯和环己烷的燃烧热，则可求算苯的共振能。苯、环己烯和环己烷三种分子都含有碳六元环，环己烷和环己烯的燃烧热焓 ΔH 的差值 ΔE 与环己烯上的孤立双键结构相关，它们之间存在下述关系：

$$|\Delta E| = |\Delta H_{环己烷}| - |\Delta H_{环己烯}| \tag{4}$$

如将环己烷与苯的经典定域结构相比较，两者燃烧热焓的差值似乎应等于 $3\Delta E$，但事实证明：

$$\|-|\Delta H_苯|>3|\Delta E| \tag{5}$$

显然，这是因为共轭结构导致苯分子的能量降低，其差值正是苯分子的共轭能 E，即满足：

$$\|-|\Delta H_苯|-3|\Delta E|=E\Delta H_{环己烷} \tag{6}$$

再根据 $\Delta H = Q_p = Q_V + \Delta nRT$，经整理可得到苯的共轭能与恒容燃烧热的关系式：

$$E = 3|Q_{V,环己烯}|-2|Q_{V,环己烷}|-|Q_{V,苯}| \tag{7}$$

这样，通过一个经典的热化学实验，将热力学数据比较直观地与一定的结构化学概念联系起来。

（4）本实验是用数字式精密温差测量仪测量温度，也可以用热电堆或其他热敏元件代替，或用自动平衡记录仪自动记录温度及其变化情况。

（5）实验试剂部分数据值参见表4-9。

表4-9　实验所用试剂的燃烧焓

恒压燃烧焓	cal/mol	kJ/mol	J/g	测定条件
苯甲酸	-771.24	-3226.9	-26460	p^{Θ}，20 ℃
萘	-1231.8	-5153.8	-40205	p^{Θ}，25 ℃

六、实验现象及数据记录

（1）实验现象及数据记录于表4-10~表4-12。

（2）苯甲酸的燃烧热为-26460 J/g，引燃铁丝的燃烧热值为-2.9 J/cm。

（3）作苯甲酸和蔗糖燃烧的雷诺温度校正图，由 ΔT 计算水当量和萘的恒容燃烧热 Q_{V}，并计算其恒压燃烧热。

七、实验思考题

（1）固体样品为什么要压成片状？

（2）在量热测定中，还有哪些情况可能需要用到雷诺温度校正方法？

（3）如何用萘的燃烧焓数据来计算萘的标准摩尔生成焓？

表 4-10　"燃烧热的测定" 实验现象记录表

姓名：_____　班级：_____　学号：_____　专业：_____

时间	步骤	现象	备注

表 4-11　质量数据记录表

名称	$m_{铁丝}/g$	$m_{剩余铁丝}/g$	$m_{消耗铁丝}/g$	$m_{样品}/g$	$m_{样品压片后}/g$
苯甲酸					
萘					

表 4-12　温度数据记录表

项目	数据										
时间/s											
苯甲酸温度/℃											
苯甲酸温度差/℃											
萘温度/℃											
萘温度差/℃											
时间/s											
苯甲酸温度/℃											
苯甲酸温度差/℃											
萘温度/℃											
萘温度差/℃											
时间/s											
苯甲酸温度/℃											
苯甲酸温度差/℃											
萘温度/℃											
萘温度差/℃											
时间/s											
苯甲酸温度/℃											
苯甲酸温度差/℃											
萘温度/℃											
萘温度差/℃											

第二节　化学动力学实验

实验 50　旋光法测定蔗糖转化反应的速率常数

一、实验目的

（1）理解反应速率方程及速率常数的概念。

（2）掌握旋光法测定蔗糖转化反应的速率常数的基本原理和方法。

二、实验试剂及仪器

1. 实验试剂

0.2 g/mL 的蔗糖水溶液，6 mol/L 盐酸溶液，蒸馏水。

2. 实验仪器

旋光仪，旋光管恒温器，秒表，温度计，移液管，碘量瓶，容量瓶，玻璃棒等。

三、实验原理

蔗糖是从甘蔗内提取的一种纯有机化合物，也是和生活关系非常密切的一种天然碳水化合物，它是由 D-（-）-果糖和 D-（+）-葡萄糖通过半缩酮和半缩醛的羟基相结合而生成的。此反应为可逆反应，在酸性条件下，蔗糖可发生水解，产生一分子 D-葡萄糖和一分子 D-果糖，化学反应式如下：

$$C_{12}H_{22}O_{11}（蔗糖）+H_2O \xrightarrow{H^+} C_6H_{12}O_6（葡萄糖）+C_6H_{12}O_6（果糖）$$

该反应是一个三级反应，在纯水中此反应的速率极慢，通常需要在 H^+ 离子催化作用下进行。由于反应时水是大量存在的，尽管有部分参与了反应，仍可近似地认为整个反应过程中水的浓度是恒定的；而且 H^+ 是催化剂，其浓度也保持不变，因此蔗糖反应可看作伪一级反应。其速率方程可表示为：

$$-\frac{dc}{dt} = kc \tag{1}$$

式中：c 为时间 t 下蔗糖分子的浓度，k 为反应速率常数。

将上式转为积分形式可得方程：

$$\ln c = -kt + \ln c_0 \tag{2}$$

式中：c_0 为反应初始时蔗糖分子的浓度。

在浓度的检测方法方面，因为蔗糖及其转化产物都具有旋光性，溶液的旋光度与溶液中所含旋光物质的旋光能力、溶剂性质、溶液浓度、样品管长度及温度等均有关系，通常以 25 ℃下，偏振光通过 1 m 厚、浓度为 100 g/mL 的旋光性物质的溶液所产生的旋光角，即比旋光度作为旋光能力的量度。同时旋光度 α 与反应物浓度 c 呈线性关系，即：

$$\alpha = \beta c \tag{3}$$

式中：比例常数 β 与物质旋光能力、溶剂性质、样品管长度及温度等有关。

由于生成物中果糖的左旋性比葡萄糖右旋性大，所以随着反应的进行，体系的右旋角不断减少，反应至某一瞬间，体系的旋光度可恰好等于零，而后就变成左旋，直至蔗糖完全水解，这时左旋角达到最大值 α_∞。设体系最初的旋光度为：$\alpha_0 = \beta_\text{反} c_0$，体系最终的旋光度为 $\alpha_\infty = \beta_\text{生} c_0$，则反应 t 时刻的旋光度 $\alpha_t = \beta_\text{反} c + \beta_\text{生}(c_0 - c)$。所以，将旋光度 α 与反应物浓度 c 的这种关系带入蔗糖分子浓度关系式可得下式：

$$\ln(a_t - a_\infty) = -kt + \ln(a_t - a_\infty) \tag{4}$$

因此，以 $\ln(\alpha_t - \alpha_\infty)$ 对 t 作图，在线性关系良好的情况下，线性拟合所得斜率取负即为反应速率常数 k。

四、实验步骤

（1）调节两个恒温器分别至 25 ℃ 和 60 ℃（以玻璃温度计为准），同时取恒温至 25 ℃ 的蒸馏水作为旋光仪的零刻度校准样并对旋光仪校准。

（2）将蒸馏水、蔗糖水溶液与盐酸溶液放在恒温器中恒温至 25 ℃。用移液管吸取蔗糖溶液 50 mL 于 150 mL 干燥的锥形瓶中。然后，用移液管吸取 10 mL 盐酸溶液加入上述锥形瓶中，迅速混合均匀，浸于恒温槽内恒温 10 min。取两支旋光管，用少量混合液润洗旋光管二次，再将混合液注入旋光管，拧紧盖子，并尽量减少残留气泡。

（3）其中一份反应样品置于 25 ℃ 恒温器中，每隔 5 min 测定一次反应样品的旋光度 α_t，反应达 20 min 后每隔 10 min 测一次 α_t，并记录，直到反应进行 50 min。为保证反应时间记录尽量准确，取样时需要预留取样及检测时间。

（4）另一份旋光管反应置于 60 ℃ 恒温器中 20 min，之后取出样品冷却至 25 ℃ 后测定旋光度，即为 α_∞。α_∞ 要求测三次，每隔 2 min 测一次，取平均值，并记录。

（5）实验完毕，将样品管、玻璃片、管帽内外洗净、擦干。实验中要注意防止酸性的反应液沾染腐蚀旋光仪，实验结束要擦净旋光仪。

五、注意事项

（1）必须对旋光仪调零校正，若调不到零，需要进行数据校正。

（2）旋光度测试时，装上溶液后的样品管内不能有气泡产生，样品管要密封好，不要发生漏液现象。

（3）测定 α_∞ 时，温度不能超过 60 ℃，否则有副反应发生，旋光度数据将无法使用。

六、实验现象及数据记录

（1）实验现象及数据记录于表 4-13~表 4-15。

（2）作 $\ln(\alpha_t - \alpha_\infty)$ —t 关系图，线性拟合，若线性关系良好，由斜率值计算反应常数 k。

（3）计算蔗糖水解反应的半衰期 $t_{1/2}$。

表 4-13　"旋光法测定蔗糖转化反应的速率常数" 实验现象记录表

姓名：＿＿＿＿＿＿＿＿　班级：＿＿＿＿＿＿＿＿　学号：＿＿＿＿＿＿＿＿　专业：＿＿＿＿＿＿＿＿

时间	步骤	现象	备注

表 4-14　旋光度 α_t 数据记录

时间/min	0	5	10	15	20	30	40	50
α_t								
$\alpha_t - \alpha_\infty$								
$\ln (\alpha_t - \alpha_\infty)$								

表 4-15　旋光度 α_∞ 数据记录

次数	1	2	3	平均值	相对标准偏差
旋光度 α_t					

七、实验思考题

（1）若不用蒸馏水校正旋光仪的零点，是否会影响实验结果的准确度？

（2）如何从实验结果，分析说明蔗糖水解反应为一级反应？影响反应速率常数的因素有哪些？

（3）测定 α_∞ 时，蔗糖水解反应液恒温的温度不能超过 60 ℃，为什么？

第三节　电化学实验

实验 51　电导率法测定醋酸的电离平衡常数

一、实验目的

（1）掌握利用电导率法测定弱电解质的电离常数的基本原理和实验方法。

（2）掌握电导率仪的使用方法。

（3）知晓电导率测定在评估水体的污染程度、监测灌溉水的盐分浓度及判断药品的纯度等方面的应用。

二、实验试剂及仪器

1. 实验试剂

HAc（0.1 mol/L）（已标定）。

2. 实验仪器

DDS-11A 型电导率仪，50 mL 酸式滴定管，100 mL 烧杯，玻璃棒。

三、实验原理

一元弱酸、弱碱的电离平衡常数 K 和电离度 α 具有一定关系，例如醋酸溶液：

$$
\begin{array}{lccc}
 & \text{HAc} & = \text{H}^+ & + \text{Ac}^- \\
\text{起始浓度（M）} & c & 0 & 0 \\
\text{平衡浓度（M）} & c-c\alpha & c\alpha & c\alpha
\end{array}
$$

$$K = \frac{[\text{H}^+] \cdot [\text{Ac}^-]}{[\text{HAc}]} = \frac{(c\alpha)^2}{c - c\alpha} = \frac{c\alpha^2}{1-\alpha} \tag{1}$$

电离度可通过测定溶液的电导来求得，从而求得电离常数。导体导电能力的大小，通常以电阻 R 或电导 G 表示，电导为电阻的倒数：

$$G = \frac{1}{R} \tag{2}$$

其中，电阻的单位为欧姆（Ω），电导的单位为欧姆的倒数（Ω^{-1}）。与金属导体类似，电解质溶液的电阻也服从欧姆定律。在恒定温度下，两极间溶液的电阻与两极之间的距离 l 呈正比，与电极面积 A 呈反比。

$$R = \rho \frac{l}{A} \tag{3}$$

ρ 称为电阻率，它的倒数称为电导率，以 k 表示，$k = 1/\rho$，单位为 $\Omega^{-1}\text{cm}^{-1}$。

将 $R = \rho \dfrac{l}{A}$，$k = 1/\rho$ 代入 $G = \dfrac{1}{R}$ 中，则可得：

$$G = k\frac{A}{l} \tag{4}$$

电导率 k 表示放在相距 1 cm、面积为 1 cm² 的两个电极之间溶液的电导。

l/A 称为电极常数或电导池常数，因为在电导池中，所用的电极距离和面积是一定的，所以对某一电极来说，l/A 为常数。

在一定温度下，溶液的电导受电解质总量和溶液的电离度影响。在相距 1 cm 的平行电极间放入含有 1 mol 电解质的溶液时，无论溶液稀释程度如何，电导只与电解质的电离度相关。在这条件下测得的电导称为该电解质的摩尔电导。如以 Λ_m 表示摩尔电导率，V 表示 1 摩尔电解质溶液的体积（mL），c 表示溶液的摩尔浓度（mol/L），k 表示溶液的电导率，则：

$$\Lambda_m = \frac{k}{c} = k\frac{1000}{V} \tag{5}$$

对于弱电解质来说，在无限稀释时，可看作完全电离，这时溶液的摩尔电导称为极限摩尔电导率 Λ_m^∞。在一定温度下，弱电解质的极限摩尔电导是一定的，表 4-16 列出无限稀释时醋酸溶液的极限摩尔电导率。

表 4-16　无限稀释时醋酸溶液的极限摩尔电导率

温度/℃	0	18	25	30
$\Lambda_m^\infty/\Omega^{-1} \cdot cm^2/mol$	245	349	390.7	421.8

对于弱电解质来说，某浓度时的电离度等于该浓度时的摩尔电导与极限摩尔电导之比，即

$$\alpha = \frac{\Lambda_m}{\Lambda_m^\infty} \tag{6}$$

$$k = \frac{c\alpha^2}{1-\alpha} = \frac{c\Lambda_m^2}{\Lambda_m^\infty(\Lambda_m^\infty - \Lambda_m)} \tag{7}$$

这样，可以从实验测定浓度为 c 的醋酸溶液的电导率 k 后，算出 Λ_m，即可得 K_{HAc}。

四、实验步骤

1. 配制不同浓度的醋酸溶液

将 5 只烘干的 100 mL 烧杯编号为 1~5 号。在 1 号烧杯中，用滴定管准确加入 48 mL 已标定为 0.1 mol/L 醋酸溶液。在 2 号烧杯中，用滴定管准确加入 24 mL 已标定为 0.1 mol/L 醋酸溶液，然后再从另一根滴定管准确加入 24 mL 蒸馏水。以相同的方法，配制不同浓度的醋酸溶液。

2. 测定不同浓度 HAc 溶液的电导率

按照下面"3. 电导率仪的操作步骤"，由稀到浓测定 5~1 号溶液的电导率，并记录数据。

3. 电导率仪的操作步骤

（1）将铂黑电极放入盛有蒸馏水的小烧杯中，静置数分钟。

（2）在打开电源开关之前，检查表针是否指向零点；若不是，需通过调节表头上的螺丝

使其指向零点。

（3）将校正/测量开关 K 拨至"校正"位置。

（4）打开电源开关，预热后，通过调节校正调节器 R，使表针指向满刻度。

（5）将高频/低频开关 K 拨至"低周"位置。

（6）将量程选择开关 R 拨至适当的档位。

（7）通过调节电极常数调节器 R，使其调节到与所使用电极的常数相对应的位置上（这相当于将电极常数调整为 1），从而测得的溶液电导率即为溶液的电导率。

（8）将电极插头插入电极插口 K，用少量待测溶液冲洗电极 2~3 次，然后将电极浸入待测溶液中。将校正/测量开关 K 拨至"校正"位置，调节 R 至满刻度，随后将校正/测量开关 K 拨至"测量"位置，记录表针的读数，并乘以量程选择开关 R 所指示的倍率，即为被测溶液的实际电导率。重复一次测定，取平均值。

（9）将 K 拨至"校正"位置，取出电极。

（10）实验结束后，取下电极，用蒸馏水洗涤数次，并将其浸入电极保存液中。

五、注意事项

（1）进行电导率测量之前，请确保电导率仪器已完成校准，并确保电极干净。

（2）添加醋酸后，请等待足够的时间以确保溶液达到电离平衡状态。

六、实验现象及数据记录

实验现象及数据记录于表 4-17~表 4-19。

七、实验思考题

（1）电解质溶液导电的特点有哪些？

（2）弱电解质溶液的电离度（α）受哪些因素影响？

（3）测定 HAc 溶液的电导时，为什么要从稀溶液开始测？

表 4-17　"电导率法测定醋酸的电离平衡常数" 实验现象记录表

姓名：_____　班级：_____　学号：_____　专业：_____

时间	步骤	现象	备注

表 4-18　不同浓度 HAc 溶液的电导率的测定

烧杯号数	HAc 的体积/mL	H_2O 的体积/mL	配制的 HAc 浓度/(mol/L)	电导率 $k/(\Omega^{-1} \cdot cm^{-1})$
1	48.00	0.00		
2	24.00	24.00		
3	12.00	36.00		
4	6.00	42.00		
5	3.00	45.00		

表 4-19　HAc 电离常数测定数据处理表

编号	1	2	3	4	5
$[HAc] = c$					
$[HAc] = N$					
$k/(\Omega^{-1} \cdot cm^{-1})$					
$\Lambda_m = k\dfrac{1000}{N}/(\Omega^{-1} \cdot cm^2/mol)$					
$\alpha = \dfrac{\Lambda_m}{\Lambda_m^{\infty}}$					
$c\alpha^2$					
$1-\alpha$					
$K = \dfrac{c\alpha^2}{1-\alpha}$					

电极常数_____；室温_____℃。

在此温度下，查表得 HAc 的极限摩尔电导率_____ $\Omega^{-1} \cdot cm^2/mol$。

实验 52　循环伏安法

一、实验目的

（1）掌握循环伏安法的基本原理和测量技术。

（2）掌握固体电极表面的处理方法。

（3）能够对 $Pt/K_3Fe(CN)_6/K_4Fe(CN)_6$ 体系在不同浓度和不同扫速下的循环伏安曲线图进行合理分析。

二、实验试剂及仪器

1. 实验试剂

铁氰化钾，氯化钾，三水合亚铁氰化钾，H_2SO_4（1 mol/L），纯水或重蒸蒸馏水。

2. 实验仪器

CHI 系列电化学工作站，玻碳电极（工作电极），饱和甘汞电极（参比电极），铂丝电极（辅助电极），电解池，电子天平，砂纸。

三、实验原理

循环伏安法是一种广泛应用于评估电极反应可逆性的实验技术。在电极上施加一个线性扫描电压，以恒定的变化速度进行扫描。当电压达到预设的终止电位时，电压会开始反向回归，直至回到另一个设定的起始电位。图 4-12 显示了循环伏安法电位与时间之间的关系。

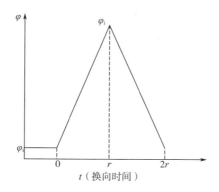

图 4-12　电势随时间变化图

定义电极反应中氧化态物质为 O，还原态物质为 R。若电极反应为 $O+ne^- \rightleftharpoons R$。反应前溶液中只含有 O，且 O 和 R 在溶液中均可溶。那么，在控制扫描起始电势时，应当从比体系标准平衡电势 $\varphi_{\text{平}}$ 正得多的起始电势 φ_i 处开始扫描。

当电极电势逐渐负移到 $\varphi_{\text{平}}$ 附近时，O 开始在电极上发生还原反应，并有法拉第电流通过。随着电势进一步降低，经过电极的电流逐渐增大。同时，电极表面 O 的浓度逐渐降低，这导致 O 从溶液内部向电极表面扩散的速度增加。当电极表面上 O 的浓度降至接近零时，电流也增加到最大值 $I_{p,c}$。接着，随着极化效应逐渐显现，即溶液内部的 O 无法快速扩散到电极表面，电流开始下降。

当电势达到预设值后，开始反向扫描，电极电势逐渐变正。在电势接近并通过 $\varphi_平$ 时，表面的电化学平衡应朝着更有利于生成 O 的方向进行，因此 R 开始被氧化，电流增加至峰值氧化电流 $I_{p,a}$。随后，随着 R 的明显消耗，电流开始减小。

整条曲线被称为"循环伏安曲线"。循环一周会出现阴极峰值电流 $I_{p,c}$ 和阳极峰值电流 $I_{p,a}$，以及对应的峰值电势 $E_{p,w}$。根据循环伏安曲线图中峰电流 I_p、峰电势 $E_{p,w}$ 及峰电势差 ΔE_p，与扫描速率之间的关系，可以评估电极反应的可逆性。

当电极反应完全可逆时，在 25℃下，这些参数的定量表达式为：

$$I_p = 269n^{3/2}AD^{1/2}v^{1/2}c(A \cdot cm^{-2})$$

式中：n 为发生 1 mol 电极反应转移的电子数量（mol）；A 为研究电极的表面积（cm^2）；D 为反应物的扩散系数（cm^2/s）；c 为反应物的本体浓度（mol/L）；v 为扫描速率（V/s）。可以看出，I_p 与反应物的本体浓度呈正比，与 $v^{1/2}$ 也呈正比。对于完全可逆的电极反应，$|I_{p,c}| = |I_{p,a}|$，即 $|I_{p,c}/I_{p,a}| = 1$，并与电势扫描速率 v 无关。

四、实验步骤

（1）打开 CHI 系列电化学工作站的窗口。

（2）准确配制不同浓度的 $K_3Fe(CN)_6$ 和 $K_4Fe(CN)_6$ 溶液，分别为 0.020 mol/L、0.010 mol/L、0.005 mol/L、0.002 mol/L 和 0.001 mol/L；同时，配制 0.5 mol/L KCl 溶液。

（3）将工作电极与辅助电极放在 1mol/L H_2SO_4 溶液中进行电解。每隔 30 s 变换一次电极的极性，重复进行 10 次，以活化电极表面。取出电极后，用蒸馏水冲洗干净，并用滤纸擦干。

（4）将三个电极浸入不同电解质溶液中；绿色夹头夹玻碳电极，红色夹头夹铂丝电极，白色夹头夹参比电极。

（5）对 CHI 系列电化学工作站进行参数设置。具体操作为：首先，点击"T"（Technique）选中对话框中"Cyclic Voltammetry"。随后，点击"▦"（Parameters）选择参数，设定"Init E"为 0.8 V，"High E"为 0.8 V，"Low E"为 -0.2 V，"Initial Scan"为 Negative，"Sensitivity"在扫描速率小于 10 mV/s 时勾选自动调节灵敏度，大于 10 mV/s 时应根据初扫情况手动调节灵敏度（防止电流过载），点击"OK"。最后点击"▶"，开始进行扫描实验。具体设置步骤根据所使用的仪器型号不同，可具体参看仪器说明书。

（6）依次以 5 mV/s、10 mV/s、20 mV/s、50 mV/s、100 mV/s 和 200 mV/s 的扫描速率对 0.010 mol/L $K_3Fe(CN)_6$、0.010 mol/L $K_4Fe(CN)_6$ 和 0.5 mol/L KCl 体系进行循环伏安扫描。根据扫描结果，求出 ΔE_p、$I_{p,c}$、$I_{p,a}$，判断电极反应可逆性，并作 $I_{p,c}$—$v^{1/2}$ 图。

（7）以 50 mV/s 的扫描速率依次对 0.0200 mol/L、0.0050 mol/L、0.0020 mol/L 和 0.0010 mol/L 的 $K_3Fe(CN)_6$，$K_4Fe(CN)_6$ 溶液及 0.5 mol/L KCl 溶液进行循环伏安扫描。根据扫描结果，得出 $I_{p,c}$、ΔE_p 与浓度 c 的关系，并作 $I_{p,c}$—c 图。

（8）以 50 mV/s 的扫描速率对某未知浓度的 $K_3Fe(CN)_6$，$K_4Fe(CN)_6$ 溶液及 0.5 mol/L

KCl 溶液进行循环伏安扫描。

（9）关闭仪器，将仪器恢复原位，清洗电极，分类回收废液。

五、注意事项

（1）在使用电化学工作站前需要预热。

（2）在每一次循环伏安实验前，必须严格按照操作步骤（3）中所述，对电极系统进行预处理。

六、实验现象及数据记录

（1）实验现象及数据记录于表 4-20、表 4-21。

（2）从循环伏安图上读出 ΔE_p、$I_{p,c}$ 和 $I_{p,a}$，并作 $I_{p,c}$—$v^{1/2}$ 图。

（3）判断 $Pt/K_3Fe(CN)_6$，$K_4Fe(CN)_6$ 体系电极反应的可逆性。

（4）作 $I_{p,c}$—c 图，求出未知液的浓度。

七、实验思考题

（1）在三电极体系中，工作电极、参比电极和对电极各起什么作用？

（2）根据扫描方向，如何判断 $I_{p,c}$ 和 $I_{p,a}$？

（3）循环伏安曲线中，影响峰值电流 I_p 的因素有哪些？

表 4-20 "循环伏安法"实验现象记录表

姓名：_____ 班级：_____ 学号：_____ 专业：_____

时间	步骤	现象	备注

表 4-21 "循环伏安法" 实验数据记录表

溶液	测量值	$v/(\text{mV/s})$					
		5	10	20	50	100	200
0.010 mol/L $K_3Fe(CN)_6$	ΔE_p						
	$I_{p.c}/A$						
	$I_{p.a}/A$						
0.010 mol/L $K_4Fe(CN)_6$	ΔE_p						
	$I_{p.c}/A$						
	$I_{p.a}/A$						
0.5 mol/L KCl	ΔE_p						
	$I_{p.c}/A$						
	$I_{p.a}/A$						

溶液	测量值	$v/(\text{mV/s})$	浓度/(mol/L)				
			0.001	0.002	0.005	0.010	0.020
$K_3Fe(CN)_6$	ΔE_p	50					
	$I_{p.c}/A$	50					
$K_4Fe(CN)_6$	ΔE_p	50					
	$I_{p.c}/A$	50					
KCl	ΔE_p	50					
	$I_{p.c}/A$	50					

第四节　表面与胶体化学实验

实验 53　最大气泡法测定表面张力

一、实验目的

（1）掌握用最大气泡法测定表面张力的基本原理和实验方法。

（2）理解表面张力的性质和意义，以及溶液表面吸附的性质及表面张力的关系。

4-2　表面张力

二、主要仪器与试剂

1. 实验试剂

正丁醇（AR），蒸馏水。

2. 实验仪器

表面张力仪，DP-AW 精密数字压力计，恒温槽，电子分析天平，容量瓶，烧杯。

三、实验原理

因为表面（相界）两边分子间作用力不同，在宏观上会表现出有一个与表面相切，试图使表面向分子间作用力大的一侧收缩的力，即为表面张力，单位为 N/m。

最大泡压力法是测定液体表面张力的常用方法，其基本原理是根据弯曲液面附加压力 Δp、表面张力 γ 和曲率半径 r 间的关系，即拉普拉斯方程 $\Delta p = 2\gamma/r$。通过构造曲率半径 r 的气泡，测定弯曲液面附加压力 Δp，进而求得表面张力 γ。

其测量装置如图 4-13 所示，将待测表面张力的液体装入样品管 2 中使其中的液面与毛细管 3 端面相切，则液面沿毛细管上升。通过调节滴液漏斗 1 的旋塞使系统缓慢减压，此时由于毛细管 3 内液面上方的压力（即外压）大于样品管中液面的压力，故毛细管内的液面逐渐下降，当液面至管口时便形成气泡逸出。此时数字压力计 5 的压力差 Δp 即为待测液体在毛细管中所受的附加压力。因毛细管半径很小，所以形成的气泡基本上是球形。气泡刚形成时表面几乎是平的，曲率半径 r 最大，当气泡形成半球形时，r 与毛细管半径 r 相等，曲率半径最小，则 Δp 为最大；随着气泡的进一步增大，r 又趋增大，直至逸出液面。在此过程中，最大附加压力 Δp_{max} 可以由数字压力计 5 测量出来，对应曲率等于毛细管半径 r 气泡的附加压力。

由于 Δp_{max} 对应的曲率和毛细管半径对应关系在实验过程中容易受到干扰，为减小实验误差，根据 $\Delta p = 2\gamma/r$ 关系，常利用已知表面张力的液体（25 ℃水的表面张力 $\gamma_{H_2O} = 0.07197$ N/m）先获取公式（1）中的常数 K 作为仪器常数。之后利用此关系便可通过计量 Δp_{max} 求取 γ。

$$\gamma = K\Delta p_{max} \tag{1}$$

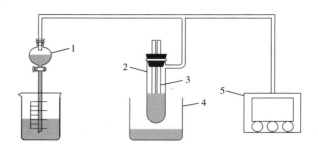

图 4-13　表面张力测定装置

1—滴液漏斗　2—样品管　3—毛细管　4—恒温槽　5—数字压力计

　　溶剂中加入溶质后，溶剂的表面张力要发生变化，加入表面活性物质（能显著降低溶剂表面张力的物质）则它们在表面层的浓度要大于在溶液内部的浓度，加入表面惰性物质则它们在表面层的浓度比溶液内部低。这种表面浓度与溶液内部浓度不同的现象叫溶液的吸附。显然，在指定的温度、压力下，溶质的吸附量与溶液的表面张力及溶液的浓度有关。吉布斯（Gibbs）用热力学方法求得定温下溶液的浓度、表面张力和吸附量之间的定量关系式：

$$\Gamma = -\frac{c}{RT}\frac{\mathrm{d}\gamma}{\mathrm{d}c} \tag{2}$$

式中：Γ 为溶质在单位面积表面层中的吸附量（$\mathrm{mol/m^2}$），γ 为溶液的表面张力（N/m），c 为溶液浓度（$\mathrm{mol/m^3}$），R 为气体常数，为 8.314 J·mol/K，T 为热力学温度（K）。

　　对于表面活性物质，一般情况下 Γ 与 c 具有如下关系：

$$\Gamma = \Gamma_{\mathrm{m}}\frac{kc}{1+kc} \tag{3}$$

式中：Γ_{m} 为饱和吸附量（$\mathrm{mol/m^2}$）。联立上述两个式子得：

$$\gamma = -RT\Gamma_{\mathrm{m}}\ln(1+kc) + C \tag{4}$$

带入 $c=0$ 时，$\gamma=\gamma_0$，可确定 $C=\gamma_0$，即得：

$$\gamma = -RT\Gamma_{\mathrm{m}}\ln(1+kc) + \gamma_0 \tag{5}$$

对应拟合公式如下：

$$\gamma = A\cdot\ln(1+B\cdot c) + \gamma_0 \tag{6}$$

式中：A，B 为拟合系数，可由 Origin 软件拟合获取，可知 $\Gamma_{\mathrm{m}}=-A/RT$。此外，$\Gamma_{\mathrm{m}}$ 可近似看成是单位面积上定向排列的单分子层吸附时溶质的物质的量。因此可通过下面公式求出每个被吸附的表面活性物质的分子横截面积 A_{m}。

$$A_{\mathrm{m}} = \frac{1}{\Gamma_{\mathrm{m}}L} \tag{7}$$

式中：L 为阿伏伽德罗常数，它的精确数值为 6.02214076×10^{23}，一般计算时取 6.02×10^{23} 或 6.022×10^{23}。

四、实验步骤

　　（1）用电子分析天平和容量瓶分别配制浓度为 0.02 mol/L，0.04 mol/L，0.06 mol/L，0.08 mol/L，0.10 mol/L，0.12 mol/L，0.16 mol/L，0.20 mol/L，0.24 mol/L 的正丁醇溶液各 50 mL。

（2）将恒温槽调至 25 ℃±0.1 ℃。

（3）仪器系数的测定。先用少量丙酮清洗毛细管 3，再用蒸馏水仔细清洗样品管 2 和毛细管 3，然后向样品管 2 中加入适量蒸馏水，使毛细管端面与液面相切。然后把样品管 2 浸入恒温槽中（必须使毛细管处于垂直），恒温 10 min。在滴液漏斗 1 中加满水。打开滴液漏斗旋塞缓慢抽气，使气泡从毛细管口逸出，调节气泡逸出的速度不超过每分钟 20 个，读出数字压力计 5 的 Δp_{max}。再更换样品重复测定两次，取平均值。已知 25 ℃ 水的表面张力 $\gamma_{H_2O} = 0.0719$ N/m，根据公式（1）计算仪器系数 K。

（4）正丁醇溶液表面张力的测定。取 0.02 mol/L 正丁醇溶液（1 号样品）洗净样品管和毛细管，然后加入适量溶液，待恒温后，按上述操作步骤测定 Δp_{max}，并按上述步骤依次测定其余各溶液 Δp_{max}。并根据公式（1）计算出各浓度正丁醇溶液的表面张力 γ。

（5）整理数据，根据公式（6）利用 Origin 分析 Γ 与 c 的关系，确定 Γ_m 并根据公式（7）求取正丁醇在水表面形成的单分子中每个分子的横截面积 A_m。

五、注意事项

（1）溶液的表面张力受表面活性杂质影响很大，必须保证所用样品的纯度和仪器的清洁。

（2）配制完的正丁醇溶液需摇晃使之与水混合均匀。

（3）每次测定前用待测液认真清洗样品管和毛细管，毛细管的清洗需借助于洗耳球。

（4）测定过程中有时会出现毛细管不冒泡的情况，首先检查装置是否漏气和滴液漏斗中的水是否足量，其次检查毛细管是否被固体物堵塞，大多是被油脂等污染，需用丙酮或其他有机溶剂清洗干净。

六、实验现象及数据记录

（1）实验现象及数据记录于 4-22、表 4-23。

（2）利用 Origin 作图并进行数据分析。

七、实验思考题

（1）用最大气泡压力法测定表面张力时，为什么要读取最大压力差？

（2）为什么毛细管一定要与液面刚好相切？如果毛细管插入一定深度，对测定结果有何影响？

（3）测量过程中如果气泡逸出速率较快，对实验有无影响？为什么？

表 4-22　"最大气泡法测定表面张力"实验现象记录表

姓名：_____　班级：_____　学号：_____　专业：_____

时间	步骤	现象	备注

表 4-23 "最大气泡法测定表面张力"实验数据记录表

| 编号 | 浓度 $c/$ (mol/L) | $\Delta p_{max}/Pa$ | | | | | K 值 | γ 计算值/ (N/m) |
		1	2	3	平均值	标准差		
0	0							—
1	0.02						—	
2	0.04						—	
3	0.06						—	
4	0.08						—	
5	0.10						—	
6	0.12						—	
7	0.16						—	
8	0.20						—	
9	0.24						—	

实验 54 溶液吸附法测定固体的比表面积

一、实验目的

（1）掌握用亚甲基蓝水溶液吸附法测定颗粒活性炭的比表面积的原理和实验方法。

（2）识记样品的处理、吸附过程的控制、溶液浓度的调节等实验操作步骤技能要点，培养环境保护和资源再利用的意识。

（3）掌握紫外—可见分光光度计的基本原理和使用方法。

二、实验试剂及仪器

1. 实验试剂

0.2%亚甲基蓝原始溶液（2 g/L），0.01%亚甲基蓝标准溶液（0.1 g/L），非石墨性颗粒活性炭若干。

2. 实验仪器

72 型系列分光光度计及其附件 1 套（可使用其他型号紫外—可见分光光度计），容量瓶，带塞锥形瓶，1 mL 移液管，烧杯，马弗炉。

三、实验原理

（1）一般来说，光的吸收定律适用于任何波长的单色光。然而，对于同一溶液在不同波长下测得的吸光度值可能会有所不同。通过将波长（λ）与吸光度（A）进行绘图，可以得到一条吸收曲线，如图 4-14 所示。为了提高测定的灵敏度，通常会选择吸光度（A）值最大的波长作为工作波长。在本实验中，针对亚甲基蓝溶液，选择 665 nm 作为最大工作波长。

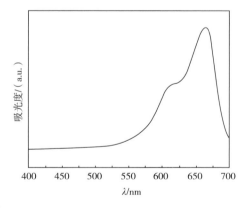

图 4-14 亚甲基蓝溶液吸收光谱

（2）水溶性染料的吸附已被广泛应用于测定固体的比表面积。在所有染料中，亚甲基蓝显示出最大的吸附倾向。研究表明，大多数固体对亚甲基蓝的吸附是单分子层吸附。然而，如果平衡后的溶液浓度过低，则吸附可能无法达到饱和。因此，实验中原始溶液的浓度以及吸附平衡后的浓度应在适当范围内选择。本实验中，原始溶液浓度约为 2 g/L，平衡后的溶液浓度不应小于 1 g/L。

（3）亚甲基蓝的吸附有三种取向：平面吸附、侧面吸附及端基吸附。对于非石墨性的活性炭，吸附亚甲基蓝是依据端基吸附进行测算，在单层吸附的情况下，1 mg 亚甲基蓝覆盖的面积可按 2.45 m^2 计算。

（4）测定固体比表面的方法很多，常用的有 BET 低温吸附法、电子显微镜法和气相色谱法等，这些方法都需要复杂的装置，或较长的实验时间。溶液吸附法测比表面积仪器简单，操作方便，还可同时测定许多样品，因此常常被采用。但溶液吸附法测定结果有一定的相对误差，其主要原因在于吸附时非球形吸附质在各种吸附剂表面的取向并不都一样，每个吸附层分子的投影面积可以相差甚远，所以溶液吸附法测定的数值应以其他方法校正，然而溶液吸附法可用来测量同类样品的表面积相对值，溶液吸附法的测定误差一般为10%左右。

四、实验步骤

（1）活化样品。将颗粒活性炭置于坩埚中放入 300 ℃ 马弗炉活化 1 h（或在电烘箱 100 ℃ 进行活化），然后放入干燥器中备用。

（2）溶液吸附。取 2 只 100 mL 带磨口锥形瓶，分别加入准确称量过的 0.1 g 左右活性炭，再分别加入 25 mL 0.2% 的亚甲基蓝溶液，盖上磨口塞，轻轻摇动 30 min，有条件可放置一夜。

（3）配制亚甲基蓝标准溶液。用 5 mL 刻度移液管分别取 2 mL、3 mL、4 mL、5 mL、6 mL 的 0.01% 标准亚甲基蓝溶液于容量瓶中，用蒸馏水稀释至 100 mL，即得浓度为 2 mg/L、3 mg/L、4 mg/L、5 mg/L、6 mg/L 的标准溶液。

（4）原始溶液稀释。为了准确测定原始溶液浓度，用 1 mL 移液管吸取 0.2 mL 0.2% 亚甲基蓝溶液，放入 100 mL 的容量瓶中，并用蒸馏水稀释至刻度。

（5）平衡溶液处理。将吸附的平衡溶液用玻璃漏斗过滤掉活性炭，滤液用 100 mL 干燥的烧杯接收，再用 1 mL 的移液管移取 0.5 mL 滤液到 100 mL 容量瓶中，并用蒸馏水稀释到刻度。

（6）测量吸光值。以蒸馏水为空白溶液，分别测量 2 mg/L、3 mg/L、4 mg/L、5 mg/L、6 mg/L 的标准溶液、稀释后的原始溶液和稀释后的平衡溶液的吸光值。

五、注意事项

（1）确保颗粒活性炭样品在实验前进行适当的预处理，如干燥、筛分等，以保证样品的质量和性能。

（2）控制亚甲基蓝水溶液的浓度，通常应选择适中的浓度，以保证吸附过程处于可测范围内，并且能够满足测定的要求。

（3）在进行吸附过程中，保持溶液和样品的充分接触和混合均匀，以促进吸附过程的进行。

六、实验现象及数据记录

（1）实验现象及数据记录于表 4-24 和表 4-25。

（2）亚甲基蓝标准溶液的浓度对吸光度作图，得一直线，即为工作曲线。

（3）将实验室测得的原始溶液及平衡溶液的吸光度从工作曲线上查得对应的稀释浓度，然后查得的浓度乘以稀释倍数 500 及 200，即得 c_0 及 c。

计算比表面积：

$$S = \frac{c_0 - c}{W} \times G \times 2.45$$

式中：S 为比表面（m^2/g），c_0 为原始溶液浓度（mg/L），c 为平衡溶液浓度（mg/L），G 为溶液加入量（mg），W 为样品重量（g），2.45 是 1 mg 亚甲基蓝可覆盖活性炭样品的面积（m^2/mg）。

2-4 紫外—可见分光光度计的操作方法

表 4-24　"溶液吸附法测定固体的比表面积"实验现象记录表

姓名：＿＿＿＿＿＿＿　班级：＿＿＿＿＿＿＿　学号：＿＿＿＿＿＿＿　专业：＿＿＿＿＿＿＿

时间	步骤	现象	备注

表 4-25　"溶液吸附法测定固体的比表面积"实验数据记录表

编号	1	2	3	平均值
2 mg/L				
3 mg/L				
4 mg/L				
5 mg/L				
6 mg/L				
亚甲基蓝标准溶液工作曲线				
原始溶液稀释液				
稀释后平衡溶液样品 1				
稀释后平衡溶液样品 2				
比表面积/（m^2/mg）				

七、实验思考题

（1）为什么亚甲基蓝原始溶液浓度要在 0.1% 左右？若吸附后浓度太低，在实验操作方面应如何改动？

（2）用分光光度计测亚甲基蓝溶液浓度时，为什么还要将溶液再稀释到百万分之一级浓度才进行测量？

实验 55　电导法测定表面活性剂的临界胶束浓度

一、实验目的

（1）掌握电导法测定十二烷基硫酸钠的临界胶束浓度的基本原理和实验方法。
（2）知晓表面活性剂的特性及胶束形成原理。
（3）掌握电导率仪的使用方法，培养规范使用仪器的习惯。

二、实验试剂及仪器

1. 实验试剂
十二烷基硫酸钠（分析纯），氯化钾（分析纯），电导水。
2. 实验仪器
DDS-11A 型电导率仪，电导电极 1 支，CS501 型恒温水浴，容量瓶。

4-3　临界胶束浓度

三、实验原理

表面活性剂分子是由极性部分和非极性部分组成的，按离子的类型分类，可分为三大类：
（1）阴离子型表面活性剂，如羧酸盐（肥皂）、烷基硫酸盐（十二烷基硫酸钠）、烷基磺酸盐（十二烷基苯磺酸钠）等。
（2）阳离子型表面活性剂，主要是胺盐，如十二烷基二甲基叔胺和十二烷基二甲基氯化铵。
（3）非离子型表面活性剂，如聚氧乙烯类。
表面活性剂进入水中，在低浓度时呈分子状态，并且三三两两地把亲油基团靠拢而分散在水中。当溶液浓度加大到一定程度时，许多表面活性剂分子立刻结合成很大的集团，形成"胶束"。以胶束形式存在于水中的表面活性剂是比较稳定的，表面活性剂在水中形成胶束所需的最低浓度称为临界胶束浓度（critical micelle concentration，CMC）。CMC 可看作是表面活性剂对溶液的表面活性剂的一种量度。CMC 值越小，则表示此种表面活性剂形成胶束所需浓度越低，即达到表面饱和吸附的浓度越低。也就是说，只要很少的表面活性剂就可起到润湿、乳化、加溶、起泡等作用。

含有表面活性剂的溶液体相中一旦形成了胶束或胶团后，溶液体相的一系列性质会发生改变（如表面张力、电导率、渗透压、浊度、光学性质等），因此在 CMC 点上，溶液的物理及化学性质同浓度的关系曲线出现明显的转折，如图 4-15 所示。因此，通过测定溶液的某些物理性质的变化，可以测定 CMC。

溶液体相中出现胶束后，继续增加浓度时，体相中单体的浓度将不再上升，因此从理论上来讲，凡是利用胶束形成而发生不连续变化的性质都可以被用来测量 CMC。但是需要注意，有些性质对单体浓度敏感，有些对胶束敏感，因此同一个表面活性剂用不同的方法测量的 CMC 数值存在

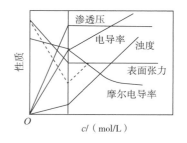
图 4-15　十二烷基硫酸钠水溶液的物理性质与浓度的关系

微小的差异是正常的。

测量临界胶束浓度的方法很多，电导法是经典方法。对于离子型表面活性剂，在溶液中对电导有贡献的主要是带长链烷基的表面活性剂离子和相应的反离子，而胶束的贡献则极为微小。从离子贡献大小来考虑，反离子大于表面活性剂离子。当溶液浓度达 CMC 时，由于表面活性剂离子缔合成胶束，反离子固定于胶束的表面，它们对电导的贡献明显下降，同时由于胶束的电荷被反离子部分中和，这种电荷量小、体积大的胶束对电导的贡献非常小，所以电导性能下降，这就是电导法测定 CMC 的依据。

电导法具有操作简便的优点，但是这种测量方法只能应用于离子型表面活性剂，应用于有较高表面活性的离子型表面活性剂准确性较高，而应用于临界胶束浓度较大的表面活性剂则灵敏度较差。另外，溶液中若有无机盐存在，也会影响测量。

四、实验步骤

（1）用电导水准确配制 0.01 mol/L 的 KCl 标准溶液，用于电极常数的校准。

（2）取十二烷基硫酸钠在 80 ℃ 烘干 3 h，用电导水准确配制 0.002 mol/L，0.004 mol/L，0.006 mol/L，0.007 mol/L，0.008 mol/L，0.009 mol/L，0.010 mol/L，0.012 mol/L，0.014 mol/L，0.016 mol/L，0.018 mol/L，0.020 mol/L 的十二烷基硫酸钠溶液各 100 mL。

（3）打开恒温水浴调节温度至 25 ℃，将 KCl 标准溶液和十二烷基硫酸钠溶液组在水浴中恒温 30 min。同时开通电导率仪，预热 30 min。

（4）用 25 ℃ 的 KCl 标准溶液校准电极常数。

（5）用电导率仪从稀到浓分别测定上述各溶液的电导值。用后一个溶液荡洗前一个溶液的电导池三次以上，各溶液测定时必须恒温 10 s，每个溶液的电导读数三次，取平均值，列表记录各溶液对应的电导率 κ。

（6）实验结束后洗净电导池和电极。

五、注意事项

（1）清洗导电极时，两个铂片不能有机械摩擦，可用电导水淋洗，然后将其竖直，用滤纸轻吸，将水吸净，并且不能使滤纸沾洗内部铂片。

（2）电极在冲洗后必须擦干，以保证溶液浓度的准确，电极在使用过程中电极片必须完全浸入所测的溶液中。

六、实验现象及数据记录

（1）实验数据及现象记录于表 4-26、表 4-27。

（2）利用 Origin 作图并进行数据分析。

七、实验思考题

（1）简述电导率仪的测试原理。

（2）非离子型表面活性剂能否用本实验方法测定临界胶束浓度？若不能，则可用何种方法测之？

表 4-26　"电导法测定表面活性剂的临界胶束浓度" 实验现象记录表

姓名：＿＿＿＿＿＿＿　班级：＿＿＿＿＿＿＿　学号：＿＿＿＿＿＿＿　专业：＿＿＿＿＿＿＿

时间	步骤	现象	备注

表 4-27　各浓度的十二烷基硫酸钠水溶液的电导率 κ

浓度/(mol/L)	0.002	0.004	0.006	0.007	0.008	0.009
1#κ/(S/m)						
2#κ/(S/m)						
3#κ/(S/m)						
κ 平均值/(S/m)						
标准差						
浓度/(mol/L)	0.010	0.012	0.014	0.016	0.018	0.020
1#κ/(S/m)						
2#κ/(S/m)						
3#κ/(S/m)						
κ 平均值/(S/m)						
标准差						

实验 56　黏度法测定聚乙烯醇的相对分子质量

一、实验目的

（1）掌握用乌氏黏度计测定黏度的基本原理和实验方法。
（2）通过黏度法测定聚乙烯醇的相对分子质量的平均值。

4-4　黏度法测定聚乙烯醇
的相对分子质量

二、实验试剂及仪器

1. 实验试剂
聚乙烯醇。
2. 实验仪器
恒温槽，乌氏黏度计，秒表，洗耳球，容量瓶，移液管，烧杯，玻璃砂漏斗。

三、实验原理

在高聚物的研究中，相对分子质量是一个不可缺少的重要数据。因为它不仅反映了高聚物分子的大小，并且直接关系到高聚物的物理性能。但与一般的无机物或低分子的有机物不同，高聚物多是相对分子质量不等的混合物，因此通常测得的相对分子质量是一个平均值。高聚物相对分子质量的测定方法很多，比较起来黏度法设备简单、操作方便，并有很好的实验精度，是常用的方法之一。

高聚物在稀溶液中的黏度是它在流动过程所存在的内摩擦的反映，这种流动过程中的内摩擦主要有：溶剂分子之间的内摩擦、高聚物分子与溶剂分子间的内摩擦，以及高聚物分子间的内摩擦。其中，溶剂分子之间内摩擦又称为纯溶剂的黏度，以 η_0 表示，三种内摩擦的总和称为高聚物溶液的黏度，以 η 表示。

实验证明，在同一温度下高聚物溶液的黏度一般要比纯溶剂的黏度大，即有 $\eta > \eta_0$。为了比较这两种黏度，引入增比黏度的概念，以 η_{sp} 表示：

$$\eta_{sp} = \frac{\eta - \eta_0}{\eta_0} = \frac{\eta}{\eta_0} - 1 = \eta_r - 1 \tag{1}$$

式中：η_r 称为相对黏度，它是溶液黏度与溶剂黏度的比值，反映的仍是整个溶液黏度的行为；η_{sp} 则反映出扣除了溶剂分子间的内摩擦以后仅仅是纯溶剂与高聚物分子间及高聚物分子之间的内摩擦。显而易见，高聚物溶液的浓度变化将会直接影响到 η_{sp} 的大小，浓度越大黏度也越大。

为此常取单位浓度下呈现的黏度来进行比较，从而引入比浓黏度的概念，以 $\dfrac{\eta_{sp}}{c}$ 表示。又 $\dfrac{\ln \eta_r}{c}$ 定义为比浓对数黏度。当浓度 c 趋近零时，比浓黏度趋近于一个极限值，即：

$$\lim_{c \to 0} \frac{\eta_{sp}}{c} = [\eta] \tag{2}$$

$[\eta]$ 主要反映了高聚物分子与溶剂分子之间的内摩擦作用，称为高聚物溶液的特性黏度，其数值可通过实验求得。因为根据实验，在足够稀的溶液中有：

$$\frac{\eta_{sp}}{c} = [\eta] + k[\eta]^2 c \tag{3}$$

$$\frac{\ln \eta_r}{c} = [\eta] + \beta[\eta]^2 c \tag{4}$$

以 $\dfrac{\eta_{sp}}{c}$ 及 $\dfrac{\ln \eta_r}{c}$ 对 c 作图得两条直线，这两条直线在纵坐标轴上相交于同一点（图 4-16），可求出 $[\eta]$。为方便数据处理，也可采取相对浓度 $c_r = c/c_0$ 进行系列作图。

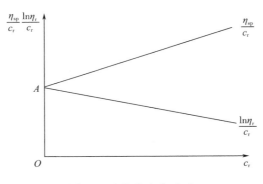

图 4-16　外推法求 $[\eta]$

由溶液的特性黏度 $[\eta]$ 还无法直接获得高聚物相对分子质量的数据，目前可由适用于非支化高聚物相对分子质量计算的半经验的麦克（H. Mark）方程求得，即：

$$[\eta] = KM^a \tag{5}$$

式中：M 为高聚物相对分子质量的平均值（kg/mol）；K、a 为常数，与温度、高聚物性质、溶剂等因素有关，可通过其他方法求得。实验证明，a 值一般为 0.5~1。聚乙烯醇的水溶液在 25 ℃时 $a = 0.63$，$K = 5.95 \times 10^{-4}$ m³/kg。

乌氏毛细管黏度计是常用的液体黏度测试仪器，根据泊肃（Poiseuille）公式：

$$\eta = \frac{\pi h \rho g r^4 t}{8lV} \tag{6}$$

式中：V 为流经毛细管液体的体积，r 为毛细管半径，ρ 为液体密度，l 为毛细管长度，t 为流出时间，h 是作用于毛细管中溶液上的平均液柱高度，g 为重力加速度。

可知同一黏度计在相同条件测定时，如果溶液浓度不大（即密度近似相同），则存在如下关系：

$$\eta_r = \frac{\eta}{\eta_0} = \frac{t}{t_0} \tag{7}$$

即只需获取溶剂和溶液在毛细管中流动的时间即可得到相应的相对黏度值。

四、实验步骤

1. 高聚物溶液的配制

实验用的聚乙烯醇水溶液应预先配制，要求测定最浓溶液和最稀溶液的相对黏度在 2~

1.2。溶液的配制方法如下：准确称 40 g 聚乙烯醇，放入 1000 mL 容量瓶中，加入约 600 mL 蒸馏水，待其全部解后，在 25 ℃时恒温 10 min 再用同温度的蒸馏水释至刻度，即配制完成，浓度为 c_0，根据相对浓度 $c_r = c/c_0$，记为 $c_r = 1$。之后根据相对浓度定义，稀释 c_r 为 5/6、2/3、1/2、1/3 四种浓度。如果溶液中有固体杂质，用 3 号玻璃砂漏斗过滤后待用。过滤时不能用滤纸，以免纸纤维混入。

2. 黏度计准备

所用黏度计外观如图 4-17 所示，使用时必须洁净，有微量的灰尘、油污等会产生局部的堵塞现象，影响溶液在毛细管中的流速，从而导致较大的误差。所以做实验之前，应该彻底洗净，放在烘箱中干燥。然后在侧管 C 上端套一软胶管，并用夹子夹紧使之不漏气。调节恒温槽至 25 ℃。把黏度计垂直放入恒温槽中，使 1 球完全浸没在水中，放置位置要合适，便于观察液体的流动情况。恒温槽的搅拌电动机的搅拌速度应调节合适，不致产生剧烈震动，影响测定结果。

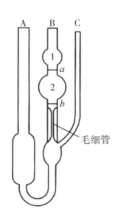

图 4-17　乌氏黏度计外观示意图

3. 溶剂流出时间 t_0 的测定

用移液管取 10 mL 蒸馏水由 A 口注入黏度计中。待恒温后利用洗耳球由 B 口将溶剂经毛细管吸入球 2 和球 1 中（注意：液体不准吸到洗耳球内），然后除去洗耳球，使管 B 与大气相通，并打开侧管 C 的夹子，让溶剂依靠重力自由流下。当液面达到刻度线 a 时立刻按秒表开始计时，当液面下降到刻度线 b 时再按秒表记录溶剂流经毛细管的时间。重复三次，每次相差不应超过 0.2 s，取其平均值。如果相差过大，则应检查毛细管有无堵塞现象并查看恒温槽温度是否符合。

4. 溶液流出时间的测定

待 t_0 测完后，取 10 mL 配制好的聚乙烯醇溶液加入黏度计中，用洗耳球将溶液反复抽吸至球 1 内几次使之混合均匀。测定不同浓度的流出时间 t_1。完成后清洗黏度计并烘干，然后依次测定不同浓度的试样，流出时间（每个数据重复三次，取平均值）。

五、注意事项

（1）测定时黏度计需要垂直放置，否则影响结果的准确性。实验过程中不要振荡黏度计。

（2）黏度计和待测液体的清洁是决定实验成功的关键之一。若是新的黏度计，应先用洗液洗，再用自来水洗三次、蒸馏水洗三次，烘干待用。

（3）搅拌过程中若出现团块状物，应停止滴加，加快搅拌速度，将团块状物打散，这样实验才能继续进行。因此实验过程中必须保持高强度搅拌，有块状物时停止滴加，加大搅拌力度打碎块状物再继续进行实验。滴加速度保持 1 滴/2 s，整个实验需要慢慢进行，这样也能防止副反应的进行。

（4）由于黏度计的毛细管较细，很容易被溶剂中的颗粒杂质或溶液中不溶解的颗粒杂质所堵塞。为此，测定中所用的溶剂和制备溶液都必须经过砂芯漏斗的过滤。黏度计洗涤一般按照洗液洗、蒸馏水洗、干燥的步骤进行，用于洗涤黏度计的液体也必须经过砂芯漏斗的过滤。

六、实验现象及数据记录

（1）实验现象及数据记录于表 4-28、表 4-29。

（2）利用 Origin 作 $\ln\eta_r/c_r$—c_r 和 η_{sp}/c_r—c_r 图，并外推 $c_r = 0$，从截距求出 $[\eta]$，随后求出聚乙烯醇的相对分子质量。

七、实验思考题

（1）测定蒸馏水的流出时间，蒸馏水的加入量是否要精确？

（2）黏度计的支管 C 有什么作用？除去 C 管是否可以测定黏度？

（3）黏度计的毛细管太粗和太细，对实验结果有何影响？

表 4-28　"黏度法测定聚乙烯醇的相对分子质量" 实验现象记录表

姓名：_____　班级：_____　学号：_____　专业：_____

时间	步骤	现象	备注

表 4-29 "黏度法测定聚乙烯醇的相对分子质量"实验数据记录表

项目		流出时间（s）					η_r	η_{sp}	$\dfrac{\eta_{sp}}{c_r}$	$\dfrac{\ln\eta_r}{c_r}$
		$1^{\#}$	$2^{\#}$	$3^{\#}$	均值	标准差				
溶剂（水）										
溶液	$c_r = 1$									
	$c_r = 5/6$									
	$c_r = 2/3$									
	$c_r = 1/2$									
	$c_r = 1/3$									

第五节　综合设计类实验

实验 57　有机染料的光催化降解

一、实验目的

（1）理解半导体材料光催化降解的基本原理，掌握对于有机染料的
光催化降解实验的方法和技能。

4-5　轻工行业废水

（2）掌握 Origin 等数据处理软件的使用技能，具备数据处理与分析
能力。

（3）通过模拟治理水中有机污染物的真实情境，理解轻工行业废水处理方法，培养绿色
轻工的理念，树立生态文明观、降碳减排意识和社会责任感。

二、实验试剂及仪器

1. 实验试剂

纳米级锐钛矿 TiO_2，罗丹明 B，蒸馏水。

2. 实验仪器

分析天平，磁力搅拌器，台式离心机，超声清洗器，紫外—可见分光光度计。

三、实验原理

纺织业、造纸业、纸质品业和农副食品加工业所排放的废水位列中国工业废水排放量的
前四位，其中纺织印染行业排放废水量大、色度深、碱性强，有机染料自身或分解后产生的
苯胺等污染物会给环境带来严重影响。常见的废水处理方法有化学絮凝法、生物法、化学氧
化法、吸附法等。光催化技术处理废水具有简单易行、经济实用、反应条件温和、无二次污
染等优点，备受研究者的广泛关注。

常见的光催化剂有二氧化钛（TiO_2）、氧化锌（ZnO）、硫化镉（CdS）等半导体材料。
半导体是一种介于导体与绝缘体之间的材料，其最高占据轨道相互作用形成价带（VB），最
低未占据轨道相互作用而形成导带（CB），价带顶与导带底之间存在一个没有电子的禁带，
它们之间的能量差称为禁带宽度或带隙（E_g）。当足够能量的光照射在半导体材料时，价带
处产生光生电子和空穴对（e^-/h^+），电子和空穴发生分离和迁移，进而与水中溶解氧和水分
子（或 OH^-）反应，生成过氧化物和羟基自由基等，这些自由基和电子空穴对可以攻击介质
中存在的有机污染物，将其分解成更小的片段，并最终被矿化为水和二氧化碳。具体反应过
程如下所示。

$$hv \xrightarrow{TiO_2} h^+ + e^- \tag{1}$$

$$h^+ + H_2O \longrightarrow \cdot OH + H^+ \tag{2}$$

$$\cdot OH + org \longrightarrow \cdots \longrightarrow CO_2 + H_2O \tag{3}$$

$$h^+ + org \longrightarrow \cdots \longrightarrow CO_2 + H_2O \tag{4}$$

四、实验步骤

向装有 50 mL 的 10 mg/L 罗丹明 B 溶液中加入 50 mg TiO$_2$ 光催化剂粉末,超声分散,使催化剂粉末分散均匀。随后,加入磁子避光搅拌 30 min,进行暗吸附,使体系达到吸脱附平衡。暗吸附结束后,用 300 W 氙灯作为光源照射烧杯(注意遮光),并在 0 min、5 min、10 min、15 min、20 min、30 min、45 min、60 min 取 1 mL 样品,快速离心得上清液。立刻用紫外—可见分光光度计在染料溶液的最大吸收波长处测上述 7 组上清液的吸光度,并记录。

五、注意事项

(1)催化降解实验前要进行暗吸附,使催化剂和降解物达到吸脱附平衡。

(2)光催化剂在染料溶液中需均匀分散,且每次取样时需取相同体积混合液。

六、实验现象及数据记录

(1)实验现象及数据记录于表 4-30、表 4-31。

(2)计算得染料溶液的浓度变化以及降解率。

溶液降解率:

$$D = \left[(c_0 - c_t)/c_0\right] \times 100\% = \left[(A_0 - A_t)/A_0\right] \times 100\% \tag{5}$$

式中:D 为染料的降解率(%),c_0 为初始的染料溶液浓度(mg/L),c_t 为光照一定时间后的染料浓度(mg/L),A_0 为初始的染料的吸光度,A_t 为光照一定时间后染料的吸光度。

(3)利用 Origin 软件绘制光催化降解曲线图。

七、实验思考题

(1)简述 TiO$_2$ 光催化剂在光作用下驱动有机物降解的机理。

(2)在降解步骤中,为何要进行暗吸附实验?

(3)TiO$_2$ 光催化剂的降解效果与哪些因素有关?

表 4-30　"有机染料的光催化降解"实验现象记录表

姓名：_____　班级：_____　学号：_____　专业：_____

时间	步骤	现象	备注

表 4-31　"有机染料的光催化降解" 实验数据记录表

序号	时间/min	吸光度	降解率/%
1	0		
2	5		
3	10		
4	15		
5	20		
6	30		
7	45		
8	60		

参考文献

［1］复旦大学，等. 物理化学实验［M］.3 版. 北京：高等教育出版社，2004.

［2］赵龙涛，刘建，高玉梅，等. 化学化工实验［M］. 北京：化学工业出版社，2013.

［3］刘勇健，白同春. 物理化学实验［M］. 南京：南京大学出版社，2009.

［4］邱金恒，孙尔康，吴强. 物理化学实验［M］. 北京：高等教育出版社，2010.

［5］武汉大学化学与分子科学学院实验中心. 物理化学实验［M］. 武汉：武汉大学出版社，2004.

［6］孙尔康，高卫，徐维清，等. 物理化学实验［M］.3 版. 南京：南京大学出版社，2022.

［7］王金玉，刘莹. 物理化学实验［M］. 北京：化学工业出版社，2023.

［8］北京大学化学系物理化学教研室. 物理化学实验［M］.3 版. 北京：北京大学出版社，1995.

［9］北京大学化学学院物理化学实验教学组，等. 物理化学实验［M］.4 版. 北京：北京大学出版社，2012.

［10］董元彦，等. 物理化学［M］.5 版. 北京：科学出版社，2013.

［11］印永嘉. 物理化学简明手册［M］. 北京：高等教育出版社，1988.

［12］Garland C W，Nibler J W，Shoemarker D P. Experiments in physical chemistry［M］.8th ed. New York：McGraw-Hill，2009.

［13］Shoemaker D P，Garland C W，Nibler J W. Experiments in Physical Chemistry［M］.5th ed. New York：McGraw-Hill Book Company，1989.

［14］Weast R C. CRC Handbook of Chemistry and Physics［M］. Boca Raton，Florda：CRC Press，Inc，1985-1986.

［15］朱京，陈卫，金贤德，等. 液体燃烧热和苯共振能的测定［J］. 化学通报，1984（3）：50.

［16］王联芝，高振华，张华林. 可见光催化降解有机污染物研究进展［J］. 湖北民族学院学报（自然科学版），2019，37（1）：30-33，44.

［17］张肖静，张涵，董永恩，等. 常低温条件下氨氮质量浓度对厌氧消化处理轻工行业废水的影响［J］. 轻工学报，2024，39（1）：109-117.

［18］周静. 纺织印染废水处理工程实例［J］. 印染助剂，2019，36（8）：45-47.

［19］王建强，黄菊梅，马玉龙，等. 改性二氧化钛光催化技术在水污染治理中的研究进展［J］. 现代盐化工，2021，48（6）：9-11.

第五章　仪器分析实验

第一节　紫外—可见分光光度法

实验 58　甲基橙/亚甲基蓝染液浓度的测定

一、实验目的

（1）掌握紫外—可见分光光度计的构造及使用方法。

（2）识记物质紫外—吸收定性分析的测试原理，能够运用紫外—可见分光光度计进行全波段扫描，确定染料最大吸收波长。

（3）能够绘制染料标准曲线，并运用标准曲线对染料进行定量分析。

2-4　紫外—可见分光光度计的操作方法

二、实验试剂与仪器

1. 实验试剂

甲基橙，亚甲基蓝，蒸馏水。

2. 实验仪器

紫外—可见分光光度计，1 cm 比色皿，容量瓶（50 mL，1000 mL），移液枪（或移液管）。

三、实验原理

1. 紫外—可见分光光度计的分类

紫外—可见分光光度计的种类繁多，构造复杂，按照不同分类标准主要可分为以下几种基本类型。

（1）按使用波长范围区分。可分为可见分光光度计（400~780 nm）和紫外—可见—近红外分光光度计（200～1000 nm）两类。其中，紫外—可见—近红外分光光度计包括近紫外、可见及近红外分光光度计。

（2）按光路区分。可分为单光束式分光光度计及双光束式分光光度计两类。

（3）按单位时间内通过溶液的波长数区分。可分为单波长分光光度计和双波长分光光度计两类。

2. 紫外—可见分光光度计的结构和原理

紫外—可见分光光度计和光电比色计均属于基于吸光度的仪器，统称为光度计。二者测试原理相同，区别在于光电比色计采用滤光片获得单色光，紫外—可见分光光度计采用棱镜或光栅等单色器获得单色光。

分光光度计虽然种类和型号较多，其基本结构都是由光源、单色器、吸收池、检测器及数据系统五个基本部分组成（图5-1）。

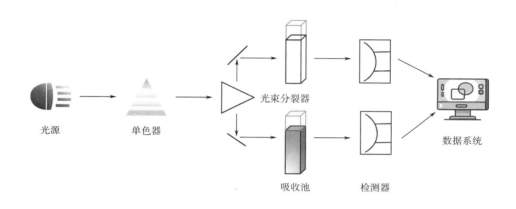

图5-1　光度计的组成示意图

（1）光源。用于提供强而稳定的紫外、可见连续入射光的设备，一般分为可见光光源及紫外光源两类。最常用的可见光光源为钨丝灯，可发射波长为320～2500 nm（最适宜使用范围为320～1000 nm），也可用作近红外光源。紫外光源多为气体放电光源，如氢、氘放电灯、氙灯及汞灯等。氢灯及氘灯的发射光源的波长为160～500 nm（最适宜使用范围为180～350 nm）。氢灯分为低压氢灯（40～80 V，较为常用）和高压氢灯（2000～6000 V）。低压氢灯或氘灯的构造是将一对电极密封在干燥的带石英窗的玻璃管内，抽真空后充入低压氢气或氘气。石英窗的作用是避免普通玻璃对紫外光的强烈吸收。氙灯主要用于高能紫外分光光度计，主要是通过氙气在高电压激励下产生氙灯光谱。氙灯的特点是具有连续光谱和较短的滞后时间，可通过调节电流和气压来控制其亮度和稳定度。汞灯光源基于放电的原理，使用汞蒸气来产生强烈的紫外线辐射。

除此之外，近红外LED（light emitting diode）作为一种新型光源，具有窄而强的光谱，适用于近红外光谱分析。

（2）单色器。单色器是从光源辐射的连续光源中分离出所需的足够窄波段光束的光学装置，是分光光度计的核心部分。单色器由棱镜或光栅等色散元件及狭缝和透镜等组成，常用的滤光片也起单色器的作用。

棱镜单色器的色散元件为棱镜，其利用不同波长的光在棱镜内折射率的不同将复合光色散为单色光，可对 175～2700 nm 的光谱范围进行散射，散射程度取决于波长。棱镜单色器获得的单色光纯度取决于棱镜的色散率和出射狭缝的宽度。玻璃棱镜对 400～1000 nm 波长的光色散较大，适用于可见分光光度计。石英棱镜可用于紫外光、可见光和近红外光区域，但用于可见光区域时不如玻璃棱镜好。

光栅单色器则具有线性色散。光栅可定义为一系列等宽、等距离的平行狭缝。常用的光栅单色器为反射光栅单色器，它又分为平面发射光栅（较为常用）和凹面发射光栅两种。散射范围遍及所有波长，可通过衍射光栅获得很广的波长范围。此外，可通过恒定的狭缝宽度获得恒定的光谱。

（3）滤镜。可用滤镜拣选出单一波长的光线，还可以将滤镜与衍射光栅结合起来使用，以将杂散光滤出。

滤光片根据作用原理可分为吸收滤光片和干涉滤光片两种。吸收滤光片的作用原理是能够有选择性地吸收某些波长的光，而只允许一定波长范围的光透过，因此可将波长范围很宽的连续光谱过滤，得到具有一定纯度的单色光。滤光片的这种特性，可以由它的透光曲线来描述，透光曲线是滤光片的性能和质量的表征。有效带宽越小，表示该滤光片获得的光的单色性越纯，质量越好。一般滤光片常用它的透光中心波长来命名，例如，520 或 S52 就表示此滤光片的透光中心为 520 nm。干涉滤光片利用干涉原理只使特定光谱范围的光通过光学薄膜，它可提供小到 10 nm 宽的谱带和较大的透光度，通常由多层薄膜构成。干涉滤光片种类繁多，用途不一。

（4）吸收池。吸收池也称比色皿，是用于盛装吸收试液和决定透光液层厚度的器件。吸收池材料一般有石英和玻璃两种。石英池可用于紫外、可见及近红外（<3 μm）光区，普通硅酸盐玻璃池只能用于 350 nm～2 μm 的光谱区。常见的吸收池为两透的长方形，光程为 0.5～10 cm。

（5）检测器。检测器的作用是将样品的透射光转换为电信号。可采用光学半导体或各种类型的光电倍增管作为检测器。光学半导体在紫外到近红外波段具有高速、高敏感性和低噪声的特点，具有代表性的光学半导体是硅光电二极管。光电倍增管是光电管与放大器（约 10 倍放大率）的结合，对紫外线和可见光波段均敏感，可通过调整施加的电压对敏感度进行大幅度调整。

（6）数据系统。数据系统的作用是将检测器输出的电信号以吸收光谱的形式（或吸收度或透射率）显示出来。为了便于测量，一般要将检测器的输出信号用放大器放大几个数量级。常用的显示测量仪器有电位计、检流计、自动记录仪、示波器及数字显示装置等。

3. 染料浓度测定原理

染料分子中的某些基团吸收了紫外可见辐射光后，发生电子能级跃迁，产生吸收光谱。不同物质的分子、原子和空间结构不同，其吸收光能量的情况也不同。因此，每种物质都有其特有的、固定的吸收光谱曲线，根据这一特性，可对物质进行定性分析。

物质浓度不同，特征波长处的吸光度也不同，因此通过物质的吸光度（或透过率）可判定该物质的含量，这就是用紫外—可见分光光度计进行定性和定量分析的基本原理。

吸光系数与入射光的波长及被光通过的物质有关，只要光的波长被固定下来，同一种物质，吸光系数就不变。当一束光通过一个吸光物质（通常为溶液）时，溶质吸收了光能，光的强度减弱。吸光度就是用来衡量光被吸收程度的一个物理量，用 A 表示。A 在一定的浓度范围，满足如下关系：

$$A = Ebc$$

式中：E 为吸光系数 $[L/(g \cdot cm)]$，b 为光在样本中经过的距离（通常为比色皿的厚度）（cm），c 为溶液浓度（g/L）。

四、实验步骤

1. 母液配制

准确称取甲基橙染料（或亚甲基蓝）0.0100 g，溶解于（30 ± 10）℃水中，待全部溶解后，冷却到室温，移入 1000 mL 的容量瓶中，稀释至标线，作为标准原液。另分别移取适量该溶液配制成系列标准溶液。

2. 吸收曲线的绘制和测量波长的选择

吸取 5.0 mL 甲基橙（或亚甲基蓝）标准原液分别注入两个 50 mL 容量瓶中，用蒸馏水稀释至刻度，摇匀。用 1 cm 比色皿，以空白试剂为参比，在 400 ~ 600 nm 范围内测吸光度。然后以波长为横坐标，吸光度 A 为纵坐标，绘制吸收曲线，并找出最大吸收波长，保留溶液备用。

3. 标准曲线的绘制

分别吸取甲基橙（或亚甲基蓝）染料标准溶液 0.0 mL、1.0 mL、2.0 mL、3.0 mL、4.0 mL、5.0 mL 于 6 只 50 mL 容量瓶中，并以此给以 0# ~ 5# 的编号。编号后，依次用蒸馏水稀释至刻度并摇匀。放置 10 min，在染料最大吸收波长下，用 1 cm 比色皿，以试剂溶液为空白，测定各溶液的吸光度，以染料浓度为横坐标，溶液相应的吸光度为纵坐标，绘制标准曲线，明确染料浓度与吸光度间的定量关系。

4. 未知试样中染料浓度的测定

随意量取染液标准原液，用容量瓶稀释，用 1 cm 比色皿，以试剂溶液为空白，于分光光度计上测得吸光度，由标准曲线求取未知试样中染料的浓度。注意未知试样染料浓度不能过大，否则无法读数。

注：本实验可仅选取一种染料，若实验条件允许可完成两种染料的测定。

五、注意事项

（1）比色皿使用时注意不要沾污或磨损透光面，应手持比色皿的毛面。

（2）待测液制备好后应尽快测量，避免有色物质分解，影响测量结果。

（3）测得的吸光度 A 最好控制在 0.2 ~ 0.8，超过 1.0 时要做适当稀释，低于 0.2 时需要适当浓缩。

六、实验现象及数据记录

实验现象及数据记录于表 5-1、表 5-2。

七、实验思考题

（1）为什么测量的最佳波长选择具有最大吸光度的波长？

（2）测得的吸光度 A 为什么最好控制在 $0.2 \sim 0.8$ 之间？

表 5-1　"甲基橙/亚甲基蓝染液浓度的测定"实验现象记录表

姓名：＿＿＿＿＿＿＿＿＿　班级：＿＿＿＿＿＿＿＿＿　学号：＿＿＿＿＿＿＿＿＿　专业：＿＿＿＿＿＿＿＿＿

时间	步骤	现象	备注

表 5-2　染料标准曲线的绘制数据记录表

编号	0	1	2	3	4	5
甲基橙染料浓度/（μg/L）						
吸光度 A						
甲基橙染液标准曲线拟合后方程						
未知浓度甲基橙样品的吸光度 A						
未知浓度甲基橙样品的浓度/（μg/L）						
编号	0	1	2	3	4	5
亚甲基蓝染料浓度/（μg/L）						
吸光度 A						
亚甲基蓝染液标准曲线拟合后方程						
未知浓度亚甲基蓝样品的吸光度 A						
未知浓度亚甲基蓝样品的浓度/（μg/L）						

实验 59　分光光度法同时测定维生素 C 和维生素 E 的含量

一、实验目的

（1）识记紫外—可见分光光度计的基本原理和使用方法，并理解其局限性，培养严谨、客观的科学素养。

（2）能够恰当选择或使用紫外—可见分光光度计测定双组分体系维生素 C 和维生素 E 的含量，并正确处理和分析实验数据。

二、实验试剂及仪器

1. 实验试剂

维生素 C（抗坏血酸），维生素 E（α-生育酚），无水乙醇。

2. 实验仪器

紫外—可见分光光度计，石英比色皿，容量瓶（50 mL）10 只，容量瓶（1000 mL）2 只，吸量管（10 mL）2 支。

2-4　紫外—可见分光光度计的操作方法

三、实验原理

维生素 C 和维生素 E 在食品中起抗氧化作用，在一定时间内能够防止油脂变性。维生素 C 是水溶性的，维生素 E 是酯溶性的，它们都能溶于无水乙醇，因此，可在乙醇溶液中用紫外—可见分光光度计分别测定它们的含量。

根据朗伯—比尔定律，用紫外—可见分光光度法很容易定量测定在此光谱区内有吸收的单一成分；由两种组分组成的混合物中，若彼此都不影响它们的光吸收性质，可根据相互间光谱重叠的程度，采用相对的方法来进行定量测定。例如，当两组分吸收峰部分重叠时，选择适当的波长，仍可按测定单一组分的方法处理；但当两组分吸收峰大部分重叠时，则宜采用解联立方程组或双波长法等方法进行测定。

混合组分中在 λ_1 处的吸收等于组分 A 和组分 B 分别在 λ_1 处的吸光度之和 $A_{\lambda_1(A+B)}$　即：

$$A_{\lambda_1(A+B)} = \varepsilon_{\lambda_1(A)} bc_{(A)} + \varepsilon_{\lambda_1(B)} bc_{(B)} \tag{1}$$

同理，混合组分在 λ_2 处的吸光度之和 $A_{\lambda_2(A+B)}$　应为：

$$A_{\lambda_2(A+B)} = \varepsilon_{\lambda_2(A)} bc_{(A)} + \varepsilon_{\lambda_2(B)} bc_{(B)} \tag{2}$$

若先用 A、B 组分的标样，分别测得 A、B 两组分在 λ_1 和 λ_2 处的摩尔吸收系数 $\varepsilon_{\lambda_1(A)}$、$\varepsilon_{\lambda_2(A)}$、$\varepsilon_{\lambda_1(B)}$、$\varepsilon_{\lambda_2(B)}$，再测得未知试样在 λ_1 和 λ_2 处的吸光度 $A_{\lambda_1(A+B)}$　和 $A_{\lambda_2(A+B)}$　后，解下列二元一次方程组：

$$A_{\lambda_1(A+B)} = \varepsilon_{\lambda_1(A)} bc_{(A)} + \varepsilon_{\lambda_1(B)} bc_{(B)} \tag{3}$$

$$A_{\lambda_2(A+B)} = \varepsilon_{\lambda_2(A)} bc_{(A)} + \varepsilon_{\lambda_2(B)} bc_{(B)} \tag{4}$$

即可求得 A、B 两组分各自的浓度 $c_{(A)}$　和 $c_{(B)}$：

$$c_{(A)} = (A_{\lambda_1(A+B)} \cdot \varepsilon_{\lambda_2(B)} - A_{\lambda_2(A+B)} \cdot \varepsilon_{\lambda_1(B)})/(\varepsilon_{\lambda_1(A)} \cdot \varepsilon_{\lambda_2(B)} - \varepsilon_{\lambda_2(A)} \cdot \varepsilon_{\lambda_1(B)}) \tag{5}$$

$$c_{(B)} = (A_{\lambda_1(A+B)} - \varepsilon_{\lambda_1(A)} \cdot c_{(A)}) / \varepsilon_{\lambda_1(B)} \tag{6}$$

一般来说，为了提高检测的灵敏度，λ_1 和 λ_2 宜分别选择在 A、B 两组分最大吸收波长峰处或其附近。

四、实验步骤

1. 准备工作

（1）清洗容量瓶等需要使用的玻璃仪器，晾干待用。

（2）检查仪器，开机预热 30 min，并调试至正常工作状态。

2. 配制系列标准溶液

（1）配制维生素 C 标准溶液。称取 0.0132 g 维生素 C，在烧杯中用少量无水乙醇溶解，定量转移至 1000 mL 容量瓶中，加入无水乙醇至标线，摇匀。此溶液浓度为 7.50×10^{-5} mol/L。分别移取上述溶液 0 mL、2 mL、4 mL、6 mL、8 mL、10 mL 于 5 只洁净干燥的 50 mL 容量瓶中，用无水乙醇稀释至标线，摇匀，并记录溶液浓度。

（2）配制维生素 E 标准溶液。称取 0.0488 g 维生素 E，在烧杯中用无水乙醇溶解，定量转移至 1000 mL 容量瓶中，加入无水乙醇至标线，摇匀。此溶液浓度为 1.13×10^{-4} mol/L。分别吸取上述溶液 0 mL、2 mL、4 mL、6 mL、8 mL、10 mL 于 5 只洁净干燥的 50 mL 容量瓶中，用无水乙醇稀释至标线，摇匀，并记录溶液浓度。

（3）绘制吸收光谱曲线。以无水乙醇为参比，在 220~400 nm 范围绘制维生素 C 和维生素 E 的吸收光谱曲线，并确定其最大吸收波长 $\lambda_{max,C}$ 和 $\lambda_{max,E}$，分别作为 λ_1 和 λ_2。

（4）绘制工作曲线。

①维生素 C 标准工作曲线。以无水乙醇为参比，分别在波长 λ_1 和 λ_2 处测定维生素 C 标准溶液的吸光度值。

②维生素 E 标准工作曲线。以无水乙醇为参比，分别在波长 λ_1 和 λ_2 处测定维生素 E 标准溶液的吸光度值。

（5）未知液的测定。取未知液 5 mL（维生素 C 和维生素 E 的浓度未知混合液），移入 50 mL 容量瓶中，加入无水乙醇至标线，摇匀。在波长 λ_1 和 λ_2 处分别测定其吸光度值。

（6）结束工作。实验完毕，关闭电源。取出比色皿，清洗晾干后入盒保存。清理工作台，罩上仪器防尘罩，填写仪器使用记录。

五、注意事项

（1）试样取样量应经实验动态及时调整，确保测量的吸光度值在适宜范围内。

（2）开关样品室时，动作要轻缓。

（3）不要在仪器上方倾倒测试样品，以免样品污染仪器表面，损坏仪器。

六、实验现象及数据处理

（1）实验现象及数据记录于表 5-3、表 5-4。

（2）绘制维生素 C（抗坏血酸）和维生素 E（α-生育酚）的吸收曲线。

表 5-3 "分光光度法同时测定维生素 C 和维生素 E 的含量" 实验现象记录表

姓名：_____ 班级：_____ 学号：_____ 专业：_____

时间	步骤	现象	备注

（3）分别绘制维生素 C 和维生素 E 在 λ_1 和 λ_2 的 4 条工作曲线，求出 4 条直线的斜率，即 $\varepsilon_{\lambda_1(C)}$ 和 $\varepsilon_{\lambda_2(C)}$，$\varepsilon_{\lambda_1(E)}$ 和 $\varepsilon_{\lambda_2(E)}$。

（4）由测得的未知液 $A_{\lambda_1(C+E)}$ 和 $A_{\lambda_2(C+E)}$，利用工作曲线计算未知样中维生素 C 和维生素 E 的浓度。

表5-4 "分光光度法同时测定维生素 C 和维生素 E 的含量" 实验数据记录表

编号	0	1	2	3	4	5
维生素 C 浓度/（μg/L）						
λ_1 处维生素 C 吸光度 $A_{\lambda_1(C)}$						
λ_2 处维生素 C 吸光度 $A_{\lambda_2(C)}$						
维生素 C 标准曲线拟合后方程（λ_1）						
维生素 C 标准曲线拟合后方程（λ_2）						
维生素 E 浓度/（μg/L）						
λ_1 处维生素 E 吸光度 $A_{\lambda_1(E)}$						
λ_2 处维生素 E 吸光度 $A_{\lambda_2(E)}$						
维生素 E 标准曲线拟合后方程（λ_1）						
维生素 E 标准曲线拟合后方程（λ_2）						
λ_1 处未知液的吸光度 $A_{\lambda_1(C+E)}$						
λ_2 处未知液的吸光度 $A_{\lambda_2(C+E)}$						
未知样中维生素 C 的浓度/（μg/L）						
未知样中维生素 E 的浓度/（μg/L）						

七、实验思考题

（1）使用本方法测定维生素 C 和维生素 E 是否灵敏？解释其原因。

（2）本实验为什么用乙醇作参比液而不是用水作参比液？

实验 60 甲基红的酸解离平衡常数的测定

一、实验目的

（1）识记解离平衡常数的测定原理。
（2）掌握分光光度计的原理和使用方法，并理解其使用的局限性。

二、实验试剂与仪器

1. 实验试剂

甲基红贮备液（0.5 g 晶体甲基红溶于 300 mL 95% 的乙醇中，用蒸馏水稀释至 500 mL），标准甲基红溶液（取 8 mL 贮备液加 50 mL 95% 乙醇稀释至 100 mL；pH 为 4.00 和 6.86 的标准缓冲溶液），CH_3COONa 溶液（0.04 mol/L），CH_3COONa 溶液（0.01 mol/L），CH_3COOH 溶液（0.02 mol/L），HCl 溶液（0.1 mol/L），HCl 溶液（0.01 mol/L）。

2. 实验仪器

分光光度计 1 台（带恒温夹套），pH 计 1 台，100 mL 容量瓶 6 只，10 mL 移液管 3 支，25 mL 移液管 2 支，50 mL、5 mL 移液管各 1 支。

三、实验原理

对二甲氨基邻羧基偶氮苯又名甲基红，是一种弱酸型的酸碱指示剂，具有酸（HMR）和碱（MR^-）两种形式，甲基红在水溶液中部分解离，在碱性溶液中呈黄色，在酸性溶液中呈红色。在酸性溶液中它以两种离子形式存在，如图 5-2 所示。

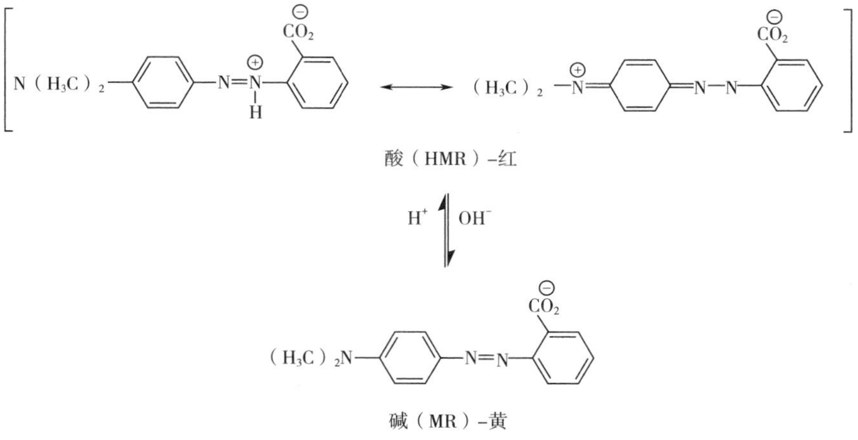

图 5-2 甲基红两种离子形式存在分子式

简单地写成：

$$HMR \Longleftrightarrow H^+ + MR^-$$
$$\text{酸形式} \qquad \text{碱形式}$$

（1）

其解离平衡常数：

$$K = \frac{[H^+][MR^-]}{[HMR]} \tag{2}$$

$$pK = pH - \lg\frac{[MR^-]}{[HMR]} \tag{3}$$

由于甲基红本身带有颜色，且在有机溶剂中解离度很小，所以用一般的化学分析法或其他物理化学方法很难确定比值 [MR⁻]/[HMR]。HMR 与 MR⁻ 在可见光谱范围内具有强的吸收峰，溶液离子强度的变化对它的酸解离平衡常数没有显著的影响，且在简单 CH₃COOH—CH₃COONa 缓冲系统中就很容易使颜色在 pH = 4~6 范围内改变，因此，[MR⁻]/[HMR] 的值可通过分光光度法测定而求得。

对于化学反应平衡系统，分光光度计测得的吸光度包括各物质的贡献，按朗伯—比尔定律，可知甲基红溶液在 HMR 最大吸收波长 λ_A 和 MR⁻ 最大吸收波长 λ_B 处的吸光度为

$$A_A = \varepsilon_{A,HMR}[HMR]\,l + \varepsilon_{A,MR^-}[RM^-]\,l \tag{4}$$

$$A_B = \varepsilon_{B,HMR}[HMR]\,l + \varepsilon_{B,MR^-}[MR^-]\,l \tag{5}$$

式中：A_A、A_B 分别为 HMR 和 MR⁻ 在 λ_A 和 λ_B 处所测得的吸光度；$\varepsilon_{A,HMR}$、ε_{A,MR^-} 和 $\varepsilon_{B,HMR}$、ε_{B,MR^-} 分别为 HMR 和 MR⁻ 在波长 λ_A 和 λ_B 下的摩尔吸收系数，l 为比色皿的厚度。

各物质的摩尔吸收系数可由作图法求得（参考实验 59）。联立式（4）和式（5）求出 [MR⁻] 与 [HMR] 的相对量。再测得溶液 pH，最后按式（3）求出 pK。

四、实验步骤

1. 分光光度计的使用

使用仪器前，应认真阅读说明书，掌握该仪器的使用方法。使用前需预热 30 min。

2. 测定甲基红酸式（HMR）和碱式（MR⁻）的最大吸收波长 λ_A 和 λ_B

溶液 A：取 10 mL 标准甲基红溶液，加 10 mL 0.1 mol/L 的 HCl 溶液，稀释至 100 mL，此溶液的 pH 大约为 2，因此甲基红完全以 HMR 形式存在。

溶液 B：取 10 mL 标准甲基红溶液和 25 mL 0.04 mol/L 的 CH₃COONa 溶液稀释至 100 mL，此溶液的 pH 大约为 8，因此甲基红完全以 MR⁻ 形式存在。

取部分 A 液和 B 液分别放在两个相同规格的比色皿内，在 350~600 nm 测定吸光度 A_A 和 A_B。

3. 检验 HMR 和 MR⁻ 是否符合朗伯—比尔定律，并测定它们在 λ_A、λ_B 下的摩尔吸收系数 $\varepsilon_{A,HMR}$、ε_{A,MR^-}，$\varepsilon_{B,HMR}$ 和 ε_{B,MR^-}

取部分 A 液和 B 液，分别各用 0.01 mol/L 的 HCl 溶液和 0.01 mol/L 的 CH₃COONa 溶液稀释至它们原浓度的 0.75 倍、0.50 倍、0.25 倍（设置稀释样品组），制成一系列待测液（若待测液的体积均为 10 mL，应先计算各试剂的用量）。在波长 λ_A 和 λ_B 下测定这些溶液相对于水的吸光度。

4. 求不同 pH 下 HMR 和 MR⁻ 的相对量

在四只 100 mL 的容量瓶中分别加入 10 mL 标准甲基红溶液和 25 mL 0.04 mol/L 的 CH₃COONa 溶液，并分别加入 50 mL、25 mL、10 mL、5 mL 0.02 mol/L 的 CH₃COOH 溶液，

然后用蒸馏水稀释至刻度，制成一系列待测液。测定在 λ_A 和 λ_B 下各溶液的吸光度和 A_A 和 A_B，用酸度计测得各溶液的 pH。

由于在 λ_A 和 λ_B 下所测得的吸光度是 HMR 和 MR⁻ 吸光度的总和，所以溶液中 HMR 和 MR⁻ 的相对量可求得，随后计算得出甲基红的酸解离平衡常数 pK 值。

对已知许多简单的缔合和解离类型的反应，如甲基橙、溴酚蓝在水溶液中的解离平衡等，在溶液中包含的反应物和产物，在一定光谱范围内具有特征吸收，因此可以像在本实验中讲述的那样研究这些反应的平衡，得出 pK 值。

五、注意事项

（1）一定要认真阅读分光光度计、pH 计使用说明书。
（2）比色皿校正后不要随便更换，不要将磨砂玻璃面对准光源。
（3）复合电极（或玻璃电极）易破损，勿与硬物相碰。

六、实验现象及数据记录

（1）实验现象及数据记录于表 5-5～表 5-9。
（2）由吸光度对波长作图，找出最大吸收波长 λ_A、λ_B。
（3）由吸光度对浓度作图，并计算在 λ_A 下甲基红酸式（HMR）和碱式（MR⁻）的 $\varepsilon_{A,HMR}$、ε_{A,MR^-} 及在 λ_B 下的 $\varepsilon_{B,HMR}$、ε_{B,MR^-}。
（4）求出混合溶液在不同 pH 下 HMR 和 MR⁻ 的相对量。
（5）求出各混合溶液中甲基红的解离平衡常数。

七、实验思考题

（1）在本实验中，温度对测定结果有何影响？采取哪些措施可以减少由此引起的实验误差？
（2）甲基红酸式吸收曲线和碱式吸收曲线的交点称为"等色点"，讨论在等色点处吸光度和甲基红浓度的关系。
（3）为什么要用相对浓度？为什么可以用相对浓度？
（4）在吸光度测定中，应该怎样选用比色皿？

表 5-5　"甲基红的酸解离平衡常数的测定" 实验现象记录表

姓名：＿＿＿＿＿＿＿＿　班级：＿＿＿＿＿＿＿＿　学号：＿＿＿＿＿＿＿＿　专业：＿＿＿＿＿＿＿＿

时间	步骤	现象	备注

表 5-6　A、B 系列溶液在 350~600 nm 的吸光度记录表

实验温度：_____℃；大气压力：_____kPa

λ/nm	350	360	370	380	390	400	410	420	430	440	450	460	470
A													
B													
λ/nm	480	490	500	510	520	530	540	550	560	570	580	590	600
A													
B													

表 5-7　不同浓度 A、B 系列溶液的吸光度记录表

编号	0	1	2	3
稀释情况	原溶液	0.75 倍	0.50 倍	0.25 倍
A 液在 λ_A 下吸光度				
A 液在 λ_B 下吸光度				
B 液在 λ_A 下吸光度				
B 液在 λ_B 下吸光度				

表 5-8　不同 pH 下四种混合液的吸光度记录表

混合液序号			1	2	3	4
pH 测定	电极斜率	I				
		II				
		III				
		平均值				
	pH	I				
		II				
		III				
		平均值				
吸光度	A_A	I				
		II				
		III				
		平均值				
	A_B	I				
		II				
		III				
		平均值				

表 5-9　甲基红的酸解离平衡常数数据处理结果

混合液序号	$\dfrac{[MR^-]}{[HMR]}$	$\lg\dfrac{[MR^-]}{[HMR]}$	pK	pK 相对误差
1				
2				
3				
4				

第二节　红外光谱法

实验61　苯甲酸红外吸收光谱的测定

一、实验目的

（1）知晓红外光谱仪的基本原理和基本构造，能够正确、规范地使用红外光谱仪。

5-1　红外光谱仪的使用

（2）熟练掌握用 KBr 压片法制备红外测试样品的方法和技能。

（3）能够对小分子有机化合物的红外吸收光谱图进行解析，并准确识别其官能团特征吸收峰的位置。

二、实验试剂与仪器

1. 实验试剂

苯甲酸粉末，光谱纯 KBr 粉末。

2. 实验仪器

傅里叶变换红外光谱仪，压片机，夹具，干燥器，玛瑙研钵，药匙，镜纸，红外灯，IR-Solution 软件。

三、实验原理

红外吸收光谱是一种分子吸收光谱。当样品受到频率连续变化的红外光照射时，分子吸收了某些频率的辐射，并由其振动或转动运动引起偶极矩的净变化，产生分子振动和转动能级从基态到激发态的跃迁，使相对于这些吸收区域的透射光强度减弱。记录红外光的透过率（或吸收率）与波数或波长关系曲线，得到红外光谱。

红外吸收光谱分析方法主要是依据分子内部原子间的相对振动和分子转动等信息进行测定。不同的化学键或官能团，其振动能级从基态跃迁到激发态所需的能量不同，因此要吸收不同波长的红外光，将在不同频率出现吸收峰，从而形成红外光谱。

红外光谱一般通过红外光谱仪测量而得到。常用的红外光谱仪为傅立叶变换红外光谱仪，由光学检测系统和计算机系统两大部分组成。

光学检测主要元件是迈克尔逊（Michelson）干涉仪，包括红外光源、光栅、干涉仪、激光器、检测器和几个红外反射镜。工作原理如下（图5-3）：红外光源的辐射光经 M_1 反射为平行光束，投射到45°放置的分束器 P（KBr）上，分束器将光等分为两部分：一部分反射到固定镜再反射回来，复透过 P，经 M_3 聚焦射向样品池和检测器（氘代硫酸三甘肽溴化钾，DTGS-KBr）；另一部分透过 P，经动镜反射也射向样品池和检测器。动镜以速度 v 做匀速往复移动，经 M_3 和 M_4 反射的两束光相互干涉而增强，检测器输出的信号增大；光程差等于入射光波长的半波长的奇数倍时，两束光因干涉相抵消，输出的信号减弱，这样由干涉仪输出的为干涉图。当将有红外吸收的样品放在干涉的光路中，由于样品吸收掉某些频率范围的能量，所得干涉图的强度曲线即表现相应的变化，这种变化了的干涉图包含了整个波长范围内样品吸收的全部信息。

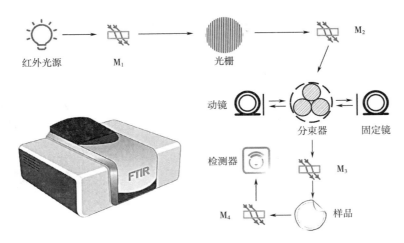

图 5-3　红外光学检测系统的基本组成及原理图

计算机系统的作用是接收由 Michelson 干涉仪输出的经过红外吸收的干涉图，进行傅里叶变换（FT）数学处理，将干涉图还原为样品的红外光谱图。

傅立叶变换红外光谱具有扫描速率快、分辨率高、稳定的可重复性等特点，被广泛使用。

四、实验步骤

（1）打开红外光谱仪电源，预热 20~30 min。

（2）将夹具、玛瑙研钵、药匙用酒精擦拭干净，先用电吹风烘干，再在红外灯下烘烤。

（3）称取一定量的 KBr 粉末（每份约 200 mg），加入研钵中，在红外灯下进行研磨，直至 KBr 粉末颗粒足够小。

（4）将上述 KBr 装入夹具，在压片机上压片，压力上升至 14 MPa 左右，稳定 30 s。

（5）打开红外光谱仪样品舱舱门，将压好的 KBr 薄片放入样品池，设置背景的各项参数之后，进行测试，得到背景的扫描谱图。

（6）取一定量苯甲酸（1.2~1.3 mg）放入研钵中研细，加入 100~200 mg 干燥的 KBr 粉末，充分研磨，粒度小于 2 μm，然后重复上述步骤得到试样的薄片。

（7）将样品的薄片固定好，装入红外光谱仪，设置样品测试的各项参数后进行测试，得到苯甲酸的红外谱图。

（8）删掉背景谱图，对样品谱图进行简单编辑，标注出吸收峰值，保存试样的红外谱图。

（9）谱图分析。在测定的谱图中根据出现吸收带的位置、强度和形状，利用各官能团特征吸收的知识，确定吸收带的归属。若出现了某官能团的吸收，应该查看该官能团的相关峰是否也存在。应用谱图分析，结合其他分析数据，可以确定化合物的结构单元，再按照化学知识和解谱经验，提出可能的结构式。然后查找该化合物标准谱图，验证是否为推定的化合物。

五、注意事项

（1）测定条件（样品的物理状态、样品的浓度以及溶剂等）应与标准谱图测定条件保持一致。

（2）在整个实验过程，应确保样品的干燥，尽可能减少水分的干扰。

六、实验现象及数据记录

（1）实验现象记录于表 5-10。

（2）绘制样品的红外光谱图，贴于谱图粘贴页，并进行谱图解析。

七、实验思考题

（1）用压片法制样时，为什么要求将固体样品试样研磨到颗粒粒度在 2 μm 左右？为什么要求 KBr 粉末干燥，避免吸水受潮？

（2）红外谱图解析的一般过程是什么？

表 5-10 "苯甲酸红外吸收光谱的测定"实验现象记录表

姓名：_____ 班级：_____ 学号：_____ 专业：_____

时间	步骤	现象	备注

请将测得的苯甲酸红外吸收光谱图贴于框内，并对谱图进行解析。

实验 62　聚对苯二甲酸乙二醇酯红外光谱分析

一、实验目的

（1）能够熟练运用溴化钾压片法制备固体样品，并掌握傅里叶变换红外光谱仪的使用方法。

（2）能够对高分子聚合物的红外吸收光谱图进行初步解析，识别其官能团特征吸收峰的位置。

5-1　红外光谱仪
的使用

二、实验试剂与仪器

1. 实验试剂

聚对苯二甲酸乙二醇酯，光谱纯 KBr 粉末。

2. 实验仪器

傅里叶变换红外光谱仪，压片机，夹具，干燥器，玛瑙研钵，药匙，镜纸，红外灯，IRSolution 软件。

5-2　聚酯纤维

三、实验原理

聚对苯二甲酸乙二醇酯（PET）一般由对苯二甲酸二甲酯与乙二醇酯交换，或以对苯二甲酸与乙二醇酯化，先合成对苯二甲酸双羟乙酯，然后进行缩聚反应制得，可纺成聚酯纤维，即涤纶。

红外光是一种波长介于可见光区和微波区之间的电磁波谱。波长在 $0.75 \sim 10000$ μm。通常又把这个波段分成三个区域，即近红外区：波长在 $0.75 \sim 2.50$ μm（波数在 $13300 \sim 4000$ cm^{-1}），又称泛频区；中红外区：波长在 $2.5 \sim 50$ μm（波数在 $4000 \sim 200$ cm^{-1}），又称振动区；远红外区：波长在 $50 \sim 1000$ μm（波数在 $200 \sim 10$ cm^{-1}），又称转动区。其中中红外区是研究、应用最多的区域。

红外光谱除用波长 λ 表征外，更常用波数表征。波数是波长的倒数，表示在光的传播方向上单位长度内的光波数。

当一束具有连续波长的红外光通过物质，物质分子中某个基团的振动频率或转动频率和红外光的频率相同时，分子吸收能量，由原来的基态跃迁到能量较高的激发态，产生振动和转动能级的跃迁，该处波长的光就被物质吸收。将分子吸收红外光的情况用仪器记录下来，就得到红外光谱图。红外光谱法实质上是一种根据分子振动和转动信息确定物质官能团结构的分析方法。

四、实验步骤

（1）取 $1 \sim 2$ mg 聚对苯二甲酸乙二醇酯细碎纤维样品，加入在红外灯下烘干的 $100 \sim 200$ mg 溴化钾粉末，在玛瑙研钵中充分磨细（颗粒约 2 μm），混合均匀。取出约 80 mg 混合物均匀铺洒在干净的压模内，于压片机上制成透明薄片。

（2）将此片装于固体样品架上，样品架插入红外光谱仪的样品池处，在 $4000 \sim 400 \text{ cm}^{-1}$ 进行波数扫描，得到吸收光谱。

五、注意事项

（1）实验室环境应该保持干燥，确保样品与药品的纯度与干燥度。

（2）样品制备速度要尽可能快，防止吸收过多的水分，影响实验结果。

（3）溴化钾压片的过程中，粉末要在研钵中充分磨细，且于压片机上制得的透明薄片厚度要适当。

（4）试样放入仪器时动作要迅速，避免空气流动影响实验的准确性。

（5）聚对苯二甲酸乙二醇酯细碎纤维样品一定要耐心研磨至精细，避免由于大颗粒的存在而影响实验结果。

六、实验现象及数据记录

（1）实验现象记录于表 5-11。

（2）绘制样品的红外光谱图，贴于谱图粘贴页，并进行谱图解析。

七、实验思考题

（1）为什么要选用 KBr 作为来承载样品的介质？

（2）傅立叶变换红外光谱仪的特点是什么？

表 5-11 "聚对苯二甲酸乙二醇酯红外光谱分析"实验现象记录表

姓名：_____ 班级：_____ 学号：_____ 专业：_____

时间	步骤	现象	备注

请将测得的聚对苯二甲酸乙二醇酯红外吸收光谱图贴于框内，并对谱图进行解析。

第三节 荧光光谱法

实验 63 荧光分析法测定硫酸奎宁的含量

一、实验目的

（1）知晓荧光分光光度计的基本原理和基本构造，能够正确、规范地使用荧光分光光度计。

（2）能够运用校正曲线法进行荧光定量分析。

二、实验试剂及仪器

1. 实验试剂

稀 H_2SO_4（0.05 mol/L），硫酸奎尼丁（药品），硫酸奎宁。

2. 实验仪器

荧光分光光度计，移液管（1 mL，5 mL），刻度吸量管（5 mL），量瓶（50 mL，500 mL）。

三、实验原理

硫酸奎尼丁属生物碱类抗心律失常药，分子结构如图 5-4 所示。由于其分子结构中具有喹啉环结构，故能产生较强荧光，可用直接荧光法测定其荧光强度，由校正曲线法或回归方程求出未知试样中硫酸奎尼丁的含量。

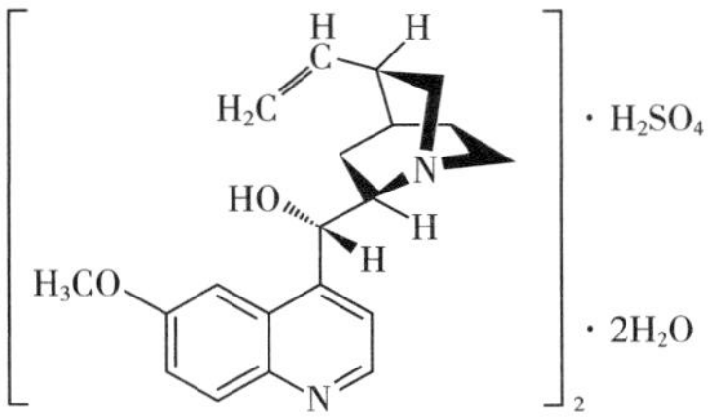

图 5-4 硫酸奎尼丁结构图

荧光分光光度计也称荧光光谱仪，是扫描荧光物质所发出的荧光光谱的一种仪器，可用于液体、固体样品（如凝胶条）的光谱扫描。荧光分光光度计的激发波长扫描范围一般是 190~650 nm，发射波长扫描范围是 200~800 nm。

荧光分光光度计主要由光源、激发单色器、样品池、发射单色器和检测器等组成，如图 5-5 所示。

（1）光源。用于提供稳定光强，以激发样品的荧光发射。常用的光源主要有汞灯、氙灯和激光器等。

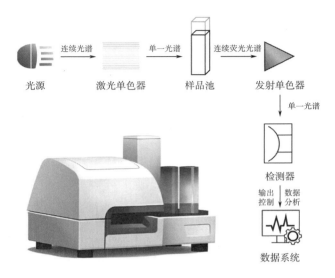

图 5-5　荧光分光光度计的组成

（2）单色器。荧光光谱仪中单色器一般为光栅或滤光片。单色器有激发单色器和发射单色器两个，分别用于筛选特定激发光波长和荧光发射波长。

（3）样品池。由于要求荧光分光光度计使用的样品池本身无荧光发射，因此，通常选择熔融石英作为液体样品池材料，样品池四壁均光洁透明。对于固体样品，通常将其固定在固体样品支架附件上进行测量。

（4）检测器。荧光的强度通常比较弱，因此，要求检测器有较高的灵敏度。一般采用光电管或光电倍增管作为检测器，将光信号放大转化为电信号。值得注意的是，二极管阵列检测器、电荷耦合装置及光子计数器等高功能检测器也已得到应用。

四、实验步骤

1. 硫酸奎宁标准储备液的制备

准确称取硫酸奎宁对照品 50 mg，置于 50 mL 量瓶中，用稀硫酸（0.05 mol/L）溶解并稀释至刻度，摇匀，制得硫酸奎尼丁标准贮备液。

2. 标准系列溶液的制备

准确量取硫酸奎宁标准储备液 1 mL、2 mL、3 mL、4 mL、5 mL，分别置于 50 mL 量瓶中，用稀硫酸稀释至刻度，摇匀，制得硫酸奎宁标准系列溶液。

3. 试样溶液的制备

准确称取硫酸奎尼丁试样 10 mg，置于 500 mL 容量瓶中，用稀硫酸（0.05 mol/L）溶解并稀释至刻度，摇匀，制得待测样品溶液。

4. 测定

（1）开机。先开主机电源，再开灯（氙灯光源）。

（2）确定最大激发波长和最大发射波长。

（3）校正曲线测定。将空白稀硫酸溶液放入吸收池，点击自动调零按钮"Autozero"，仪器自动进行空白校正（自动扣除空白）。输入浓度值，按顺序放入标准溶液，点击"Start"进行测定。标准系列溶液测定完毕后，绘制标准曲线，拟合标准曲线回归方程，得到相关系数。

（4）试样测定。样品池清洗干净后，装入待测样品，在与标准溶液测试相同条件下测量荧光发射光谱。根据光强，带入标准曲线方程计算浓度，进而推出试样中硫酸奎尼丁的百分含量。

（5）关机。先关主机和计算机电源，待仪器降至室温后，再关总机电源。

五、注意事项

（1）在溶液的配制过程中要注意容量仪器的规范操作和使用。

（2）测量顺序为低浓度到高浓度，以减少测量误差。

（3）进行校正曲线测定和试样测定时，应保证仪器参数设置一致。

六、实验现象及数据记录

实验现象及数据记录于表 5-12、表 5-13。

七、实验思考题

（1）测定试样溶液、标准溶液时，为什么要同时测定硫酸的空白溶液？

（2）如何选择激发光波长（λ_{ex}）和发射光波长（λ_{em}）？采用不同的 λ_{ex} 或对 λ_{em} 测定结果有何影响？

（3）荧光分光光度计为什么要有两个单色器？

表 5-12 "荧光分析法测定硫酸奎宁的含量" 实验现象记录表

姓名：_____ 班级：_____ 学号：_____ 专业：_____

时间	步骤	现象	备注

表 5-13 硫酸奎宁标准曲线绘制实验数据记录表

编号	0	1	2	3	4	5
硫酸奎宁浓度/（mg/L）						
荧光强度						
标准曲线拟合后方程						
相关系数						
硫酸奎尼丁试样荧光强度						
硫酸奎尼丁试样浓度/（mg/L）						
硫酸奎尼丁含量/%						

实验 64　荧光分析法测定水杨酸的含量

一、实验目的

5-3　荧光分光
光度计的使用

（1）识记荧光分析法的基本原理，能够运用荧光分析法进行多组分混合物的含量测定。

（2）理解结构、pH、溶剂等因素对于荧光性质的影响。

二、实验试剂及仪器

1. 实验试剂

邻羟基苯甲酸标准溶液［60 μg/mL（水溶液）］，间羟基苯甲酸标准溶液［60 μg/mL（水溶液）］，HAc—NaAc 缓冲溶液（47 g NaAc 和 6 g 冰醋酸溶于水，并在 1.0 L 容量瓶中稀释定容，得 pH=5.5 缓冲液），NaOH 溶液（0.1 mol/L），乙醇（95%），医用水杨酸软膏。

2. 实验仪器

荧光分光光度计，1 cm 石英样品池，10 mL 比色管，吸量管，容量瓶，玻璃棒，烧杯，洗耳球。

三、实验原理

1. 荧光分析法原理

当被测物质受到光照后，被测物分子吸收了具有特征频率的辐射能，物质内部的电子会跃升到更高能级，分子从基态上升到激发态。处于高能级的电子不稳定，可以通过辐射跃迁和非辐射跃迁回到低能级。电子从第一激发态恢复到基态时，以光的形式释放能量，所辐射出的光即为荧光。

2. 激发光谱和发射光谱

荧光物质分子都具有两个特征光谱：激发光谱和发射光谱（荧光光谱）。

（1）激发光谱。荧光是光致发光，因此必须选择合适的激发光波长，这可以从它们的激发光谱曲线来确定。绘制激发光谱曲线时，选择荧光的最大发射波长为测量波长，改变激发光的波长，测量荧光强度的变化。以激发波长（λ_{ex}）为横坐标、荧光强度（F）为纵坐标作图，即得到荧光化合物的激发光谱。

（2）发射光谱。发射光谱简称荧光光谱。如果将激发光波长固定在最大激发波长处，然后扫描发射波长（λ_{em}），测定不同发射波长处的荧光强度，即得到荧光光谱。

3. 测试原理

水杨酸也称邻羟基苯甲酸，它和间羟基苯甲酸分子组成相同，均含一个能发射荧光的苯环，但因其取代基的位置不同而具有不同的荧光性质。在 pH=12 的碱性溶液中，二者在 310 nm 附近紫外光的激发下均会发射荧光；在 pH=5.5 的近中性溶液中，间羟基苯甲酸不发荧光，邻羟基苯甲酸因分子内形成氢键增加分子刚性而有较强荧光，且其荧光强度与 pH=12 时相同。利用此性质，可在 pH=5.5 时测定二者混合物中邻羟基苯甲酸含量时，间羟基苯甲酸不干扰。另取同样量混合物溶液，测定 pH=12 时的荧光强度，减去 pH=5.5 时测得的邻羟基苯甲酸的荧光强度，即可求出间羟基苯甲酸的含量。

已有研究表明，二者的浓度在 0~12 μg/mL 范围内均与其荧光强度呈良好的线性关系，且对羟基苯甲酸在上述条件下均不会发射荧光，不会干扰测定，故而也可在邻羟基苯甲酸、间羟基苯甲酸、对羟基苯甲酸三者共存时用上述方法测定出邻羟基苯甲酸和间羟基苯甲酸的含量。

四、实验步骤

1. 配制标准系列和未知溶液

分别移取 1 mL、2 mL、3 mL、4 mL 和 5 mL 邻羟基苯甲酸标准溶液于已知编号的 10 mL 比色管中，各加入 1.00 mL pH=5.5 的 HAc—NaAc 缓冲液，用去离子水稀释至刻度，摇匀备用。另外分别移取 1 mL、2 mL、3 mL、4 mL 和 5 mL 间羟基苯甲酸标准溶液于已编号的 10 mL 比色管中，各加入 1.00 mL 0.1 mol/L 的 NaOH 水溶液，用去离子水稀释至刻度，摇匀备用。

2. 样品溶液配制

取约 0.2 g 水杨酸软膏，加约 25 mL 的 50%乙醇，振摇使水杨酸溶解，放冷至室温，用定性滤纸过滤除去 ZnO，用蒸馏水稀释至 500 mL。用吸量管准确移取 1 mL 该样品溶液于 100 mL 容量瓶中，用蒸馏水稀释至刻度，摇匀，用于样品测定。

取上述溶液各 1 mL 于 10 mL 比色管中，其中一份加入 1 mL pH=5.5 的 HAc—NaAc 缓冲液，另一份加入 1 mL 0.1 mol/L 的 NaOH 水溶液，均用去离子水稀释至刻度，摇匀备用。

3. 水杨酸含量测定

（1）打开荧光分光光度计氙灯光源、光度计主机、计算机主机，预热 30 min。

（2）设定激发狭缝、发射狭缝、扫描速度、扫描波范围和灵敏度档等参数。

（3）测定荧光激发光谱和发射光谱，选取激发光长和发射波长。

（4）测量各标准系列溶液荧光强度，绘制标准曲线。

（5）测量未知溶液的荧光强度，由标准曲线求样品中邻羟基苯甲酸和间羟基苯甲酸含量。

（6）实验完毕，先关闭主机和显示器电源，再关闭光度计主机光源，最后关闭氙灯光源。

五、注意事项

（1）在荧光分析时，为了得到稳定可靠的数据，一般需要开机预热大约 30 min。

（2）荧光强度容易受外界因素的影响，如样品池、激发光源、温度、溶液的 pH、溶剂性质、其他溶质、表面活性剂等都会造成荧光强度的变化。严格控制测试条件至关重要。

六、实验现象及数据记录

实验现象及数据记录于表 5-14、表 5-15。

七、实验思考题

（1）λ_{ex} 和 λ_{em} 各表示什么含义？测量未知试样时，其激发波长和发射波长如何获得？为什么对某种组分其 λ_{ex} 和 λ_{em} 应该基本相同？

（2）哪些分子结构的物质具有较高的荧光效率？

（3）荧光分光光度计使用的样品池是什么材质？为什么不能选择普通玻璃？

表 5-14　"荧光分析法测定水杨酸的含量"实验现象记录表

姓名：_____　班级：_____　学号：_____　专业：_____

时间	步骤	现象	备注

表 5-15　标准曲线绘制实验数据记录表

编号		0	1	2	3	4	5
邻羟基苯甲酸标准溶液	浓度/(mg/L)，pH=5.5						
	荧光强度						
	标准曲线拟合后方程						
	相关系数						
邻羟基苯甲酸标准溶液	浓度/(mg/L)，pH=12						
	荧光强度						
	标准曲线拟合后方程						
	相关系数						
间羟基苯甲酸标准溶液	浓度/(mg/L)，pH=5.5						
	荧光强度						
	标准曲线拟合后方程						
	相关系数						
间羟基苯甲酸标准溶液	浓度/(mg/L)，pH=12						
	荧光强度						
	标准曲线拟合后方程						
	相关系数						
未知溶液 1	pH=5.5 时测邻羟基苯甲酸在待测液中的浓度	荧光强度					
		浓度/(mg/L)					
	pH=12 时测间羟基苯甲酸在待测液中的浓度	荧光强度					
		浓度/(mg/L)					
未知溶液 2	pH=5.5 时测邻羟基苯甲酸在待测液中的浓度	荧光强度					
		浓度/(mg/L)					
	pH=12 时测间羟基苯甲酸在待测液中的浓度	荧光强度					
		浓度/(mg/L)					

第四节　热分析法

实验 65　五水硫酸铜的脱水过程研究

一、实验目的

（1）识记差热分析法、热重法的基本原理，以及差热分析仪和热重分析仪的基本结构，并能够熟练掌握仪器操作方法。

（2）运用分析软件对测得数据进行分析，理解 $CuSO_4 \cdot 5H_2O$ 的脱水过程。

（3）能够分析实验过程中的主要影响因素，并合理选择测试条件。

二、实验试剂及仪器

1. 实验试剂

待测样品 $CuSO_4 \cdot 5H_2O$，参比物 Al_2O_3。

2. 实验仪器

差热分析仪 1 台，热重仪 1 台，交流稳压电源 1 台，镊子 2 把，洗耳球 1 只，坩埚若干。

三、实验原理

1. 差热分析基本原理

加热或冷却物质的过程中，当达到特定温度时，会产生物理或化学变化，伴随有吸热和放热现象，同时物系的焓也会发生变化。通过测定样品与参比物的温度差与时间的关系，可鉴别物质或确定组成结构、转化温度、热量等物理化学性质。

一般来说，固相需要吸热（升温）才能转变为液相或气相，其相反的相变过程则需要放热（降温）。在各种化学变化中，失水、还原、分解等反应一般需吸热，而水合、氧化和化合等反应则需放热。

差热分析（DTA）是在程序控温和一定氛围下，测量样品与参比物的温度差与时间或温度关系的一种技术。差热分析的原理是指在物质匀速加热或冷却的过程中，当达到特定温度时会发生物理或化学变化。在变化过程中，往往伴随有吸热或放热现象，这样就改变了物质原有的升温或降温速率。差热分析通过测定样品与一对热稳定的参比物之间的温度差与时间的关系，获得有关热力学或热动力学的信息。

差热分析时，样品与参比物分别放在坩埚中，然后置入电炉中加热升温。差热分析仪由加热炉、测量系统、温度控制器、记录系统、输入电源等组成，如图 5-6 所示。A—C 用于测量温差，B—C 用于测量温度。在升温过程中，若样品没有热量变化，则样品与参比物之间的温度差 ΔT 为零，A—C 中没有电流；若样品在某温度下有放热（吸热）时，由于传热速度的限制，样品温度上升速度加快（减慢），就会产生温度差 ΔT，此时 A—C 中产生温差电流，

把 ΔT 转变成电信号放大后记录下来，可以得到如图 5-7 所示的峰形曲线。

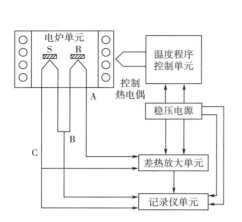

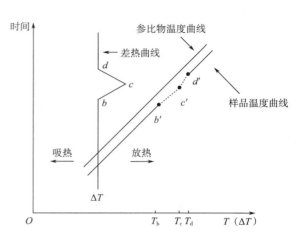

图 5-6　差热分析仪原理图　　　　　图 5-7　差热曲线和样品温度曲线示意图

差热图谱包含差热峰的数目、位置、方向、高度、宽度、对称性和峰的面积等信息。峰的数目表示在测定温度范围内，待测样品发生变化的次数；峰的位置表示发生转化的温度范围；峰的方向反映过程是吸热还是放热；在相同测定条件下峰的面积反映热量大小。峰高、峰宽及对称性不仅与测定条件有关，还与样品变化过程的动力学因素有关，因此，从差热图谱中峰的方向和面积可以测得分析过程的热量变化（吸热或放热）。

除了测定热量外，还可以用差热图谱鉴别样品的种类，计算某些反应的活化能和反应级数等。

目前，国内外生产的各种差热分析仪均用计算机控制和采集相关的试验数据，为了得到好的实验结果，实验前必须仔细阅读有关仪器的说明书，掌握仪器的使用方法，正确设置仪器的操作参数和数据采集参数，使实验顺利完成。

影响差热分析结果的因素有仪器与操作条件两个方面，主要因素如下：

（1）升温速率。升温速率对测定结果影响较大。一般说来，升温速率低，会使测定时间延长，但基线漂移小，分辨力高，可以分辨靠得近的差热峰；升温速率高，会使测定时间减少，但基线漂移较显著，分辨力下降。升温速率一般选择 2~20 ℃/min 较为合适。

（2）气氛、压力。气氛、压力对测试的影响较大。例如，NH_4ClO_4 在真空中和在 N_2 气氛中测得的差热曲线差别很大，N_2 气氛中压力不同也会影响测试结果（图 5-8）。有些物质在空气中易被氧化，所以选择适当的气氛、压力才能获得理想的测试结果。

（3）参比物。参比物需要在测定温度范围内能保持热稳定，一般用 $\alpha\text{-}Al_2O_3$、MgO、（煅烧过的）SiO_2 及金属镍等。为提高测试的准确性，应尽量选择与待测物比热容、导热系数、颗粒度相一致的物质。

（4）样品处理。样品用量与热量大小、峰间距有关，一般为几毫克。样品颗粒小可以改善导热条件，但太细可能破坏晶格或分解，样品颗粒尺寸一般为 200 目左右。样品可用参比物进行稀释，稀释剂的种类、稀释比、样品装填状态（疏密）均影响测定结果。

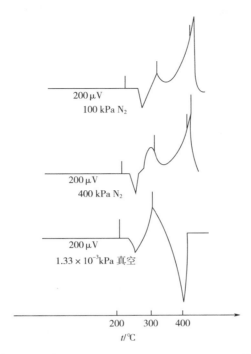

图 5-8 气氛及压力对 50% NH_4ClO_4（50% $\alpha-Al_2O_3$）分解的影响

2. 热重法

物质受热时，发生化学反应，质量也随之改变。热重法（TG）是通过测量物质在加热过程中质量的变化来研究物质的性质和结构。

热重法的主要特点是定量强，能准确地测量物质的变化及变化的速率。从热重法衍生出微商热重法（DTG），即 TG 曲线对温度（或时间）的一阶导数。DTG 曲线能精确地反映出起始反应温度，达到最大反应速率的温度和反应终止温度。在 TG 曲线上，对应于整个变化过程中各阶段的变化互相衔接而不易分开，同样的变化过程在 DTG 线上能呈现出明显的最大值，故 DTG 很好地显示出重叠反应，区分各个反应阶段，而且 DTG 曲线峰的面积精确地对应着变化了的质量，因而，DTG 能精确地进行定量分析。

现在发展起来的差热—热重（DTA-TG）联用仪，是 DTA 与 TG 的样品室相连，在同样气氛中，控制同样的升温速率进行测试，同时得到 DTA 和 TG 曲线，从而一次测试得到更多的信息，对照进行研究。

3. $CuSO_4 \cdot 5H_2O$ 的脱水过程

关于 $CuSO_4 \cdot 5H_2O$ 的脱水过程有不同说法。其中，三步脱水过程如下：

$$CuSO_4 \cdot 5H_2O \xrightarrow{-2H_2O} CuSO_4 \cdot 3H_2O \xrightarrow{-2H_2O} CuSO_4 \cdot H_2O \xrightarrow{-H_2O} CuSO_4 \quad\quad (1)$$

除此之外，还有两步脱水、四步脱水等说法。$CuSO_4 \cdot 5H_2O$ 的脱水过程是固态反应的一种，它要比均相反应复杂得多。固态反应与许多反应条件（如加热速率、反应体系与环境的热交换、反应体系的气氛、反应物的量及反应物颗粒的大小等）有着密切的关系。因此，只笼统地谈其失水过程而不规定其反应条件是不够严格的。某一特定条件下的宏观反应，并不能表示 $CuSO_4 \cdot 5H_2O$ 脱水的实际过程。DTA 和 TG 技术为研究 $CuSO_4 \cdot 5H_2O$ 在不同条件下的实际脱水过程提供了有效的分析方法。

四、实验步骤

1. 零位调整

转动电炉上的手柄把炉体升到顶部，然后将炉体向前方转出。将两个空的铂坩埚分别放在样品杆上部的两个托盘上，将炉底转回原处（检查是否确实回到原处，否则样品杆会折断）。再轻轻地向下摇到底，开启水源使水流畅通。开启仪器电源开关（差动单元开关不开）预热 20 min。将差热放大器单元的量程选择开关置于"短路"位置。差动、差热选择开关置于"差热"位置。转动调零旋钮，使差热指示仪表指在"0"位。如仪器处于正常，开启计算机。

2. 差热分析（DTA）测量步骤

（1）分别称取样品和参比物 $\alpha-Al_2O_3$ 各 10 mg，置于两个铂坩埚中。打开电炉，将样品坩埚放在样品杆左侧托盘上，参比物放在右侧托盘上，关闭电炉。

（2）保持冷却水畅通（流量为 200~300 mL/min）。

（3）点击计算机系统桌面上的电炉温度控制软件，按操作规程在各对话框中设置相应的温度控制和升温参数，如起始温度、终止温度和升温速度，在本实验中设置初始温度为 0，终止温度为 500 ℃，升温速度为 10 ℃/min；待所有设置完成后，将温控程序界面最小化。

（4）在计算机系统桌面上点击打开差热仪 DTA 的分析应用软件，在出现的窗口中点击"文件"菜单中的"开始采样"，在出现的对话框中输入有关的采样参数，如量程、起始温度、结束温度、升温速度、样品的名称和质量等，点击"采样"，按下温控单元的电炉启动按钮，点击计算机桌面上最小化的温度控制程序界面中的"RUN"，在温控界面的工况栏中显示 RUN，说明温控单元开始工作。

（5）当样品达到预设的终止温度时，测量将自动停止。在 DTA 分析应用软件窗口中得到差热图谱，保存采样曲线；随后点击计算机桌面上电炉温控界面中的"STOP"，并按下温控单元的电炉停止按钮，关闭软件，等待炉温降下来后，再依次关闭设备开关、变压器开关、冷却水、气瓶等。一次测定结束。每个样品测定差热曲线两次。

（6）根据获得的差热曲线，分析 $CuSO_4 \cdot 5H_2O$ 脱水时相变热的大小。

3. 热重分析（TG）测量步骤

（1）通气口通入保护气体，将气体出口压力调节到 0.59~0.98 MPa。

（2）依次打开专用变压器开关、仪器开关、工作站开关，同时开启计算机及打印机开关。

（3）将仪器左侧流量控制钮旋至 25~50 mL/min。

（4）按仪器控制面板键，炉子下降，将样品托板拨至炉子瓷体端口，取一只空坩埚小心放入铂样品吊篮内，移开样品托板，按键升起炉子，待天平稳定后，调节控制面板上平衡钮及归零键，仪器自动扣除坩埚自重。

（5）将炉子下降，小心取出坩埚，装入坩埚 1/3~1/2 高度的样品，轻轻敲打坩埚使样品均匀，然后将它放入样品吊篮内，移开样品托板，升起炉子。

（6）进入软件中"MEASURE"界面，进行实验参数设定（升温速率、终止温度等），依次输入测量序号、样品名称、重量（点击 Read Weight，计算机会直接显示出样品重量）、分子量、坩埚名称、气氛、气体流速、操作者姓名后，点击"START"，测量开始，炉内开始加热升温，记录开始，当试样达到预设的终止温度时，测量自动停止。

（7）等炉温降下来，再依次关工作站开关、仪器开关、专用变压器开关、气瓶开关（为保护仪器，应注意，炉温在 500 ℃ 以上时不得关闭仪器主机电源）。

（8）进入分析界面，打开所做测量文件，对原始热重记录曲线进行适当处理，先对 TG 求导，得到 DTG 曲线：选定每个台阶或峰的起止位置，算出各个反应阶段的失重百分比、失重始温、终温、失重速率最大点温度。最后保存数据，有条件的可以打印热重曲线图。

五、注意事项

（1）升温速率不易过快，否则会导致基线不稳，温度测试不准确等问题。一般选择在 $10 \sim 20$ ℃/min。

（2）注意为避免操作失误导致杂物掉入加热炉中，在打开炉子操作时，一定要将样品托板拨至热电偶下。

（3）不得使用硬物清洁样品托及实验区，以免对仪器造成永久性损害。

（4）断开数据线，关闭仪器之前必须先关闭软件。以防止联机，通信失误。

六、实验现象及数据记录

（1）实验现象及数据记录于表 5-16、表 5-17。

（2）根据 $CuSO_4 \cdot 5H_2O$ 脱水过程的 DTA 图谱，可确定峰范围、峰值温度和峰面积 A，根据公式（2）可计算出三次脱水焓变值。

$$\Delta H = KA/m \tag{2}$$

式中：$K = 8.77 \times 10^{-3}$ J/K^2。

（3）根据 $CuSO_4 \cdot 5H_2O$ 脱水过程的 TG 图谱，可确定失重（脱水）百分比，进而推断脱水分子数。

（4）根据差热分析和热重分析结果，阐述 $CuSO_4 \cdot 5H_2O$ 脱水过程。

七、实验思考题

（1）差热分析与热重分析有何异同？

（2）影响差热分析的主要因素有哪些？

表 5-16　"五水硫酸铜的脱水过程研究"实验现象记录表

姓名：_____　班级：_____　学号：_____　专业：_____

时间	步骤	现象	备注

表 5-17　$CuSO_4 \cdot 5H_2O$ 的 DTA 和 TG 数据记录表

峰号	1	2	3
脱水温度范围/℃			
峰温/℃			
峰面积/m^2			
参考脱水温度/℃	63	87	101
焓变值/(kJ/mol)			
实际脱水重量/mg			
理论脱水量/mg			
对应脱水分子数			

实验66　热分析法测定小麦中淀粉的含量

一、实验目的

（1）识记热重法的基本原理，依据热分析曲线解析样品的热分解过程。

（2）能够根据热分析法测定小麦中淀粉的含量，并理解与国标法测量的区别。

二、实验试剂及仪器

1. 实验试剂

小麦淀粉标准样品，80目筛。

2. 实验仪器

同步热分析仪1台（型号不限），交流稳压电源1台，镊子2把，洗耳球1只，坩埚若干。

三、实验原理

淀粉是自然界中存在很广的一种碳水化合物，是一种可再生、可生物降解的天然资源。它是一种由葡萄糖分子聚合而成的糖类物质，含有C、H、O三种元素，其基本构成单位为α-D-吡喃葡萄糖，分子式为$(C_6H_{12}O_6)_n$，n为聚合度，一般为250~4000。淀粉的种类依据其来源不同进行分类，常用的商业淀粉主要有小麦淀粉、马铃薯淀粉、大米淀粉、绿豆淀粉、玉米淀粉、甘薯淀粉等。淀粉是植物中主要的能量储存物质，是人类最重要的能量消耗来源，作为具有明确化学性质的生物可降解聚合物，在轻工行业可再生资源开发应用上有巨大的前景。粮食中淀粉含量测定的最新标准方法为《食品中淀粉的测定》（GB 5009.9—2023）。国标法测定结果准确但操作烦琐，使用试剂种类多，分析速度慢，且对于操作要求比较严格。热分析法为粮食中淀粉含量的快速测定提供了可行性。淀粉的热分解过程主要有3个阶段。第1阶段（$T \leqslant 150\ ℃$），质量损失是由于易挥发物质的蒸发所致，主要是水分的蒸发；第2阶段（$250\ ℃ \leqslant T \leqslant 370\ ℃$），质量损失是由于淀粉分解所致；第3阶段（$T > 370\ ℃$），质量损失是由于发生了炭化，这可能是由于在600℃时中间产物完全分解所致。

四、实验步骤

（1）热重测试过程。

①依次打开计算机、仪器测量单元、控制器，以及测量单元上的天平电源开关。

②实验使用氮气，调节低压输出压力为0.03~0.05 MPa。

③在计算机上打开对应的测量软件，自检通过后，检查仪器设置；打开炉盖，将支架升起，放入空坩埚；待程序正常结束后坩埚放置冷却，打开炉子取出坩埚，将10 mg样品过80目筛后均匀放入坩埚，然后打开基线文件，选择基线加样品的测量模式，编程运行。初始温度为室温，结束温度值为700℃；升温速率为10 ℃/min，降温速率在700~500 ℃为20℃/min，500℃以下改为自然降温。

④待样品温度降至100 ℃以下时，先将支架升起方可打开炉盖拿出坩埚。

⑤仪器使用完毕后正常关机顺序依次为：关闭软件、退出操作系统，关计算机主机、显示器、仪器控制器、天平电源、测量单元。

（2）根据得到的 TG 和 DTG 曲线，读出试样质量发生变化前后的值，计算小麦试样中的淀粉含量。

（3）根据 GB 5009.9—2023 标准，对小麦淀粉标准样品进行测试，得出国标法测得的淀粉含量，作为对照数据，计算相对误差。

五、注意事项

（1）在空气氛围下，以空坩埚为参比样，升温速率设定为 10 ℃/min。

（2）试样用量大，易使相邻两峰重叠，降低分辨力，一般尽可能减少用量。

（3）本实验采用小麦淀粉标准样，如用小麦，则需要提取、提纯操作。

（4）自行查阅国标法测定小麦淀粉标准样品的方法。

六、实验现象及数据记录

实验现象及数据记录于表 5-18、表 5-19。

七、实验思考题

（1）热分析仪的工作原理是什么？怎样使用？

（2）在本实验进行过程中，升温速率一般为多少？为什么？

表 5-18　"热分析法测定小麦中淀粉的含量" 实验现象记录表

姓名：_____ 班级：_____ 学号：_____ 专业：_____

时间	步骤	现象	备注

表 5-19　小麦淀粉标准样品的热分析数据记录表

热分解阶段	1	2	3
热分解温度范围/℃			
峰温/℃			
失重率/%			
测定淀粉含量/%			
国标法所测淀粉含量/%			
相对误差			

第五节　综合设计类实验

实验67　未知染料的结构和性能分析

一、实验目的

（1）能够综合运用紫外—可见分光光谱仪和红外光谱仪的基本原理、基本操作和图谱解析等，识别和判断未知染料的最大吸收峰位置、特征官能团及光学性能，并能理解紫外—可见分光光谱和红外光谱在结构与性能分析中的局限性。

（2）掌握自主持续学习的方法，具备终身学习现代仪器测试分析的能力，能够根据职业发展需要，不断学习和使用紫外—可见分光光谱、红外光谱等知识解决相关问题。

二、实验提示

不同染料有着不同的结构和性能。根据染料在不同波长下的吸收特性，可利用紫外—可见分光光谱仪测定其化学组成、结构和光学性能。另外，红外光谱具有鲜明的特征性，其谱带的数目、位置、形状和强度都随化合物不同而各不相同。因此，可利用物质对红外光选择性吸收的特性来进行染料结构分析。

三、设计要求

（1）通过查阅资料，设计实验方案。实验方案要有理论依据和详细的实验步骤，同时综合考虑保护环境和节约成本等因素。实验方案交指导老师审查，经指导老师同意，方可进行实验。

（2）本实验可选择6种不同的染料（建议罗丹明B、亚甲基蓝、甲基橙、天然染料、分散染料、活性染料等，可根据专业性质自行选择种类），分组进行，每组1种染料（不告知具体染料名称，可告知所有6种染料的结构式）。根据设计的实验方案，确定染料的最大吸收峰位置、特征官能团、光学性能，最终推测可能是哪种染料，并说明原因。

2-4　紫外—可见分光光度计的操作方法

5-1　红外光谱仪的使用

四、实验方案设计及现象记录

实验方案设计记录于实验方案设计页，实验现象记录于表5-20。

五、实验思考题

（1）如何解析已知物和未知物的红外光谱图？

（2）仅利用紫外—可见分光光谱仪、红外光谱仪是否能明确染料结构？

"未知染料的结构和性能分析" 实验方案设计

姓名：_____　班级：_____　学号：_____　专业：_____

表 5-20 "未知染料的结构和性能分析"实验现象记录表

姓名：＿＿＿＿＿＿＿＿＿ 班级：＿＿＿＿＿＿＿＿＿ 学号：＿＿＿＿＿＿＿＿＿ 专业：＿＿＿＿＿＿＿＿＿

时间	步骤	现象	备注

实验68　荧光分光光度计法测定荧光染料的浓度

一、实验目的

（1）能够运用荧光分光光度计测定未知荧光染料浓度。

（2）掌握自主学习方法，能够根据职业发展需要，不断学习和使用相关仪器。

二、实验提示

　　荧光染料是一类能发射出荧光的染料，具有颜色鲜艳等特点，广泛应用于荧光探针、细胞染色剂、防伪材料、工业装饰材料、道路警示材料、功能性服装等领域。纺织纤维是染料最大的应用领域，目前，适用于纺织纤维染色的荧光染料品种主要为萘酰亚胺类和香豆素类及其衍生物两大类。通过建立荧光染料浓度和荧光强度之间的标准工作曲线，根据未知染料的荧光光强可推算未知染料的浓度（实验原理和方案可参考实验63）。

三、设计要求

　　（1）通过查阅资料，设计实验方案。实验方案要有理论依据和详细的实验步骤，同时综合考虑保护环境和节约成本等因素。实验方案交指导老师审查，经指导老师同意，方可进行实验。

　　（2）根据设计的实验方案，自行列出所需仪器、药品、材料之清单。预测实验中可能出现的问题，提出相应的处理方法。

四、实验方案设计及现象记录

实验方案设计记录于实验方案设计页，实验现象记录于表5-21。

5-3　荧光分光
光度计的使用

五、实验思考题

（1）纺织领域用荧光染料应该具备哪些特点？

（2）常见荧光染料是否对环境和人体具有危害？应该如何应对？

"荧光分光光度计法测定荧光染料的浓度" 实验方案设计

姓名：_____　班级：_____　学号：_____　专业：_____

表 5-21 "荧光分光光度计法测定荧光染料的浓度" 实验现象记录表

姓名：_____ 班级：_____ 学号：_____ 专业：_____

时间	步骤	现象	备注

实验 69　差示扫描量热法鉴别常见纤维材料

一、实验目的

（1）识记差热扫描量热法的基本原理，以及差热扫描量热仪的基本构造、操作方法和注意事项，并理解其应用的局限性。

（2）能够用差热扫描量热仪测绘常见纤维的热重曲线，识别纤维的玻璃化温度或分解温度，培养科学思维。

二、实验提示

差示扫描量热法（DSC）是在程序控温和一定氛围下，测量输入到参比物和试样的功率差（或能量差）与时间或温度关系的一种技术。DSC 常被应用于物质的鉴别，热力学参数、纯度、结晶热、等温和非等温结晶速率的测定，分解动力学的研究等，在研究玻璃化转变、纤维高聚物测定方面应用较广。不同纤维材料具有不同的熔融峰温度及熔融焓，因此，可通过 DSC 法鉴别纤维的种类。

三、设计要求

（1）通过查阅资料，设计实验方案。实验方案要有理论依据和详细的实验步骤，同时综合考虑保护环境和节约成本等因素。实验方案交指导老师审查，经指导老师同意，方可进行实验。

（2）本实验根据专业性质的不同，可选择不同纤维材料。如纺织类可选择涤纶、锦纶、聚丙烯纤维等，可参照标准 GB/T 40271—2021。

四、实验方案设计及现象记录

实验方案设计记录于实验方案设计页，实验现象记录于表 5-22。

五、实验思考题

（1）哪些因素会影响 TG 曲线？
（2）在实验中应该注意哪些问题？

"差示扫描量热法鉴别常见纤维材料" 实验方案设计

姓名：_____　班级：_____　学号：_____　专业：_____

表 5-22 "差示扫描量热法鉴别常见纤维材料" 实验现象记录表

姓名：_____ 班级：_____ 学号：_____ 专业：_____

时间	步骤	现象	备注

实验 70　Datacolor 测色仪的应用

一、实验目的

（1）掌握 Datacolor 测色仪的原理、组成及每个部件的作用，能够熟练使用仪器设备对织物进行反射率、三刺激值、色差等相关色度参数的测量。

（2）能够根据测试结果，结合相关理论知识，进行数据分析和判定，增强客观性思维和职业道德意识，提高解决轻工领域复杂工程问题的能力。

二、实验样品及仪器

1. 实验样品

待测布样，标准布样。

2. 实验仪器

Datacolor Spectro 1000 分光测色仪。

5-4 分光测色原理

三、实验原理

1. 测色仪的几何条件

为了便于国际对比，颜色的测量必须在 CIE 标准照明体或标准光源下进行。由于纺织品表面的结构特性，同样的物体在不同的方向上具有不同的反射或透射，因此照明的几何状态对测色结果会有很大影响。

对于物体反射色的测量，CIE 15：2018 *Colorimetry*（第 4 版）和中国国标 GB/T 3978—2008 规定了 10 种几何条件，对于 Datacolor Spectro 1000 分光测色仪使用的是几何条件是 d∶8°（漫射照明，8°方向接收）。样品被积分球在所有方向上均匀地漫射照明，照明面积应大于被测面积，接收光束的轴线与样品采样孔径中心的法线之间的夹角为 8°，在接收光束的轴线 5°内的所有方向上，采样孔径反射的辐射是均匀的。探测器表面被接收光束均匀地照明且探测器对采样孔径区域的响应均匀。图 5-9（a）中，"反射平面"作用是包含镜面反射光线。这里，di 是 diffusion 和 included 两个英文单词首字母的缩写，前者表示漫反射，后者表示包含镜面反射成分。图 5-9（b）中，de 是 diffusion 和 excluded 两个英文单词首字母的缩写，后者表示不包含镜面反射成分。实际使用中，必须严格按照 CIE 几何条件的符号说明测量所用的几何条件。

2. Datacolor 测色仪的原理

照明光线直接进入积分球，在积分球内形成漫反射的白光，这种漫反射白光照射到样品上，通过样品的吸收和散射作用，在与样品垂直的方向上射出积分球，进入单色器分光，最后由检测器测得分光后每一波长下的光能，以参比白标准的反射能量为基准，计算并输出样品的分光反射率。

3. 仪器的构成

Datacolor Spectro 1000 分光测色仪由软件和硬件两部分组成。软件主要是用于相关操作和

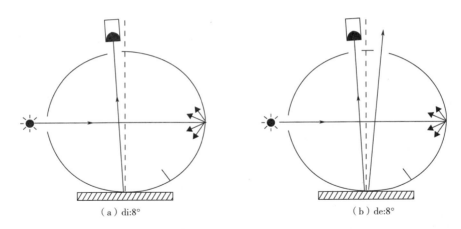

（a）di:8°   （b）de:8°

图 5-9　CIE 测量物体反射色的几何条件

计算，将结果可视化地展现在使用者面前。硬件的作用是通过对物体进行测量，测得该物体的分光反射率，主要由光源、单色器、积分球、光电检测器等部分组成。

（1）光源。在可见光区域，分光光度仪常用的照明光源有两种。一种为高强度脉冲氙灯，这种灯借助电流通过氙气的办法产生强辐射，其光谱在 250~700 nm 范围内是连续的，色温为 6500 K，其特点为瞬间光强度大、寿命长、测试分辨率高、光稳定、样品被照射时间短、不易变化等。另一种为卤钨丝灯，其中以碘钨丝灯用得较多，通过将碘封入石英质的钨丝灯泡内而制成，光谱在 350~2500 nm 区域，色温为 3000 K，其能量的主要部分是在红外区域发射的，其特点为光强度低、紫外线含量低、预热后比较稳定、测试重复性好，但是长时间开机烘烤积分球，加速老化，不适合热敏感样品。因此，最佳的仪器内照明光源应为高强度脉冲氙灯，而且通过滤光片可模拟 D65 标准照明体。

（2）单色器。分光光度仪的核心组件之一是分光部分，即单色器。它的作用是将来自光源的连续光辐射色散，从中分离出一定宽度的谱带，即将复合光分光而成为单色光。最初使用三棱镜，但由于其线性差，早已淘汰。目前单色器主要有两种：一种是光栅，另一种是窄带滤光片。光栅单色器的色散几乎不随波长发生变化，并且可用于远紫外和远红外区域。因此，现代分光光度仪大多使用光栅作为色散元件。

（3）积分球。积分球是内壁用硫酸钡等材料刷白的空心金属球体，一般直径为 50~200 mm，球壁上开有测样孔等若干开口，开孔面积以不超过反射面的 10%。积分球的作用是将光源发射的光进行屡次反射，球内的光因充分的漫反射而通体照亮，使球内任意一点的光强都相等。刷白后的内壁对光的吸收很少，经多次反射后，能以很高的比例输出。

（4）光电检测器。光电检测器是检测光谱辐射通量的元件，其作用是把经单色器分光后形成的单色光照射到光电检测接收器上转变成电信号，电信号经进一步模/数转换，成为计算机可以处理的数据。包括光电倍增管和光敏硅二极管两类。光电倍增管的灵敏度高，但是测量速度慢，m 个波长点至少需要 m 次检出。光敏硅二极管可一次检出各个波长下的光信号。

4. 仪器的光路设计

若以试样受到的照明光是复色光还是单色光来区分，分光光度仪的光路设计有两种，一种称为"正向"的，另一种称为"逆向"的。在正向的光路设计中，来自光源的光线先经单色器分光，然后以单色光按波长顺次进入积分球而照射到试样上，这时，检测器接收到的是试样上反射的单色光。这种设计中，仪器所用的光源并不需要符合 CIE 标准光源。选择何种标准照明体，仅是计算三刺激值时选用的问题。

"逆向"的光路设计可以克服正向光路不能测荧光的缺点。来自光源的复色光先进入积分球照射样品，光由样品反射出来，再由单色仪进行分光；分光后的单色光再由光电检测器接收。这种光路虽有可测荧光的优点，但要使荧光测色标准化还必须使用标准光源，最好能符合 CIE D65 标准照明体。

5. 颜色的表示方法

自然界的颜色千差万别，为了区分每种颜色的属性，在大量实验和研究的基础上，国际上统一规定了鉴别颜色的三个特征量：色相、明度、彩度。色相是指颜色的基本相貌，是颜色彼此区别的最主要和最基本的特征，是表示颜色质的区别，例如红、绿、黄、蓝都是不同色相；明度表示物体表面相对明暗的特性，是在相同的照明条件下，以白板为基准，对物体表面的视觉特性给予的分度；彩度是用等明度无彩点的视知特性来表示物体表面颜色的浓淡，并给予分度。用色差来表示物体颜色知觉的定量差异。

（1）CIE 表色系统。将所有的颜色精确地进行描述并且按照一定的规律排序，就构成颜色系统。按照表色方式的不同，颜色系统可以分为显色系（如孟塞尔系统、自然色系统等）和混色系（CIE 1964 标准色度系统等）。

根据色光匹配实验，国际照明委员会（法语：Commission Internationale De L'Eclairage，简称 CIE；英语：International Commission on Illumination）于 1931 年推荐了在 2°视场下建立的 CIE 1931 RGB 表色系统。由于该系统存在负值，不便于计算和理解，于是国际照明委员会推荐了 CIE 1931 XYZ 色度系统，以三刺激值 X、Y、Z 表示物体的颜色。

为了弥补该标准在应用于视场大于 4°的颜色精密测量时不够精确的缺陷，CIE 于 1964 年采用了斯底尔斯（Steris）等在 10°视场条件下通过实验获得的一组数据，建立 CIE 1964 标准色度系统，以 X_{10}、Y_{10}、Z_{10} 表示物体的颜色。

（2）均匀颜色空间和色差公式。在研究 CIE 1931 XYZ 系统时，没有考虑到颜色的宽容量和分辨率的问题，因此该空间并不均匀，这会导致在此空间的距离和视觉上的色彩感觉差别不呈正比，会给色差的评价和使用仪器鉴定色差带来挑战。1960 年和 1964 年，国际照明委员会分别推荐了 CIE 1960 均匀色度标尺图和 CIE 1964 均匀颜色空间；为进一步改进和统一评价颜色的方法，1976 年国际照明委员会又推荐了纺织上常用的 CIE 1976 LAB（CIE 1976 $L^*a^*b^*$）均匀颜色空间。

CIE 1976 $L^*a^*b^*$ 均匀颜色空间及其色差公式如下：

$$L^* = 116(Y_{10}/Y_n)^{1/3} - 16 \tag{1}$$

$$a^* = 500[(X_{10}/X_n)^{1/3} - (Y_{10}/Y_n)^{1/3}] \tag{2}$$

$$b^* = 200[(Y_{10}/Y_n)^{1/3} - (Z_{10}/Z_n)^{1/3}] \tag{3}$$

式中：X_{10}、Y_{10}、Z_{10} 表示测得试样的三刺激值；X_n、X_n、Z_n 表示标准光源的三刺激值；L^* 表示心理计量明度，简称心理明度或明度指数；a^*、b^* 表示心理计量色度，是神经节细胞的红—绿、黄—蓝的反应。

以上三个公式只适用于 X/X_n、Y/Y_n 和 Z/Z_n 均大于 0.008856 的情况。当 X/X_n、Y/Y_n 和 Z/Z_n 任意比值小于 0.008856 时，应按照以下公式计算：

$$L^* = 903.3(Y_{10}/Y_n) \tag{4}$$

$$a^* = 3893.5[(X_{10}/X_n) - (Y_{10}/Y_n)] \tag{5}$$

$$b^* = 1557.4[(Y_{10}/Y_n) - (Z_{10}/Z_n)] \tag{6}$$

两个样品在明度指数和色度指数之间的差异，可以使用以下公式计算：

$$\Delta L^* = L_2^* - L_1^* \tag{7}$$

$$\Delta a^* = a_2^* - a_1^* \tag{8}$$

$$\Delta b^* = b_2^* - b_1^* \tag{9}$$

式中：L_1^*、a_1^*、b_1^* 表示标准色的参数，L_2^*、a_2^*、b_2^* 表示样品色的参数。

彩度 C^* 和色相角 h^* 可以由以下方程定义：

$$C^* = [(a^*)^2 + (b^*)^2]^{1/2} \tag{10}$$

$$h^* = \begin{cases} \dfrac{180}{\pi}\arctan(b^*/a^*) & a^* > 0 \text{ 且 } b^* \geqslant 0 \\[2mm] \dfrac{180}{\pi}\arctan(b^*/a^*) + 360 & a^* > 0 \text{ 且 } b^* < 0 \\[2mm] \dfrac{180}{\pi}\arctan(b^*/a^*) + 180 & a^* < 0 \\[2mm] 90 & a^* = 0 \text{ 且 } b^* > 0 \\[2mm] 270 & a^* = 0 \text{ 且 } b^* < 0 \\[2mm] 0 & a^* = 0 \text{ 且 } b^* = 0 \end{cases} \tag{11}$$

两个样品（或样品与标样）之间的 C^*、h^* 差值由下式进行计算：

$$\Delta C^* = C_2^* - C_1^* \tag{12}$$

$$\Delta h^* = h_2^* - h_1^* \tag{13}$$

式中：C_1^*、h_1^* 表示标准色的参数，C_2^*、h_2^* 表示样品色的参数。

两个试样之间的总色差可由下式进行计算：

$$\Delta E^* = [(\Delta L^*)^2 + (\Delta a^*)^2 + (\Delta b^*)^2]^{1/2} = [(\Delta L^*)^2 + (\Delta C^*)^2 + (\Delta h^*)^2]^{1/2} \tag{14}$$

式中：ΔE^* 表示两个试样间的总色差，其他符号意义同前。

要精确表示物体的颜色，必须用一个色品坐标和明度因子来确定。由以上介绍可知，当仪器测得试样的三刺激值之后，就可计算出所需的指标值。

可直接显示颜色误差的原因：

$$\Delta L > 0 \text{ （样品色比标准色偏浅）}, \quad \Delta L < 0 \text{ （样品色比标准色偏深）} \tag{15}$$

$$\Delta a > 0 \text{ （样品色比标准色偏红）}, \quad \Delta a < 0 \text{ （样品色比标准色偏绿）} \tag{16}$$

$$\Delta b > 0 \text{ （样品色比标准色偏黄）}, \quad \Delta b < 0 \text{ （样品色比标准色偏蓝）} \tag{17}$$

可以通过上述计算判定样品与标样之间的差异，并根据所学技能进行相应配方调整，两者更加接近。由于 ΔE 的产生并不是由单一因素导致的，在具体数据分析时要分清主要矛盾和次要矛盾。对所得测的数据和计算结果要保证其真实性，杜绝数据造假或者以任何形式篡改数据。如遇异常数据，应以严谨的态度分析产生的原因，用科学的方法进行数据处理。

四、实验步骤

1. 仪器设定与校正

每次开机测色前，首先要进行仪器的测色条件的设定，并在此条件下进行仪器校正。

5-5　Datacolor Spectro 1000
分光测色仪使用介绍

需要确定的参数包括镜面光泽（分为包含、不包含和 G 光泽度，可根据待测样品的特性及测试要求选择）、测色孔径（分为大孔径、中孔径、小孔径、超小孔径和超微小孔径，可根据样品大小等实际情况选择，孔径越大越能够反映样品的颜色特征，结果相对更准确，条件允许的情况下，尽量选择大孔径）、自动调整（自动识别当前孔径）、UV 滤镜（100% UV，包含 UV；0% UV，不包含 UV）、UV 校正（使用自定义的 UV 滤镜位置测量）、校正时间间隔等参数。

完成参数设置后，根据提示依次放置黑筒、白板、绿板进行校准，待诊断测色结果显示通过后，即完成设备校正。

2. 色度参数的测定

在软件上方，选择标准样或者批次样的测定，在光源/观察者对话框中增减所需的光源和视角，点击仪器平均值进行测量样品颜色。需要注意的是：

（1）织物要折叠到不透明的程度进行测量，以减少背衬对织物色彩的影响，根据织物厚度的不同，一般需要折叠 4~16 层。

（2）至少在布样的同一面取 4 个不同的点进行测量，每次测量需要将布样旋转 90°。

3. 色度参数的调取

受屏幕限制，无法将所有色度参数展示在当前页面，可以通过点击"窗体"菜单下的"屏幕窗体"选项，选择反射率、三刺激值、$L^*a^*b^*$、白度、色差、同色异谱指数等所需的色度参数进行计算和分析。在"绘图"菜单下可以获得反射率、K/S 等曲线图谱。所有数据可以通过主菜单按钮选项将数据保存到桌面。

五、注意事项

（1）启动分光测色仪，最好预热 30 min 后，再进行校正等操作。

（2）分光测色仪连续使用 4~8 h 后，请重新校正，以保证测色的准确性。

（3）测色条件发生变更时，需要重新校正。

（4）使用一段时间后，积分球内部会有掉落的纤维或灰尘，请使用吸尘器在距离积分球孔 1 cm 处吸尘，不可将吸尘头深入积分球内部吸尘，并不可以用任何方式去擦拭积分球内部。

（5）分光仪的积分球内部不可以受潮；不可将潮湿的样品放到分光仪积分球孔上进行测量。

（6）分光仪不可以摔敲，特别是积分球部分。

（7）标准白板、绿板属 BCRA 精密贵重标准件，可用白色软布擦拭，不可用有机或无机溶剂擦洗，请注意保护，不可摔破。

（8）测量时尽可能保持在相同温湿度，避免因环境变化对颜色的影响。

（9）测试布样时，布样至少折叠成四层，尽可能不透光。

（10）凹凸不平的样品如灯芯绒、网眼布等不适合用本设备测试。

六、实验现象及数据记录

实验现象及数据记录于表5-23、表5-24。

七、实验思考题

（1）Datacolor 测色仪的组成及各部分的作用是什么？

（2）Datacolor 测色仪使用的注意事项是什么？

（3）X、Y、Z、L^*、a^*、b^*、ΔE 分别代表什么含义？

（4）颜色的三属性是什么？

表 5-23 "**Datacolor** 测色仪的应用"实验现象记录表

姓名：_____ 班级：_____ 学号：_____ 专业：_____

时间	步骤	现象	备注

表 5-24　布样色差测试数据记录表

样品名称	样品编号	光源/视角	样品类型	测量次数	测量数据
标准样	A00	D65/10°	纺织品	4	$L^* =$
					$a^* =$
					$b^* =$
样品 A	A01	D65/10°	纺织品	4	$\Delta L^* =$
					$\Delta a^* =$
					$\Delta b^* =$
					$\Delta E =$

参考文献

［1］中国科学院大连化学物理研究所．气相色谱法［M］．北京：科学出版社，1978.

［2］钱晓荣，郁桂云．仪器分析实验教程［M］．上海：华东理工大学出版社，2021.

［3］孟哲．现代分析测试技术及实验［M］．北京：化学工业出版社，2019.

［4］孙艳涛，李美锡，刘仕聪，等．荧光法测定水杨酸片中水杨酸的含量［J］．吉林师范大学学报（自然科学版），2020，41（2）：83-88.

［5］潘云祥，冯增媛，吴衍荪．差热分析（DTA）法研究五水硫酸铜的失水过程［J］．无机化学学报，1988（3）：104-108.

［6］陈动．五水硫酸铜结晶水的热失重分析［J］．辽宁化工，2014，43（12）：1472-1474.

［7］秦传香，秦志忠．纺织用荧光染料的研究［J］．印染助剂，2005（9）：1-3.

［8］胡海娜，吕丽华，熊小庆，等．适用于纺织荧光染色的染料及其应用进展［J］．精细化工，2020，37（6）：1125-1135，1170.

［9］展海军，崔丽伟，李婕，等．用差热分析法测定玉米中淀粉含量［J］．河南工业大学学报（自然科学版），2012，33（6）：31-36.

［10］中华人民共和国国家卫生健康委员会．GB 5009.9—2023 食品安全国家标准　食品中淀粉的测定［S］．北京：中国标准出版社，2023.

［11］周龙龙，牛增元，孙忠松，等．热重分析法快速测定饲料中淀粉含量［J］．中国口岸科学技术，2022，4（5）：34-38.

［12］国家标准化管理委员会．GB/T 40271—2021 纺织纤维鉴别试验方法　差示扫描量热法（DSC）［S］．北京：中国标准出版社，2021.

［13］陈英，屠天民．染整工艺实验教程［M］．2版．北京：中国纺织出版社，2016.

［14］董振礼．测色与计算机配色［M］．2版．北京：中国纺织出版社，2017.

［15］王华清．计算机测色配色应用技术［M］．2版．上海：东华大学出版社，2020.

附录1 常用非标准单位与国际单位制（SI）的换算

物理量	换算关系
长度	1 Å（埃）= 10^{-10} m，1 in（英寸）= 2.54×10^{-2} m，1 ft（英尺）= 0.3048 m
体积	1 m^3 = 10^3 L（升），1 L = 1 dm^3 = 1000 mL
力	1 N = 1 kg·m/s^2
压力 （压强）	1 Pa = 1 N/m^2，1 bar = 10^5 N/m^2， 1 atm（大气压）= 101325 Pa = 1.0332×10^4 kgf/m^2 = 760 Torr（托）
热、功、能	1 J = 1 N·m，1 eV（电子伏特）$\approx 1.602177 \times 10^{-19}$ J 1 kcal/mol = 349.76 cm^{-1} = 0.0433 eV，1 cal = 4.184 J 1 cm^{-1}（波数）= 11.96 J/mol = 2.8591×10^{-3} kcal/mol
功率	1 W = 1 J/s
黏度	1 P（泊）= 1 g/(cm·s) = 100 cP
摩尔气体常数	R = 1.986 cal/(mol·K) = 0.08206 L·atm/(mol·K) = 8.314 J/(mol·K) = 8.314 kPa·L/(mol·K)

附录 2 酸的解离平衡常数 （298.15 K）

弱酸	分子式	解离常数 $K_a^{\ominus}$
砷酸	H_3AsO_4	5.7×10^{-3} （$K_{a1}^{\ominus}$）；1.7×10^{-7} （$K_{a2}^{\ominus}$）；2.5×10^{-12} （$K_{a3}^{\ominus}$）
亚砷酸	H_3AsO_3	5.9×10^{-10} （$K_{a1}^{\ominus}$）
硼酸	H_3BO_3	5.8×10^{-10}
次溴酸	HBrO	2.6×10^{-9}
碳酸	H_2CO_3	4.2×10^{-7} （$K_{a1}^{\ominus}$）；4.7×10^{-11} （$K_{a2}^{\ominus}$）
氢氰酸	HCN	5.8×10^{-10}
铬酸	H_2CrO_4	9.55 （$K_{a1}^{\ominus}$）；3.2×10^{-7} （$K_{a2}^{\ominus}$）
次氯酸	HClO	2.8×10^{-8}
氢氟酸	HF	6.9×10^{-4}
次碘酸	HIO	2.4×10^{-11}
碘酸	HIO_3	0.16
高碘酸	H_5IO_6	4.4×10^{-4} （$K_{a1}^{\ominus}$）；2×10^{-7} （$K_{a2}^{\ominus}$）；6.3×10^{-13} （$K_{a3}^{\ominus}$）
亚硝酸	HNO_2	6.0×10^{-4}
过氧化氢	H_2O_2	2.0×10^{-12} （$K_{a1}^{\ominus}$）
磷酸	H_3PO_4	6.7×10^{-3} （$K_{a1}^{\ominus}$）；6.2×10^{-8} （$K_{a2}^{\ominus}$）；4.5×10^{-13} （$K_{a3}^{\ominus}$）
焦磷酸	$H_4P_2O_7$	2.9×10^{-2} （$K_{a1}^{\ominus}$）；5.3×10^{-3} （$K_{a2}^{\ominus}$）；2.2×10^{-7} （$K_{a3}^{\ominus}$）；4.8×10^{-10} （$K_{a4}^{\ominus}$）
硫酸	H_2SO_4	1.0×10^{-2} （$K_{a2}^{\ominus}$）
亚硫酸	H_2SO_3	1.7×10^{-2} （$K_{a1}^{\ominus}$）；6.0×10^{-8} （$K_{a2}^{\ominus}$）
氢硒酸	H_2Se	1.5×10^{-4} （$K_{a1}^{\ominus}$）；1.1×10^{-15} （$K_{a2}^{\ominus}$）
氢硫酸	H_2S	9.1×10^{-8} （$K_{a1}^{\ominus}$）；1.1×10^{-12} （$K_{a2}^{\ominus}$）
硒酸	H_2SeO_4	1.2×10^{-2} （$K_{a2}^{\ominus}$）
亚硒酸	H_2SeO_3	2.7×10^{-2} （$K_{a1}^{\ominus}$）；5.0×10^{-8} （$K_{a2}^{\ominus}$）
硫氰酸	HSCN	0.14
草酸	$H_2C_2O_4$	5.4×10^{-2} （$K_{a1}^{\ominus}$）；5.4×10^{-5} （$K_{a2}^{\ominus}$）
甲酸	HCOOH	1.8×10^{-4}
乙酸	CH_3COOH	1.8×10^{-5}
氯乙酸	$ClCH_2COOH$	1.4×10^{-3}
乳酸	$CH_3CHOHCOOH$	1.4×10^{-4}
苯甲酸	C_6H_5COOH	6.2×10^{-5}
D-酒石酸		9.1×10^{-4} （$K_{a1}^{\ominus}$）；4.3×10^{-5} （$K_{a2}^{\ominus}$）
邻苯二甲酸	$C_6H_4(COOH)_2$	1.1×10^{-3} （$K_{a1}^{\ominus}$）；3.9×10^{-6} （$K_{a2}^{\ominus}$）
柠檬酸		7.4×10^{-4} （$K_{a1}^{\ominus}$）；1.7×10^{-5} （$K_{a2}^{\ominus}$）；4.0×10^{-7} （$K_{a3}^{\ominus}$）
苯酚	C_6H_5OH	1.1×10^{-10}
乙二胺四乙酸	EDTA	1.0×10^{-2} （$K_{a1}^{\ominus}$）；2.1×10^{-3} （$K_{a2}^{\ominus}$）；6.9×10^{-7} （$K_{a3}^{\ominus}$）；5.9×10^{-11} （$K_{a4}^{\ominus}$）

附录 3 碱的解离平衡常数 (298.15 K)

弱碱	分子式	解离常数 $K_b^{\ominus}$
氨水	$NH_3 \cdot H_2O$	1.8×10^{-5}
联胺	N_2H_4	9.8×10^{-7}
羟胺	NH_2OH	9.1×10^{-9}
甲胺	CH_3NH_2	4.2×10^{-4}
苯胺	$C_6H_5NH_2$	4.0×10^{-10}
六亚甲基四胺	$(CH_2)_6N_4$	1.4×10^{-9}
乙二胺	$H_2NCH_2CH_2NH_2$	8.5×10^{-5} ($K_{b1}^{\ominus}$); 7.1×10^{-8} ($K_{b2}^{\ominus}$)
吡啶	C_5H_5N	1.7×10^{-9}

附录 4　常用酸碱试剂的浓度和密度

名称	密度 ρ_B（20 ℃）/（g/cm³）	$W_B \times 100$	浓度 c_B/（mol/dm³）
浓硫酸	1.84	98	18
稀硫酸	1.06	9	1
浓硝酸	1.42	69	16
稀硝酸	1.07	12	2
浓盐酸	1.19	38	12
稀盐酸	1.03	7	2
磷酸	1.7	85	15
高氯酸	1.7	70	12
乙酸	1.05	99	17
稀乙酸	1.02	12	2
氢氟酸	1.13	40	23
氢溴酸	1.38	40	7
氢碘酸	1.70	57	7.5
浓氨水	0.88	28	15
稀氨水	0.98	4	2
浓氢氧化钠溶液	1.43	40	14
稀氢氧化钠溶液	1.09	8	2
饱和氢氧化钡溶液	—	2	0.1
饱和氢氧化钙溶液	—	0.15	—

附录 5 常用缓冲溶液的配制

缓冲溶液组成	pK_a	缓冲溶液 pH	缓冲溶液配制方法
氨基乙酸—HCl	2.35 (pK_{a1})	2.3	取 150 g 氨基乙酸溶于 500 mL 水中，加 80 mL 浓 HCl，用水稀至 1 L
柠檬酸—Na$_2$HPO$_4$		2.5	取 113 g Na$_2$HPO$_4$·12H$_2$O 溶于 200 mL 水中，加 387 g 柠檬酸，溶解，过滤，用水稀至 1 L
一氯乙酸—NaOH	2.86	2.8	取 200 g 一氯乙酸溶于 200 mL 水中，加 40 g NaOH 溶解后，稀至 1 L
邻苯二甲酸氢钾—HCl	2.95 (pK_{a1})	2.9	取 500 g 邻苯二甲酸氢钾溶于 500 mL 水中，加 80 mL 浓 HCl，稀至 1 L
甲酸—NaOH	3.76	3.7	取 95 g 甲酸和 40 g NaOH 溶于 500 mL 水中，稀至 1 L
HAc—NaAc	4.74	4.2	取 3.2 g 无水 NaAc 溶于水中，加 50 mL HAc，用水稀至 1 L
HAc—NH$_4$Ac		4.5	取 77 g NH$_4$Ac 溶于 200 mL 水中，加 59 mL HAc 用水稀至 1 L
HAc—NaAc	4.74	4.7	取 83 g 无水 NaAc 溶于水中，加 60 mL HAc，稀至 1 L
HAc—NaAc	4.74	5.0	取 160 g 无水 NaAc 溶于水中，加 60 mL HAc，稀至 1 L
HAc—NH$_4$Ac		5.0	取 250 g NH$_4$Ac 溶于水中，加 25 mL HAc，稀至 1 L
六亚甲基四胺—HCl	5.15	5.4	取 40 g 六亚甲基四胺溶于 200 mL 水中，加 10 mL 浓 HCl，稀至 1 L
HAc—NH$_4$Ac		6.0	取 600 g NH$_4$Ac 溶于水中，加 20 mL HAc，稀至 1 L
NaAc—Na$_2$HPO$_4$		80	取 50 g 无水 NaAc 和 50 g Na$_2$HPO$_4$·12H$_2$O 溶于水中，稀至 1 L
Tris—HCl〔三羟甲基氨甲烷 CNH$_2$（HOCH$_3$）$_3$〕	8.21	8.2	取 25 g Tris 试剂溶于水中，加 18 mL 浓 HCl，稀至 1 L
NH$_3$—NH$_4$Cl	9.26	9.2	取 54 g NH$_4$Cl 溶于水，加 63 mL 浓氨水，稀至 1 L
NH$_3$—NH$_4$Cl	9.26	9.5	取 54 g NH$_4$Cl 溶于水，加 126 mL 浓氨水，稀至 1 L
NH$_3$—NH$_4$Cl	9.26	10.0	（1）取 54 g NH$_4$Cl 溶于水，加 350 mL 浓氨水，稀至 1 L （2）取 67.5 g NH$_4$Cl 溶于 200 mL 水中，加 570 mL 浓氨水，用水稀至 1 L

附录6　沉淀及金属指示剂

名称	颜色		配制方法
	游离态	化合物	
铬酸钾（$W=0.05$ 的水溶液）	黄	砖红	铬酸钾有毒，配制时应注意防护
硫酸铁铵（$W=0.40$）	无色	血红	$NH_4Fe(SO_4)_2 \cdot 12H_2O$ 饱和水溶液，加数滴浓 H_2SO_4
荧光黄（5 g/L）	绿色荧光	玫瑰红	0.5 g 荧光黄溶于乙醇，并用乙醇稀释至 100 mL
铬黑T	蓝	酒红	（1）0.2 g 铬黑 T 溶于 15 mL 三乙醇胺及 5 mL 甲醇中 （2）1 g 铬黑 T 与 100 g NaCl 研细、混匀
钙指示剂	蓝	红	0.5 g 钙指示剂与 100 g NaCl 研细、混匀
二甲酚橙（1 g/L）	黄	红	0.1 g 二甲酚橙溶于 100 mL 水中
K-B指示剂	蓝	红	0.5 g 酸性铬蓝 K 加 1.25 g 萘酚绿 B，再加 25 g K_2SO_4 研细、混匀
磺基水杨酸（10 g/L 水溶液）	无	红	1 g 磺基水杨酸溶于 100 mL 水中
吡啶偶氮萘酚（PAN，2 g/L）	黄	红	0.2 g PAN 溶于 100 mL 乙醇中
邻苯二酚紫（1 g/L）	紫	蓝	0.1 g 邻苯二酚紫溶于 100 mL 水中

附录 7　难溶电解质的溶度积（298.15 K）

名称	化学式	K_{sp}	名称	化学式	K_{sp}
氯化银	$AgCl$	1.56×10^{-10}	氢氧化铁	$Fe(OH)_3$	1.1×10^{-36}
溴化银	$AgBr$	7.7×10^{-13}	硫化铁	FeS	3.7×10^{-19}
碘化银	AgI	1.5×10^{-16}	氯化亚汞	Hg_2Cl_2	2×10^{-18}
铬酸银	Ag_2CrO_4	9.0×10^{-12}	溴化亚汞	Hg_2Br_2	1.3×10^{-21}
碳酸钡	$BaCO_3$	8.1×10^{-9}	碘化亚汞	Hg_2I_2	1.2×10^{-28}
铬酸钡	$BaCrO_4$	1.6×10^{-10}	硫化汞	HgS	$4 \times 10^{-53} \sim 2 \times 10^{-49}$
硫酸钡	$BaSO_4$	1.08×10^{-10}	碳酸锂	Li_2CO_3	1.7×10^{-3}
碳酸钙	$CaCO_3$	8.7×10^{-9}	碳酸镁	$MgCO_3$	2.6×10^{-5}
草酸钙	CaC_2O_4	2.57×10^{-9}	氢氧化镁	$Mg(OH)_2$	1.2×10^{-11}
氟化钙	CaF_2	3.95×10^{-11}	氢氧化锰	$Mn(OH)_2$	4×10^{-14}
硫酸钙	$CaSO_4$	1.96×10^{-4}	硫化锰	MnS	1.4×10^{-15}
硫化镉	CdS	3.6×10^{-29}	碳酸铅	$PbCO_3$	3.3×10^{-14}
硫化铜	CuS	8.5×10^{-45}	铬酸铅	$PbCrO_4$	1.77×10^{-14}
硫化亚铜	Cu_2S	2×10^{-47}	碘化铅	PbI_2	1.39×10^{-8}
氯化亚铜	$CuCl$	1.02×10^{-6}	硫酸铅	$PbSO_4$	1.06×10^{-8}
溴化亚铜	$CuBr$	4.15×10^{-8}	硫化铅	PbS	3.4×10^{-28}
碘化亚铜	CuI	5.06×10^{-12}	氢氧化锌	$Zn(OH)_2$	1.8×10^{-14}
氢氧化亚铁	$Fe(OH)_2$	1.64×10^{-14}	硫化锌	ZnS	1.2×10^{-23}

附录 8　金属—EDTA（乙二胺四乙酸）配合物的稳定常数（298.15 K）

配离子	$\lg K^{\ominus}$	配离子	$\lg K^{\ominus}$
$[AgY]^+$	7.32	$[MgY]^{2+}$	8.64
$[AlY]^{3+}$	16.11	$[MnY]^{2+}$	13.8
$[BaY]^{2+}$	7.78	$[MoY]^{5+}$	6.36
$[BeY]^{2+}$	9.3	$[NaY]^+$	1.66
$[BiY]^{3+}$	22.8	$[NiY]^{2+}$	18.56
$[CaY]^{2+}$	11	$[PbY]^{2+}$	18.3
$[CdY]^{2+}$	16.4	$[PdY]^{2+}$	18.5
$[CoY]^{2+}$	16.31	$[ScY]^{2+}$	23.1
$[CoY]^{3+}$	36	$[SnY]^{2+}$	22.1
$[CrY]^{3+}$	23	$[SrY]^{2+}$	8.8
$[CuY]^{2+}$	18.7	$[ThY]^{4+}$	23.2
$[FeY]^{2+}$	14.83	$[TiOY]^{3+}$	17.3
$[FeY]^{3+}$	24.23	$[TlY]^{3+}$	22.5
$[GaY]^{3+}$	20.25	$[UY]^{4+}$	17.5
$[HgY]^{2+}$	21.80	$[VOY]^{2+}$	18
$[InY]^{3+}$	24.95	$[ZnY]^{2+}$	16.4
$[LiY]^+$	2.79	$[ZrY]^{4+}$	19.4

附录 9　氧化还原指示剂

名称	变色电势 $E^{\ominus}/V$	颜色		配制方法
		氧化态	还原态	
二苯胺 （10 g/L）	0.76	紫	无色	1 g 二苯胺在搅拌下溶于 100 mL 浓硫酸储存于棕色瓶中
二苯胺磺酸钠 （5 g/L）	0.85	紫	无色	0.5 g 二苯胺磺酸钠溶于 100 mL 水中，必要时过滤
邻苯氨基苯甲酸 （2 g/L）	1.08	红	无色	0.2 g 邻苯氨基苯甲酸加热溶解在 100 mL $w = 0.002$ 的 Na_2CO_3 溶液中，必要时过滤
邻二氮菲 Fe （Ⅱ）	1.06	淡蓝	红	0.965 g $FeSO_4$ 加 1.485 g 邻二氮菲溶于 100 mL 水中
5-硝基邻二氮菲-Fe （Ⅱ）	1.25	浅蓝	紫红	1.608 g 5-硝基邻二氮菲加 0.695 g $FeSO_4$，溶于 100 mL 水中